高等职业院校精品教材系列

机电系统故障诊断与维修案例教程

段向军　黄伯勇　主　编
孙　妍　颜　玮　副主编

電子工業出版社
Publishing House of Electronics Industry
北京·BEIJING

内 容 简 介

本书按照教育部最新的职业教育教学改革要求，以培养机电行业的高级技能人才为目标，在内容编排上引入大量教学案例，突出实践性。主要内容包括机电设备故障诊断与维修基础、通用零部件的故障诊断与维修、液压系统的故障诊断与维修、气压传动系统的故障诊断与维修、电气系统的故障诊断与维修、机电系统故障诊断仿真软件及案例分析。本书围绕机电系统的组成，通过“教学做一体化”教学，使学生掌握机电设备维修基础知识和机电系统常见故障的分析方法。全书内容通俗易懂，强调知识、能力、素质的综合培养，强化工程应用能力的训练和技术综合能力的培养。

本书为高等职业本专科院校机电类、自动化类、数控技术类等专业的教材，也可作为开放大学、成人教育、自学考试、中职学校、培训班的教材，以及机电工程技术人员的参考工具书。

本书配有免费的电子教学课件和习题参考答案，详见前言。

图书在版编目（CIP）数据

机电系统故障诊断与维修案例教程 / 段向军，黄伯勇主编. 一北京：电子工业出版社，2016.1（2023.01 重印）
高等职业院校精品教材系列
ISBN 978-7-121-27653-8

Ⅰ. ①机… Ⅱ. ①段… ②黄… Ⅲ. ①机电系统－故障诊断－高等职业教育－教材 ②机电系统－故障修复－高等职业教育－教材 Ⅳ. ①TH-39

中国版本图书馆 CIP 数据核字（2015）第 283051 号

策划编辑：陈健德（E-mail：chenjd@phei.com.cn）
责任编辑：李 蕊
印　　刷：北京捷迅佳彩印刷有限公司
装　　订：北京捷迅佳彩印刷有限公司
出版发行：电子工业出版社
　　　　　北京市海淀区万寿路 173 信箱　邮编 100036
开　　本：787×1 092　1/16　印张：13　字数：333 千字
版　　次：2016 年 1 月第 1 版
印　　次：2023 年 1 月第 2 次印刷
定　　价：42.00 元

凡所购买电子工业出版社图书有缺损问题，请向购买书店调换。若书店售缺，请与本社发行部联系，联系及邮购电话：（010）88254888，88258888。

质量投诉请发邮件至 zlts@phei.com.cn，盗版侵权举报请发邮件至 dbqq@phei.com.cn。
本书咨询联系方式：chenjd@phei.com.cn。

随着机械技术与电子信息技术的快速发展与融合，各种各样的新产品不断涌现并广泛应用于社会诸多领域，社会各行各业都需要大量的机电技术人才，尤其是懂得故障维修技术的技能型人才。高等职业院校为此不断努力，逐步深化专业建设和课程教学改革。编者在开展大量的企业调研基础上，按照机电行业岗位职业能力需求，结合国家示范建设课程改革成果及多年的校企合作经验编写本书。

在教学内容选择上，本书突出课程内容的职业导向性和实用性，淡化课程内容的理论推导和宽泛性。在内容编排上，本书不拘泥于某一种形式，在液压系统故障诊断、气动系统故障诊断、电气系统故障诊断章节引入大量的教学案例，突出了教材实践性强的特色。

全书共 6 章，分别为机电设备故障诊断与维修基础、通用零部件的故障诊断与维修、液压系统的故障诊断与维修、气压传动系统的故障诊断与维修、电气系统的故障诊断与维修、机电系统故障诊断仿真软件及案例分析。在教学过程中，建议不同院校根据专业设置和教学环境选择适合的章节和教学课时组织教学。

本书由段向军、黄伯勇任主编，孙妍、颜玮任副主编。其中第 1、2 章由黄伯勇编写，第 3、4 章由孙妍编写，第 5 章由段向军编写，第 6 章由段向军、颜玮编写。段向军负责全书的组织和统稿。在编写过程中，贺道坤老师和王春峰老师提出了许多宝贵意见，并审阅了部分内容；阿特拉斯·科普柯（上海）贸易有限公司张新新工程师对本书第 1、2 章内容提出了很多建议；多个合作企业技术人员对本书的编写提供了许多帮助与意见；同时，本书内容参考了大量的相关资料和文献，在此表示衷心的感谢。

由于编者水平有限，本书内容难免有疏忽和不当之处，恳请各位读者及同行专家批评指正。

为方便教师教学，本书配有免费的电子教学课件和习题参考答案，有此需要的教师可登录华信教育资源网（http://www.hxedu.com.cn）免费注册后进行下载，如有问题请在网站留言或与电子工业出版社（E-mail：hxedu@phei.com.cn）联系。

目录

第1章

机电设备故障诊断与维修基础

学习目标

理解机械故障的基本概念、故障的规律，了解设备维修的方式、制度，掌握机械零件的失效形式和对策、机械设备拆装的一般原则和拆装工艺，能编制机电设备检修方案、检修工序、检修进度、安全操作规程、方案实施的技术措施。

1.1 机械故障概论

一方面，随着现代化大生产的发展和科学技术的进步，现代设备向着结构复杂化和自动化方向发展，机械设备工作强度不断增大，生产效率、自动化程度越来越高，同时各部分之间的关联愈加密切，因此往往某处微小故障就会爆发连锁反应，导致整个设备甚至与设备有关的环境遭受灾难性的毁坏。这不仅会造成巨大的经济损失，而且会危及人身安全，后果极为严重。因此，企业需要及时了解和掌握大型或关键设备的运行工况，正确估计可能发生的故障或趋势。另一方面，随着科学技术与生产的高度发展，信息传感技术、信号处理技术及现代测试技术的发展，特别是计算机技术的飞速发展，各学科相互渗透、相互交叉、相互促进，为设备故障诊断提供了技术支持，从而使上述需求成为可能，并形成了设备诊断技术这一生命力旺盛的新兴学科。

促进机械设备诊断技术日益获得重视与发展的一个主要原因是，设备故障造成的经济和人员损失巨大。例如，1986 年前苏联切尔诺贝利核电站泄漏事故，2003 年美国航天飞机“哥伦比亚号”的坠毁事故，这些震惊世界的恶性事故都是由设备故障造成的。在我国，1985 年大同电厂和 1988 年秦岭电厂的 200MW 汽轮发电机组的严重断轴毁机事件，都造成了巨大的经济损失。

据统计，重要设备因事故停机造成的损失极为严重：300MW 发电机组停产一天损失电 720 万千瓦时，约 144 万元；30 万吨化肥装置停产一天损失约 150 万元；更换一台大型风力发电设备齿轮箱的费用就达 100 万元。因此，采用设备诊断技术保证设备可靠而有效地运行是极为重要的。

设备诊断技术日益获得重视与发展的另一个重要原因是维修体制的改革。当前，国内外对于机械设备维修多数还是采用事后维修或计划维修方式，而不是先进的预测维修体制。显然，预测维修体制的推广，首先需要完善的是设备监控与故障诊断技术支持，即需要故障监测与诊断系统来提供维修建议和时机。

通过对机械运行过程中的工况进行监测对其故障发展趋势进行早期诊断，找出故障原因，提前采取措施进行维修保养，避免设备的突然损坏，使之能够安全运转，可极大地提高经济效益与社会效益，所以开展机械设备故障诊断技术的研究具有重要的现实意义。

1.1.1 故障的含义

随着现代工业和现代制造技术的发展，制造系统的自动化、集成化程度越来越高。从发达国家发展先进制造业的战略规划来看，未来制造业的四大趋势将是软性制造、从“物理”到“信息”、从“群体”到“个体”、互联制造。在这样的生产环境下，一旦某台设备出现了故障而又未能及时发现和排除，就可能会造成整台设备停转，甚至整个流水线、整个车间停产，从而造成巨大的经济损失。因此，对设备故障的研究越来越受到人们的重视。

通常人们将故障定义为设备（系统）或零部件丧失了规定功能的状态。从系统的观点来看，故障包含两层含义，一是机械系统偏离正常功能。其形成的主要原因是机械系统的工作条件（含零部件）不正常，这类故障通过参数调节或零部件修复即可消除，系统随之恢复正常功能。二是功能失效。此时系统连续偏离正常功能，并且偏离程度不断加剧，使机械设备基本功能无法实现，这种情况称为失效。一般零件失效可以更换，如果关键零件失效，则往往会导致整机功能丧失。故障研究的目的是要查明故障模式，追寻故障机理，探求减少故障的方法，提高机电设备的可靠程度和有效利用率。

对于故障，应明确以下几点。

（1）规定的对象。它是指一台单机，或由某些单机组成的系统，或设备上的某个零部件。不同的对象在同一时间将有不同的故障状况。例如，在一条自动化流水线上，某一单机的故障足以造成整条自动线系统功能的丧失；但在机群式布局的车间里，就不能认为某一单机的故障与全车间的故障有所关联。

（2）规定的时间。它是指发生故障的可能性随时间的延长而增大。时间除了直接用年、月、日、时等作为单位外，还可用设备的运转次数、里程、周期作为单位。例如，车辆等用行驶的里程作为单位；齿轮用它承受载荷的循环次数作为单位等。

（3）规定的条件。这是指设备运转时的使用维护条件、人员操作水平、环境条件等。不同的条件将导致不同的故障。

（4）规定的功能。它是针对具体问题而言的。例如，同一状态的车床，进给丝杆的损坏对加工螺纹而言是发生了故障；但对加工端面来说却不算发生故障，因为这两种情况所需车床的功能项目不同。

（5）一定的故障程度。它是指应从定量的角度来判断功能丧失的严重性。在生产实践中为概括所有可能发生的事件，给故障下了一个广泛的定义，即“故障是不合格的状态”。

1.1.2　故障的分类

机电设备故障可以从不同角度进行分类，不同的分类方法反映了故障的不同侧面。对故障进行分类的目的是为了估计故障事件的影响程度，分析故障的原因，以便更好地针对不同的故障形式采取相应的对策。从故障性质、引发原因、特点等不同角度出发，可将故障分为如下几类。

1）按故障性质

（1）间歇性故障。设备只是在短期内丧失某些功能，故障多半由机电设备外部原因，如工人误操作、气候变化、环境设施不良等因素引起，在外部干扰消失或对设备稍加维修调试后，功能即可恢复。

（2）永久性故障。此类故障出现后必须经人工维修才能恢复功能，否则故障一直存在。这类故障一般是由某些零部件的损坏引起的。

2）按故障程度

（1）局部性故障。机电设备的某一部分存在故障，使得这一部分功能不能实现而其他部分功能仍可实现，即局部功能失效。

（2）整体性故障。整体功能失效的故障，虽然也可能是设备某一部分出现故障，但却使设备整体功能无法实现。

3）按故障形成速度

（1）突发性故障。故障发生具有偶然性和突发性，一般与设备使用时间无关，故障发生前无明显征兆，通过早期试验或测试很难预测。此种故障一般是由工艺系统本身的不利因素与偶然的外界影响因素共同作用的结果。

（2）缓变性故障。故障发展缓慢，一般在机电设备有效寿命的后期出现，其发生概率与使用时间有关，能够通过早期试验或测试进行预测。通常是因零部件的腐蚀、磨损、疲劳及老化等发展形成的。

4）按故障形成的原因

（1）操作或管理失误形成的故障。如机电设备未按原设计规定条件使用，形成设备错用等。

（2）系统内在原因形成的故障。一般是由于系统设计、制造遗留下的缺陷（如残余应力、局部薄弱环节等）或材料内部潜在的缺陷造成的，无法预测，是突发性故障的重要原因。

（3）自然故障。机电设备在使用和保有期内，因受到外部或内部多种自然因素影响而引起的故障，如正常情况下的磨损、断裂、腐蚀、变形、蠕变、老化等损坏形式都属自然故障。

5）按故障造成的后果

（1）致命故障。危及人身安全或导致伤亡、引起机电设备报废或造成重大经济损失的故障。如机架或机体断离、车轮脱落、发动机总成报废等。

（2）一般故障。影响机电设备正常使用，但在较短的时间内可以排除的故障。如传动带断裂、操纵手柄损坏、钣金件开裂或开焊、电器开关损坏、轻微渗漏和一般紧固件松动等。

6）按故障发生的时期

（1）早期故障。这种故障的产生可能是设计加工或材料上的缺陷，多在设备投入运行初期就会暴露出来。或者是有些零部件如齿轮箱中的齿轮副及其他摩擦副需要经过一段时期的“磨合”，工作情况才会逐渐改善。这类故障经早期暴露、处理、完善后，其故障率呈下降趋势。

（2）使用期故障。这是产品在有效寿命期内发生的故障，这种故障是由于载荷（外因、运行条件）和系统特性（内因、零部件故障、结构损伤等）无法预知的偶然因素引起的。设备大部分时间处于这种工作状态，这个时期的故障率基本是恒定的，对这个时期的故障进行监视与诊断具有重要意义。

（3）后期故障（耗散期故障）。它往往发生在设备使用寿命的后期，由于设备长期使用，甚至超过设备的使用寿命后，因设备的零部件逐渐磨损、疲劳、老化等原因使系统功能退化，最后可能导致系统发生突发性的、危险性的、全局性的故障。这个时期的设备故障率呈上升趋势。通过监测、诊断，发现失效零部件后应及时更换，以免发生事故。

从上述故障的分类可以看出，机电设备故障类型是相互交叉的，并且随着故障的发展，故障还可以从一种类型转移到另一种类型，每一种机电设备故障最终都会表现为一定

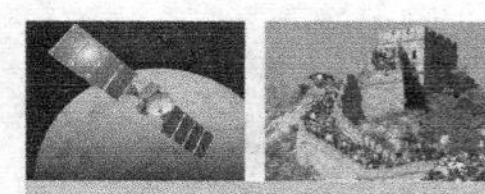

的物质状况和特征。

1.1.3　故障的特点

1. 多样性

各种设备不仅结构不同，工艺参数各异，而且制造、安装过程和使用环境也不同，在运行期间可能会产生各种各样的故障。

2. 层次性

设备一旦表现出某种故障现象，就需要追查引起故障的原因。但有些故障原因往往是深层次的，即上一层次故障源于下一层次故障，表现为层次性。

3. 多因素和相关性

设备的各个元件之间，设备与设备之间是通过机械结构或物料传递相互联系的，一个元件或一台设备发生故障，也会引发其他元件或设备故障，这就表现出故障的多因素和相关性。因此，在查找故障原因时，就要全面考虑一切与之有关的因素。

4. 延时性

设备在运行中，零部件不断受到冲击、应力、摩擦、磨损和腐蚀等因素作用，发生振动、位移、变形、疲劳和裂纹扩展，促使设备状态不断劣化，劣化状态发展到一定程度就会表现为机械功能失常或者完全丧失功能。故障形成过程中的延时性提醒人们应尽早发现隐患，采取预防措施，减少故障严重时所带来的损失。

5. 不确定性（模糊性）

一种故障现象可能源自多种故障原因；反之，一种故障原因也会表现出多种故障现象。故障的发生、具体现象、定量描述和检测分析都具有不确定性，从而增加了故障诊断和维修的难度。

6. 修复性

多数故障是可以修复的。

1.1.4　故障的管理

设备故障管理是设备管理的一个重要组成部分，如何充分利用设备在运行中出现的故障信息，从不同角度进行数据分析和故障预测，并采取积极措施，降低设备故障损失，对设备管理工作具有重要意义。

建立企业设备故障管理的程序是企业建立事故预警机制的第一步，正确地制定设备故障管理的程序意义重大。要做好设备故障管理，必须认真掌握发生故障的原因，积累常发故障和典型故障资料及数据，开展故障分析，重视故障规律和故障机理的研究，加强日常维护、检查和预防维修。

设备故障管理的目的：在故障发生前，通过设备状态的监测与诊断，掌握设备有无劣化情况，以期发现故障的征兆和隐患，及时进行预防维修，以控制故障的发生；在故障发生后，及时分析原因，研究对策，采取措施排除故障或改善设备，以防止故障的再发生。

设备故障管理的程序如下所述。

（1）做好宣传教育工作，使操作工人和维修工人自觉地遵守有关操作、维护、检查等规章制度，正确使用和精心维护设备，对设备故障进行认真的记录、统计、分析。

（2）结合本企业生产实际和设备状况及特点，确定设备故障管理的重点。

（3）采用监测仪器和诊断技术对重点设备进行有计划监测，及时发现故障的征兆和劣化的信息。一般设备可通过人的感官及常用检测工具进行日常点检、巡回检查、定期检查（包括精度检查）、完好状态检查等，着重掌握容易引起故障的部位、机构及零件的技术状态和异常现象的信息。同时要建立检查标准，确定设备正常、异常、故障的界限。

（4）为了迅速查找故障的部位和原因，除了通过培训使维修、操作工人掌握一定的电气、液压技术知识外，还应把设备常见的故障现象、分析步骤及排除方法汇编成故障查找逻辑程序图表，以便在故障发生后能迅速找出故障部位与原因，及时进行故障排除和修复。

（5）完善故障记录制度。故障记录是实现故障管理的基础资料，又是进行故障分析、处理的原始依据。记录必须完整正确。维修工人在现场检查和故障维修后，应按照“设备故障维修单”的内容认真填写，按月统计分析报送设备管理部门。

（6）及时进行故障的统计与分析。工作人员除日常掌握故障情况外，应按月汇集“故障维修单”和维修记录。通过对故障数据的统计、整理、分析，计算出各类设备的故障频率、平均故障间隔期，分析单台设备的故障动态和重点故障原因，找出故障的发生规律，以便突出重点采取对策，将故障信息整理分析资料反馈到计划部门，从而安排预防维修或改善措施计划，还可以作为修改定期检查间隔期、检查内容和标准的依据。

（7）针对故障原因、故障类型及设备特点的不同采取不同的对策。对新购置的设备应加强使用初期管理，注意观察、掌握设备的精度、性能与缺陷，做好原始记录。在使用中加强日常维护、巡回检查与定期检查，及时发现异常征兆，采取调整与排除措施。对重点设备进行状态监测与诊断。建立灵活机动的具有较高技术水平的维修组织，采用分部修复、成组更换的快速维修技术与方法。及时供应合格备件，利用生产间隙整修设备，对已掌握磨损规律的零部件采用改装更换等措施。

（8）做好控制故障的日常维修工作。通过区域维修工人的日常巡回检查和按计划进行的设备状态检查所取得的状态信息和故障征兆，以及有关记录、分析资料，由车间设备机械员（技师）或维修组长针对各类型设备的特点和已发现的一般缺陷，及时安排日常维修，便于利用生产空隙时间或周末，做到预防在前，以控制和减少故障发生。对某些故障征兆、隐患，日常维修无力承担的，则反馈给计划部门另行安排计划维修。

（9）建立合理的故障信息管理流程图。

1.1.5 影响故障产生的主要因素

机电设备越复杂，引起故障的原因便越多样化。故障产生的影响因素主要有以下几方面。

1）设计规划

在设计规划中，对设备未来的工作条件应有准确估计，对可能出现的变异应有充分考

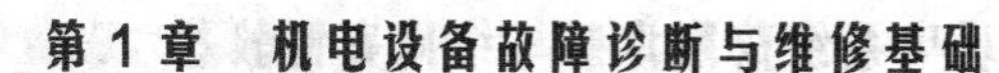

虑。设计方案不完善、设计图样和技术文件的审查不严是产生故障的重要原因。

2）材料选择

在设计、制造和维修中，都要根据零件工作的性质和特点正确选择材料。材料选用不当，或材料性质不符合标准规定，或选用了不适当的替代品是产生磨损、腐蚀、过度变形、疲劳、破裂、老化等现象的主要原因。此外，在制造和维修过程中，很多材料要经过铸、锻、焊和热处理等加工工序；在工艺过程中材料的金相组织、力学物力性能等要经常发生变化，其中加热和冷却的影响尤为重要。

3）制造质量

在制造工艺的每道工序中都存在误差。工艺条件和材质的离散性必然使零件在铸、锻、焊、热处理和切削加工过程中产生应力集中、局部缺陷、微观裂纹等缺陷。这些缺陷在工序检验时往往容易被疏忽。零件制造质量不能满足要求是机械设备寿命不长的重要原因。

4）装配质量

首先要有正确的配合要求。配合间隙的极限值包括装配后经过磨合的初始间隙。初始间隙过大，有效寿命期就会缩短。装配中各零部件之间的相互位置精度也很重要，若达不到要求，就会造成附加应力、偏磨等后果，加速失效。

5）合理维修

根据工艺合理、经济合算和生产可能的原则，合理进行维修，保证维修质量。这里最重要、最关键的是要合理选择和运用修复工艺，注意修复前的准备，修复过程中按规程执行操作，以及修复后的处理工作。

6）正确使用

在正常使用条件下，机械设备有其自身的故障规律，一旦使用条件改变，故障规律也随之变化。主要使用条件有以下几种。

（1）载荷。机械设备发生耗损故障的主要原因是零件的磨损和疲劳破坏。在规定的使用条件下，在单位时间内零件的磨损与载荷的大小呈直线关系。而零件的疲劳损坏只有在一定的交变载荷下才会发生，并随其增大而加剧。因此，磨损和疲劳都是载荷的函数。当载荷超过设计的额定值后，将引起剧烈的破坏，这是不允许的。

（2）环境。环境包括气候、腐蚀介质和其他有害介质的影响，以及工作对象的状况等。温度升高，磨损和腐蚀加剧；过高的湿度和空气中存在的腐蚀介质，也会造成腐蚀和腐蚀磨损；空气中含尘量过多、工作条件恶劣都会造成故障的产生。但是环境是客观因素之一，在某些情况下可人为地采取措施加以改善。

（3）保养和操作。建立合理的维护保养制度，严格执行技术保养和使用操作规程，是保证机械设备工作的可靠性和提高使用寿命的重要条件。此外，需要对人员进行培训，提高其素质和水平。

1.2 设备维修基础

1.2.1 维修方式

设备的维修方式具有维修策略的含义。现代设备管理强调对各类设备采用不同的维修方式，就是强调设备维修应遵循设备物质运动的客观规律，在保证生产的前提下，合理利用维修资源，达到寿命周期内费用最经济的目的。机电设备常用的维修方式有以下几种。

1. 事后维修

事后维修又称故障维修、损坏维修或非计划性维修。事后维修是指机电设备发生故障后所进行的维修，即不坏不修、坏了再修。对一些主要设备，应当尽量避免事后维修；但那些对生产影响较小或有备机的设备，采取事后维修是比较经济合算的。

2. 预防维修

在机电设备发生故障之前进行的维修称为预防维修。它的优点主要是减少设备的意外事故，确保生产的连续性，将设备维护与维修工作纳入计划，减少了生产组织的盲目性；提高设备的利用率；降低维修成本；延长设备的自然寿命。预防维修分为下面两种基本形式。

1）定期维修

定期维修又称计划维修或时间预防维修。定期维修是在规定时间的基础上实行的预防维修活动，具有周期性特点。定期维修是根据零件的磨损规律，事先规定好维修间隔期、维修类别、维修内容和维修工作量。这种维修方式会出现以下问题：一是设备的技术状况尚好，仍可继续使用，但仍按规定的维修间隔期进行大修，造成维修过剩；二是设备的技术状态劣化已达到难以满足产品要求的程度，但由于未达到规定的维修间隔期而没有安排维修计划，造成失修。它主要适用于已掌握设备磨损规律且生产稳定、连续生产的流程式生产设备或动力设备，大量生产的流水线设备或自动线上的主要设备。

我国目前实行的设备定期维修制度主要有计划预防维修制和计划保修制两种。

（1）计划预防维修制（简称计划预修制）。它是根据设备的磨损规律，按预定维修周期及维修规定对设备进行维护、检查和维修，以保证设备经常处于良好的技术状态的一种维修制度，其主要特征如下所述。

① 按规定要求对设备进行日常清扫、检查、润滑、紧固和调整等，以减少设备的磨损，保证设备正常运行。

② 按规定的日程表对设备的运动状态和磨损程度等进行定期检查和调整，以便及时消除设备隐患，掌握设备技术状态的变化情况，为设备定期维修做好物质准备。

③ 有计划、有准备地对设备进行预防性维修。

（2）计划保修制（又称保养维修制），它是把维护保养和计划检修结合起来的一种维修设备制度，其主要特点如下所述。

① 根据设备的特点和状况，按照设备运转小时（产量和里程）等规定不同的维修保养类别和间隔期。

② 在保养的基础上制定设备不同的维修类别和维修周期。

③ 当设备运转到规定时限时，不论其技术状态如何，也不考虑生产任务的轻重，都要严格地按要求进行检查、保养和计划维修。

2）状态监测维修

这是一种以设备技术状态为基础，按实际需要进行维修的预防维修方式。它是在状态监测和技术诊断的基础上，掌握设备劣化发展情况。在高度预知的情况下，适时安排预防性维修，故又称预知维修。这种维修方式的基础是将各种检查、维护、使用和维修，尤其是诊断和监测提供的大量信息，通过统计分析，正确判断设备的劣化程度、发生（或将要发生）故障的部位、技术状态的发展趋势，从而采取正确的维修类别。这样能充分掌握维修活动的主动权，做好维修前的准备，并且可以和生产计划协调安排，既能提高设备的利用率，又能充分延长零件的最大寿命。缺点是费用高，且要求有一定的诊断条件，对技术人员要求高。它主要适用于重大关键设备、生产线上的重点设备、不宜解体检查的设备（如高精度机床）及故障发生后会引起公害的设备等。

3. 可靠性维修

又称以可靠性为中心的维修（Reliability Centered Maintenance，RCM），出现于 20 世纪 60 年代美国民航工业，目前已推行于设备运行可靠性要求特别高的原子能工业、军事工业等。运行中的设备的潜在故障发展为功能故障的过程虽有长短，但其故障征兆均能通过检测而发现某一规律，这种技术就是根据这一规律所采取的一种预防性措施，它是一种从研究设备可靠性出发，提高可靠性的维修技术。它以可靠性理论为基础，通过对影响可靠性的因素做具体分析和试验，应用逻辑分析决断法，科学地制定维修内容，优选维修方法，合理确定使用期限，控制设备的使用可靠性，以最低的费用来保持和恢复设备的固有可靠性。可靠性维修使设备维修工作进一步走向科学化和现代化，值得进一步重视和研究。

4. 质量维修

这是一种从保证产品质量出发而制定的设备维修程序，其目的是使产品零件加工的全部质量特性保持最佳状态。根据以上目的对影响质量有关的重要因素如人、机、物料等进行管理，并把重点放在设备与质量的关系上。这种方法采用了全面质量管理的图表（如排列图等）、统计分析等方法。通过掌握产品质量状况，找出质量不良的工序、发生故障的设备部位和原因，进行分类整理。根据影响的严重程度选定重点问题，逐项分析研究，制定恢复性措施。对质量不良发生原因尚不清楚的慢性质量不良，则应使用 PM 分析（现象的机理分析），找出原因和解决措施，并制定防止再发生故障的管理制度。

5. 改善维修

改善维修又称改善性维修。它是指为了防止故障重复发生而对机电设备的技术性能加以改进的一种维修。它结合维修进行技术改造，维修后可提高设备的部分精度、性能和效率。

机电设备在运行过程中会存在一些薄弱环节，这就需要对某些设备或零部件进行技术改进和结构改造，提高其可靠性，提高设备的技术水平，以取得更好的经济效益。

改善维修的最大特点是修改结合。在实际生产中，常常结合机电设备的大修和项修进行。在进行改善维修时，应根据机件故障的检查和分析，有计划地改进机电设备机构和机

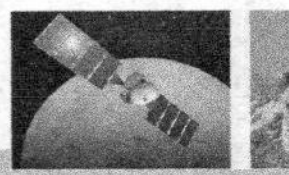

件材质等。

6. 无维修设计

无维修设计是设备维修的理想目标，是指针对机电设备维修过程中经常遇到的故障，在新设备的设计中采取改进措施予以解决，力求使维修工作量降低到最低限度或根本不需要进行维修。

1.2.2 维修方式选择

维修的目的在于保证设备运转的可靠性，即保证使用价值的可靠性，另外要使维修费用最省。因此，维修决策的基本要求是：①可靠性不得低于允许的最小值[R]，即 $R_{(t)} \geqslant [R]$；②维修费用 K_I 最少或不得大于某个预定的维修费限额 $K_{I\min}$，即 $K_I \leqslant K_{I\min}$。要优化维修决策，首先应选择合理的维修方式。

上述 6 种维修方式都有一定的适用范围，然而应用是否恰当，则有优劣之分。应根据机电一体化设备的特点及使用条件选择最合适的维修方式，以达到提高设备效率、减少停机损失和节约维修费用的目的。维修方式的发展趋势是从定期预防维修走向计划的定期检查，并按检查结果安排近期的状态维修。随着工厂技术装置水平不断提高，设备构成日益复杂和机电一体化设备的应用，生产活动逐渐取决于设备的性能和可靠性，维修概念将从静态管理向动态管理转变，逐步趋向可靠性维修、质量维修等。

机电一体化设备种类繁多，应用较广泛，因此应根据具体情况选择一种或几种维修方式的组合。机电一体化设备选定维修方式一般侧重于可靠性。对设备关键部位推行状态监测维修，及时采取预防措施，对于质量管理点的设备，注意加工过程中产品质量变化情况，发现异常及时进行质量维修。要配备熟悉微电子技术的设备人员，进行监护和指导，培养机电合一的维修工人。数控设备或机电一体化设备要进行定期检查和故障逻辑分析，如果发现失效元件应当及时进行更换和调试。

1.2.3 维修制度

维修工作不仅是技术工作，也是一项管理性工作。维修制度是指在一定的维维修论和思想指导下制定出的一套规定，它包括维修计划、类别、方式、时机、范围、等级、组织和考核指标体系等。

实施合理的维修制度有利于安排人力、物力和财力，及早做好维修前的准备，适当地进行维修工作，满足工艺需求，提高机电设备技术状态、可靠性和使用寿命，缩短维修停歇时间，减少维修费用和停机损失。维修制度也在不断地演变和发展，就目前情况看，主要有以下几种。

1. 计划预防维修制

它是在掌握机电设备磨损和损坏规律的基础之上，根据各种机件的磨损速度和使用期限贯彻防重于治、防患于未然的原则，相应地组织保养和维修，以免机件过早磨损，对磨损给予补偿，防止和减少故障，延长寿命，节省维修时间，从而提高有效度和经济效益。

计划预防维修的具体实施可概括为“定期检查、按时保养、计划维修”，它适合维修的宏观管理。计划预防维修制的实行需要具备以下条件：①通过统计、测定、试验研究，确定总成、主要零部件的维修周期，合理地划分维修类别；②制定一套相应的维修组技术定额标准；③具备按职能分工、合理布局的维修基地。

计划预防维修制度的主要缺点是经济性差，维修周期和范围固定，会造成部分机件不必要的维修，即过剩维修。在维修过程中，按维修内容及范围的深度和广度，维修分为大修、中修、小修、项修、改造和计划外维修等几种层次和类别，由维修工作量的大小和内容决定。

（1）大修。全面或基本恢复机电设备的功能，一般由厂矿企业内的专业维修组人员维修或在工业设施比较集中的地区设置的维修中心进行。大修时，将对机电设备进行全部或大部解体，重点修复基础件，更换和维修丧失或即将丧失功能的零部件，调整后的精度基本达到原出厂水平，并对外观进行重新整修。

（2）中修。是一种介于大修和小修之间的层次，为平衡性维修。

（3）小修。以更换或修复在维修间隔期内磨损严重或即将失效的零部件为目的，不涉及对基础的维修，是排除故障的维修。

大修、中修、小修这三种层次客观上反映了机电设备的时间进程，因而最适合以时间为基准的计划预防维修的实施，为大多数单位采用。但它还需要其他维修层次做补充，才能解决预测不到的维修需要。

（4）项修。在机电设备进行状态监测的基础上，专门针对即将发生故障的零部件或技术项目进行事前计划性的维修。项修是穿插在大修、中修、小修之间的，没有周期性的一种计划维修层次。

（5）改造。用新技术、新材料、新结构和新工艺，在原机电设备的基础之上进行局部改造，以提高其精度、功能、生产率和可靠性为目的。这种维修属于改善性的，其工作量的大小取决于原设备的结构对实行改造的适应程度，也决定于人们需要将原设备的功能提高到什么水平。改造又称现代化改装。

（6）计划外维修。因发生突发性故障和事故而必须对机电设备进行的一种维修层次。计划外维修的次数和工作量越少，表明管理水平越高。

2. 以状态监测为基础的维修制

它是以可靠性理论、状态监测、故障诊断为基础，根据机电设备的实际技术状态检测结果而确定维修时机和范围的。鉴于一些复杂的机电设备一般只有早期和偶然故障，而无耗损期，因此定期维修对许多故障是无效的。现代机电设备只有少数项目的故障对安全有危害，因而应按各部分机件的功能、功能故障、故障原因和后果来确定需要做的维修工作。

这种维修制的特点是维修周期、程序和范围都不固定，要依照实际情况而灵活决定。它把维修工作的重心由维修和保养转到检查上来，它的基础是推行点检制。点检工作不仅为维修时机和范围提供信息依据，而且分散地完成了一部分维修工作内容。对机电设备进行日常点检、定期点检和精密点检，然后将状态检测与故障诊断提供的信息进行分析处理，判断劣化程度，并在故障发生前有针对性地进行维修，既保证了机电设备经常处于正常状态，也充分利用了机件的使用寿命，比计划预防维修制更为合理。

实行以状态监测为基础的维修应具备的条件有：要有充分的可靠性试验数据、资料作

为判别机件状态的依据；要求设计制造和维修部门密切配合，制定机电设备的维修大纲；具备必要的检测手段和标准。

3. 针对性维修制

这种维修制是按综合管理原则和以可靠性为中心的维修思想，从实际出发，根据机电设备的形式、性能和使用条件等特点，在推行点检制的基础上，有针对性地采取不同维修方式，即视情维修、定期维修和事后维修等，并充分利用决策技术、计算机技术和状态监测、故障诊断技术等，使维修工作科学化，从而实现设备寿命周期费用最经济、综合效益最高的目标。

针对性维修制的特点如下。

（1）它吸收并改进了分类管理办法，强化了重点机电设备、重点部位的维修管理，并按其特点和状态，有针对性地采取不同的维修方式，充分发挥其不同的适用性和有效性，以获得最佳的维修效果。

（2）在各种维修方式中，把状态监测、视情维修作为主要推广方式，实施点检制，体现以可靠性为中心的思想，把维修工作重点放在日常保养上，尽量做到有针对性。

（3）重视信息作用，应用计算机技术实行动态管理，并进行适时决策，保证维修工作真正做到有针对性。

针对性维修制的内容包括：①推行点检制，对机电设备进行分类，有针对性地采用多种维修方式；②改进计划预防维修，对实行状态监测的维修方式的机电设备采用维修类型决策，有针对性地进行项修或大修；③建立一套维修和检测标准，确定工时定额；④进行计算机辅助动态管理，包括各项决策的支持系统。

4. 操作维护制度

这是针对人员行为的一种规范化要求，是机电设备管理中一项重要的软件工程，主要有五项纪律和四项要求。

五项纪律：①实行人员定机的操作；②保持机电设备的整洁，做好润滑维修；③遵守安全操作规程及交接班制；④管好工具和附件；⑤发现故障立即停机检查。

四项要求：①整齐；②整洁；③润滑；④安全。

1.2.4 机电设备的使用

设备在使用过程中，由于受到各种力的作用及环境条件、使用方法、工作规范、工作持续时间等因素的影响，其技术状态会发生变化，工作能力逐渐降低。想要控制这一时期的技术状态变化，延长设备工作能力下降的进程，最重要的措施就是要合理、正确地使用设备。

机电设备的维护是提高利用率、实现其功能的重要手段，它分为日常维护和定期维护两种形式。

日常维护主要由机电设备的操作者进行，班前检查，班后清扫，保证机电设备处于良好的技术状态。

定期维护又称一级护养，由操作人员完成，维修人员辅助。它近似于小修，维护周期视不同的机电设备而异。其内容包括保养部位和重点部位的拆卸检查；油路和润滑系统的

清洗与疏通；调整检查各部位的间隙；紧固各部件和零件；电气部件的保养维修等。

机电设备使用中应注意以下几个问题。

1. 经济合理地配备各种类型的设备

企业必须根据工艺技术要求，按一定比例配备自身所需的各种各样的设备。另外，随着企业生产的发展、产品品种和数量的增加，工艺技术也要有所变动。因此，必须及时地调整设备之间的比例关系，使其与加工对象和生产任务相适应。

2. 为设备创造良好的工作环境

机器设备的工作环境对机器设备的精度、性能有很大影响，不仅高精度设备的温度、灰尘、振动、腐蚀等环境需要严格控制，而且还要为普通精度的设备创造良好的条件，一般要求避免阳光的直接照射和其他热辐射，要避免太潮湿、粉尘过多或有腐蚀气体的场所，远离振动大的设备。

3. 良好的电源保证

为了避免电源波动幅度大（大于±10%）和可能的瞬间干扰信号等影响，精密设备一般采用专线供电（如从低压配电室分一路供单独使用）或增设稳压装置等，这些措施都可大大减少电气干扰。

4. 合理安排设备工作负荷

根据各种设备的性能、结构和技术特征，恰当地安排生产任务和工作负荷，尽量使设备物尽其用，避免“大机小用，粗机精用”等现象。

5. 不宜长期封存

购买设备以后要充分利用，尤其是投入使用的第一年，使其容易出故障的薄弱环节尽早暴露，得以在保修期内排除。加工过程中，尽量减少设备主轴的启停，以降低离合器、齿轮等器件的磨损。在没有加工任务时，也要定期通电，最好是每周通电 1～2 次，每次空载运行 1 h 左右，以利用设备本身的发热来降低机内的湿度，使电子元件不致受潮，同时也能及时发现有无电池电量不足报警，预防设备参数的丢失。

6. 制定有效操作规程，建立健全设备使用责任制，并在操作过程中严格遵守

制定和遵守操作规程是保证设备安全运行的重要措施之一，企业的各级领导、设备管理部门、生产班组长和生产工人在保证设备合理使用方面都负有相应的责任。实践证明，众多故障都可由于遵守操作规程而减少。

7. 操作人员岗前培训

操作人员要熟悉并掌握设备的性能、结构、加工范围和维护保养知识。新操作人员上机前一定要进行技术考核，合格后方可独立操作设置。对精密、复杂及对生产具有关键性的设备应指定具有专门技术的操作人员去操作，实行“定人定机、凭证上岗”。对职工进行正确使用和爱护设备的宣传教育。操作人员对机器设备爱护的程度，对于设备的使用寿命和设备效率有着重要影响，企业一定要对职工经常进行思想教育和技术培训，使操作人员养成自觉爱护设备的风气和习惯，从而使设备经常保持清洁、安全并处于最佳技术状态。

1.2.5 机电设备的维护保养

1）操作维护规程的原则

机电设备维护是指消除设备在运行过程中不可避免的不正常技术状况下（零件的松动、干摩擦、异常响声等）的作业。总的来说，机电设备的维护必须达到整齐、清洁、润滑和安全四项基本要求。设备操作维护规程的制定是设备维护保养中很重要的一环，能使后期所有操作有章可循。制定操作维护规程的原则如下。

（1）一般应按设备操作顺序及班前、中、后分别列出注意事项，力求内容精炼、简明、适用。

（2）按照设备类别将结构特点、加工范围、操作注意事项、维护要求等分别列出，便于操作工人掌握要点，贯彻执行。

（3）各类机电设备具有共性的内容，可编制统一标准通用规程。

（4）重点设备、高精度、大中型及稀有关键机电设备，必须单独编制操作维护规程，并用醒目的标志牌张贴在机床附近，要求操作工人特别注意，严格遵守。

2）操作维护规程的基本内容

操作维护规程的基本内容一般包括以下方面。

（1）作业人员在操作时应按规定穿戴劳动防护用品，作业巡视及靠近其附近时不得身着宽大的衣物，女同志不得披长发。

（2）班前清理工作场地，设备开机前按日常检查卡规定项目检查各操作手柄、控制装置是否处于停机位置，零部件是否有磨损严重、报废和安全松动的迹象，安全防护装置是否完整牢靠，查看电源是否正常，并做好点检记录，若不符合安全要求，应及时向车间负责人提出安全整改意见或方案，防止设备带“病”运行。

（3）检查电线、控制柜是否破损，所处环境是否可靠，设备的接地或接零等设施是否安全，发现不良状况，应及时采取防护措施。

（4）查看润滑和液压装置的油质、油量；按润滑图表规定加油，保持油液清洁，油路畅通，润滑良好。因为良好的润滑不但会保证冷却散热，而且会起到密封和保护的作用。另外，在洗涤污垢、减少磨损等方面也有一定的作用。

（5）确认各部件正常无误后，可先空车低速运转 3～5 min，各部件运转正常、润滑良好，方可进行工作。不得超负荷、违反规范使用。

（6）设备运转时，严禁用手调整测量工件或进行润滑、清除杂物、擦拭设备；离开机床时必须切断电源，设备运转中要经常注意各部位情况，如有异常应立即停机处理。

（7）维护保养及清理设备、仪表时，应确认设备、仪表已处于停机状态且电源已完全关闭；同时应在工作现场分别悬挂或摆放警示牌标志，提示设备处于维护维修状态或有人在现场工作。

（8）维护保养前应知此项工作的注意事项、维护保养的操作程序。维护保养时工作人员思想要集中，穿戴要符合安全要求，站立位置要安全。

（9）维护设备时，要正确使用拆卸工具，严禁乱装乱拆，不得随意拆除、改变设备的安全保护装置。设备就位或组装时，严禁将手放入连接面和用手指对孔。

（10）维护、维修等操作工作结束后，应将器具从工作位置退出，并清理好工作场地和机械设备，仔细检查设备仪表的每一个部位，不得将工具或其他物品遗留在设备仪表上或其内部。车间应定期做好设备的维护、保养和维修工作，保证机械设备的正常运行。

（11）车间内和机器上的说明、安全标志和标志牌，在任何时候都必须严格遵守。

（12）严禁使用易燃、易挥发物品擦拭设备，含油抹布不能放在设备上，设备周围不能存放易燃、易爆物品。

（13）必须在易燃、易爆危险区域作业时，事先应采取相应的安全措施，并经生产安全部门和领导批准后方可进行；焊接或打磨存有易燃、易爆或有毒物品的容器或管道时，必须置换和清理干净，同时将所有孔口打开后方可进行。

（14）工作场地应干燥整洁，废油、废面纱不准随地乱丢，原材料、半成品、成品必须堆放整齐，严禁堵塞通道。

（15）经常保持润滑及液压系统清洁。盖好箱盖，不允许有水、尘、铁屑等污物进入油箱及电气装置。

（16）工作完毕、下班前应清扫机床设备，保持清洁，将操作手柄、按钮等置于非工作位置，切断电源，办好交接班手续。

3）维护保养工作的分类

根据设备维护保养工作的深度、广度及其工作量的大小，维护保养工作可以分为以下几个类别。

（1）日常保养（例行保养）。其主要内容是：对设备进行检查加油；严格按设备操作规程使用设备，紧固已松动部位；对设备进行清扫、擦拭，观察设备运行状况并将设备运行状况记录在交接班日志上。这类保养较为简单，大部分工作在设备的表面进行。日常保养应由操作工人进行。

（2）一级保养（月保养）。其主要内容是：拆卸指定的部件，如箱盖及防护罩等，彻底清洗、擦拭设备内外；检查、调整各部件配合间隙，紧固松动部位，更换个别易损件；疏通油路，清洗过滤器，更换冷却液和清洗冷却液箱；清洗导轨及滑动面，清除毛刺及划伤；检查、调整电气线路及相关装置。设备运转 1～2 个月（两班制）后，以操作工人为主、维修工人配合进行一次一级保养。

（3）二级保养（年保养）。除了包括一级保养内容以外，二级保养还包括：修复、更换磨损零件，调整导轨等部件的间隙，电气系统的维护，设备精度的检验及调整等。设备每运转一年后，以维修工人为主、操作工人参加进行一次二级保养。

1.2.6　设备故障诊断技术

设备出现故障后，某些特性就会随之改变，产生机械的、温度的、噪声的及电磁的各种物理和化学参数的变化，发出不同的信息。捕捉这些变化后的征兆，检测变化的信号和规律，从而判定故障发生的部位、性质、大小，分析其原因和异常情况，预报未来，判别损坏的情况，做出决策，消除故障隐患，防止事故发生，这就是故障诊断技术。

1. 设备故障诊断过程

设备故障诊断的内容包括状态监测、分析诊断和故障预测三个方面。其具体实施过程可以归纳为以下四个方面。

1）信号采集

设备在运行过程中必然会有力、热、振动及能量等各种量的变化，由此会产生各种不同信息。根据不同的诊断需要，选择能表征设备工作状态的不同信号，如振动、压力、温度等是十分必要的，这些信号一般是用不同的传感器来采集的。

2）信号处理

这是将采集到的信号进行分类处理、加工，获得能表征机器特征的过程，也称特征提取过程，如振动信号从时域变换到频域进行频谱分析就是这个过程。

3）状态识别

将经过信号处理后获得的设备特征参数与规定的允许参数或判别参数进行比较以确定设备所处的状态，是否存在故障及故障的类型和性质等。为此应正确制定相应的判别准则和诊断策略。

4）诊断决策

根据对设备状态的判断，决定应采取的对策和措施，同时应该根据当前信号预测设备状态可能的发展趋势，进行趋势分析。

以上四个步骤构成了一个循环，一个复杂、疑难的故障往往并不能通过一个循环就正确找出症结所在，而是需要经过多次重复循环诊断（如图 1.1 所示），逐步加深认识的深度和判断的准确度，最后才能解决问题。

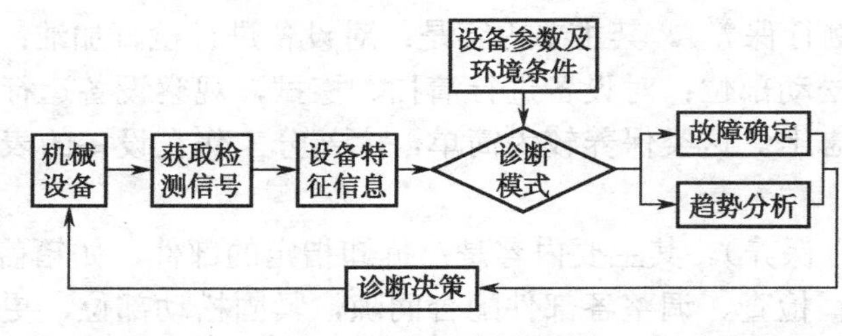

图 1.1　故障诊断过程

2. 设备故障诊断层次

设备故障诊断一般分为简易诊断和精密诊断两个层次。设备的故障大多数可通过简易诊断技术予以确定，因此它是诊断工作的基础，只有当简易诊断难以确定时才选用精密诊断技术。

1）简易诊断技术

简易诊断技术是使用简易的仪器和方法，对设备技术状态快速做出概括性评价的技术，它一般包括：

（1）使用各种比较简单并易于携带的诊断仪器及检测仪表。

（2）由设备维护检修人员在生产现场进行检测分析。

（3）仅对设备有无故障、严重程度及其发展趋势做出定性的初判。

（4）涉及的技术知识和经验比较简单，易于学习和掌握。

（5）需要把采集的故障信号进行存储建档。

设备的状态监测中的定期或在线监测也都属于简易诊断技术，它主要通过检查反映设备技术状态的一些参数，判断其是否正常。当存在异常或超过限值时，设备应能发出警报

或自动停机，但状态监测不同于故障的识别和判断。

简易诊断适用于安装调试阶段，用以检查和排除运输过程中和安装施工中引起的缺陷。简易诊断也适用于维护阶段进行的状态监测，它能够及早发现事故隐患，掌握设备的劣化趋势。

2）精密诊断技术

精密诊断技术是使用精密的仪器和方法，对简易诊断难以确诊的设备做出详细评价的技术，它一般包括：

（1）使用各种比较复杂的诊断分析仪器或专用诊断设备。

（2）用具有一定经验的工程技术人员及专家在生产现场和诊断中心进行。

（3）对设备故障的存在部位、发生原因及故障类型进行识别和做出定量的诊断。

（4）涉及的技术知识和工作经验比较复杂，需要较多的学科配合。

（5）进行深入的信号处理，以及根据需要预测设备寿命。

精密诊断技术除了用于设备的开发研制外，更多地用于使用维修阶段。针对已经进行过简易诊断，并被判定存在异常或故障的设备，再对其故障产生部位、原因及类型进行识别和诊断，以方便提供维修决策。由于它所需费用较高，一般在简易诊断难以确诊时，才会提前使用。

1.2.7 故障发生的规律

机电设备故障的发生有两个显著特点：一是发生故障的可能性随设备使用年限的增加而增大；二是故障的发生具有随机性，无论哪一种故障都很难预料发生的确切时间，因而在设备使用寿命内，发生故障的可能性可用概率表示。

故障率是指在时间 t 之前尚未发生故障，而在随后的 $\mathrm{d}t$ 时间内可能发生故障的条件概率，又用 $\lambda(t)$ 表示，其数学关系式为

$$\lambda(t)=\frac{f(t)}{R(t)}$$

式中，$f(t)$表示某一瞬时可能发生的概率；$R(t)$表示瞬时无故障概率。

通过此式可以看出故障率为某一瞬时可能发生的故障相对于该瞬时无故障概率之比。大多数故障出现的时间和频率与机电设备的使用时间有密切联系。工程实践经验和实验表明，机电设备的故障率变化分为早期故障期、随机故障期和耗损故障期 3 个阶段，如图 1.2 所示。

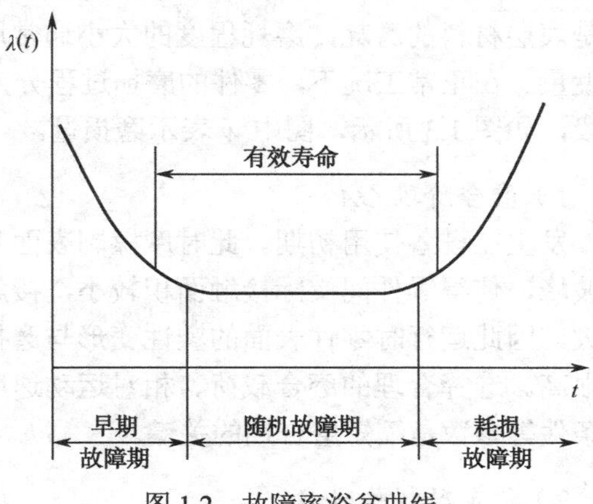

图 1.2 故障率浴盆曲线

1. 早期故障期

早期故障期的特点是故障率较高，但故障随设备工作时间的增加而迅速下降。早期故障一般是由于设计、制造上的缺陷等原因引起的，因此设备进行大维修或改造后，早期故障期会再次出现。

2. 随机故障期

随机故障期内故障率低而稳定，近似为常数。随机故障是由偶然因素引起的，它不可预测，也不能通过延长磨合期来消除。设计上的缺陷、零部件缺陷、维护不良及操作不当等都会造成随机故障。

3. 耗损故障期

耗损故障的特点是故障率随运转时间的增加而增高。耗损故障是由于设备零部件的磨损疲劳、老化、腐蚀等造成的。这类故障是设备接近大修期或寿命末期的征兆。

1.3 机械零件失效形式及其对策

在设备使用过程中，将机械零件由于设计、材料、工艺及装配等各种原因，丧失规定的功能，无法继续工作的现象称为失效。当机械设备的关键零部件失效时，就意味着设备处于故障状态。机器故障和机械零件的失效密不可分。机械设备类型很多，其运行工况和环境条件差异很大。机械零件失效模式也很多，主要有磨损、腐蚀、变形、断裂 4 种常见的有代表性的失效模式。

1.3.1 机械零件的磨损

机械零件的磨损是零件失效的主要模式。在一般机械设备中约有 80%的零件失效报废是由磨损引起的。磨损不仅会影响机电设备的效率、降低工作可靠性，而且还可能会导致机电设备的提前报废。因此，开展对机电设备磨损机理的研究可以掌握各种零部件的磨损特点，为制定合理的维修策略和计划提供依据，为提高设备使用寿命服务。

1. 零件磨损的一般规律

磨损是一种微观和动态的过程，零件磨损时会出现各种物理、化学和机械现象，其外在的表现形态是表层材料的磨耗，磨耗程度的大小通常用磨损量度量。在正常工况下，零件的磨损过程分为 3 个阶段，如图 1.3 所示，图中 w 表示磨损量。

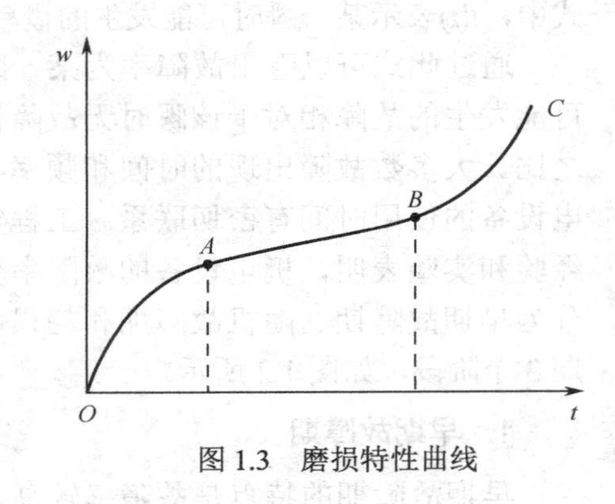

图 1.3 磨损特性曲线

1）磨合阶段 OA

发生在设备使用初期。此时摩擦副表面具有微观波峰，使得零件间实际接触面积较小，接触应力很大，因此运行时零件表面的塑性变形与磨损的速度很高。选择合理的磨合载荷、相对运动速度、润滑条件等参数是缩短磨合期的关键。

2）稳定磨损阶段 AB

这一阶段的磨损特征是磨损速率小且稳定，因此该阶段的持续时间较长。但到中后期，磨损速率相对较快，但此时仍可继续工作一段时间，当磨损量增至 B 点时，磨

损速率迅速提高，进入急剧磨损阶段。合理地使用、保养与维护设备是延长该阶段的关键。

3）急剧磨损阶段 *BC*

进入此阶段后，由于摩擦条件发生较大的变化，如润滑条件改变、零件几何尺寸发生变化、配合零件间隙增大、产生冲击载荷等使磨损速率急剧增加。此时，机械效率明显下降，精度降低，若不采取相应措施有可能导致设备故障或发生意外事故。因此，及时发现和维修即将进入该阶段工作的零部件具有十分重要的意义。

根据磨损结果，磨损分为点蚀磨损、胶合磨损、擦伤磨损等；根据磨损机理，磨损分为磨料磨损、疲劳磨损、黏着磨损、微动磨损等。

磨料磨损是指摩擦副的一个表面上硬的凸起部分和另一表面接触，或两摩擦面间存在硬的质点，如空气中的尘土、磨损造成的金属微粒等，在发生相对运动时，两个表面中的一个表面的材料发生转移或两个表面的材料同时发生转移的磨损现象。在众多磨损失效模式中，磨料磨损失效是最常见、危害最严重的一种失效模式。

疲劳磨损是指摩擦副材料表面上局部区域在循环接触应力作用下，产生疲劳裂纹，分离出微片或颗粒的一种磨损形式。根据摩擦副间的接触和相对运动方式的不同，可将疲劳磨损分为滚动接触疲劳磨损和滑动接触疲劳磨损两种形式。实际工作中纯滚动疲劳磨损很少，大多数情况下为滚动加滑动的磨损。

黏着磨损是指当摩擦副表面在相互接触的各点处发生“冷焊”后，在相对滑动时一个表面的材料迁移到另一个表面上所引起的磨损。

微动磨损是两个接触物体做相对微振幅振动而产生的一种磨损。它发生在名义上相对静止，实际上存在循环的微幅相对滑动的两个紧密接触的表面上，其滑动幅度非常小，一般为微米量级（2～20 μm）。例如，在轴与孔的过盈或过渡配合面、键连接表面、旋合螺纹的工作面和铆钉的工作面等工作面上发生的磨损。微动磨损不但会使配合精度下降，紧配合件配合变松，损坏配合表面的品质，还可能导致疲劳裂纹的产生，从而急剧降低零件疲劳强度。

2. 防止或减少磨损的对策

根据磨损的理论研究，结合生产实践经验，防止或减少磨损的方法与途径有以下几方面。

1）润滑

选用合适的润滑剂和润滑方法，用理想的流体摩擦取代干摩擦，这是减少摩擦和磨损的最有效方法。

2）正确选择材料

根据基本磨损形式，正确选择材料是提高耐磨性的关键之一。应选用疲劳强度高、防腐性能好、耐磨耐高温的新钢种或新材料。同时要注意配对材料的互溶性，使其形成合适的组合。

3）进行表面处理

通过使用各种表面处理方法，如表面热处理（钢的表面淬火等）、表面化学热处理（钢的表面渗碳、渗氮等）、热喷涂、喷焊、镀层、沉积、离子注入、滚压、喷丸等，改善表面的耐磨性。这是最有效和最经济的方法之一。

4）合理的结构设计

正确合理的结构设计是减少磨损和提高耐磨性的有效途径。结构要有利于摩擦副间表面保护膜的形成和恢复、压力的均匀分布、摩擦热的散发、磨屑的排出，以及防止外界磨粒、灰尘的进入等。在结构设计中，可以应用置换原理，即允许系统中一个零件磨损以保护另一个重要的零件；也可以使用转移原理，即允许摩擦副中另一个零件快速磨损而保护较贵重的零件。

5）改善工作条件

尽量避免过大的载荷、过高的运动速度和工作温度。创造良好的环境条件能够降低磨损。

6）提高修复质量

提高机械加工质量、提高修复质量、提高装配质量、提高安装质量是防止和减少磨损的有效措施。

7）正确使用和维护

加强科学管理和人员培训，严格执行遵守操作规程和其他有关规章制度有利于减少磨损。在机械设备使用初期要正确地进行磨合。要尽量采用先进的监控和测试技术。

1.3.2 金属零件的腐蚀

在工程领域，金属腐蚀造成的经济损失是巨大的，据估计，全世界每年因腐蚀而报废的钢材与设备相当于年钢产量的 30%。腐蚀是金属受周围介质的作用而引起损伤的现象，这种损伤是金属零件在某些特定的环境下，发生化学反应或电化学反应的结果。腐蚀损伤总是从金属表面开始，然后或快或慢地往里深入，造成表面材料损耗，表面质量破坏，内部晶体结构损伤，使零件出现不规则形状的凹洞、斑点等破坏区域，最终导致零件的失效。金属腐蚀按其作用和机理分为化学腐蚀和电化学腐蚀两大类。

1. 金属零件的化学腐蚀

金属的化学腐蚀是由单纯化学作用引起的腐蚀。当金属零件表面材料与周围的气体或非电解质液体中的有害成分发生化学反应时，金属表面会形成腐蚀层，在腐蚀层不断脱落又不断生成的过程中，零件便被腐蚀。与机械零件发生化学反应的有害物质主要是气体中的 O_2、H_2S、SO_2 等，以及润滑油中某些腐蚀性产物。铁与氧的化学反应是最普通的化学腐蚀，其过程如下。

$$4Fe+3O_2 \rightarrow 2Fe_2O_3$$

$$3Fe+2O_2 \rightarrow Fe_3O_4$$

腐蚀产物 Fe_2O_3 或 Fe_3O_4 一般都会形成一层膜，覆盖在金属表面。在摩擦过程中，摩擦

表面覆盖的氧化膜被磨掉后，摩擦表面与氧化介质迅速反应，又形成新的氧化膜，然后在摩擦过程中又被磨掉，在这种循环往复的过程中，金属被腐蚀。氧化腐蚀的特征是：在摩擦表面沿滑动方向有均匀且细小的磨痕，并有红褐色片状的 Fe_2O_3 或灰黑色丝状的 Fe_3O_4 磨屑产生。

影响氧化磨损的主要因素是氧化膜的致密、完整程度及其与基体结合的牢固程度。若氧化膜紧密、完整无孔、与金属基体结合牢固，则氧化膜的耐磨性好，不易被磨掉，有利于防止金属表面的腐蚀。

2. 金属零件的电化学腐蚀

电化学腐蚀是一个复杂的物理与化学腐蚀过程。电化学腐蚀可定义为具有电位差的两个金属极在电解质溶液中发生的具有电荷流动特点的连续不断的化学腐蚀。它是金属与电解质物质接触时产生的腐蚀，与化学腐蚀的不同之处在于腐蚀过程中有电流产生。形成电化学腐蚀的基本条件是：①由两个或两个以上的不同电极电位的物体或在同一物体中具有不同电极电位的区域，形成正、负极；②电极之间需要由导体相连接或电极直接接触，从而使腐蚀区电荷可以自由流动；③有电解质溶液存在。

常见的电化学腐蚀形式有以下几种。

（1）均匀腐蚀。当金属零件或构件表面出现均匀的腐蚀组织时，称为均匀腐蚀。均匀腐蚀可以在液体、大气或土壤中发生。机械设备最常见的均匀腐蚀是大气腐蚀。在工业区，大气中含有较多的 CO_2、SO_2、H_2S、NO_2 和 Cl_2 等，这些气体均是腐蚀性气体。此外，空气中的灰尘也含有酸、碱、盐类微粒，当这些微粒黏在零件表面时，同样会吸收空气的水分形成电解液造成零件表面腐蚀。

（2）小孔腐蚀（点蚀）。金属件的大部分表面不发生腐蚀或腐蚀很轻微，但是局部地方会出现腐蚀小孔，并向深处发展，这种腐蚀现象称为小孔腐蚀（点蚀）。由于工业上用的金属往往存在极小的微电极，故在溶液和潮湿环境中极易发生小孔腐蚀。对于钢类零件而言，当小孔腐蚀与均匀腐蚀同时发生时，其腐蚀点极易被均匀腐蚀产生的疏松组织所掩盖，不易被检测和发现。因此，小孔腐蚀是最危险的腐蚀形态之一。

（3）缝隙腐蚀。机电设备中，各个连接部件均有缝隙存在，一般为 0.025～0.1 mm，当腐蚀介质进入这些缝隙并处于常留状态时，就会引发缝隙处的局部腐蚀。例如，管道连接处的法兰端面、金属铆接件铆合处等，都会发生这种缝隙腐蚀。

（4）腐蚀疲劳。承受交变应力的金属机件，在腐蚀环境下疲劳强度或疲劳寿命降低，乃至断裂破坏的现象称为腐蚀疲劳或腐蚀疲劳断裂。腐蚀疲劳可以使金属机件在很低的循环（脉冲）应力下发生断裂破坏，并且往往没有明确的疲劳极限值，因此腐蚀疲劳引起的危害往往比纯机械疲劳更大。

为防止和降低腐蚀失效的发生，减轻其对设备的危害，在设备制造过程中要特别注意正确选择机件材料，合理设计各种结构，对在易腐蚀环境下工作的机件采用表面覆盖技术、电化学保护技术、添加缓腐剂等防腐措施，保护机件不受或少受腐蚀介质的影响。

3. 气蚀

当零件与液体接触并产生相对运动，接触处的局部压力低于液体蒸发压力时，就会形成气泡，这些气泡运动到高压区时，会受到外部强大的压力被压缩变形，直至破裂。气泡在被迫破灭时，由于其破灭速度高达 250 m/s，故瞬间可产生极大的冲击力，温度也很高，在冲击力和高温的作用下局部液体会产生微射液流，此现象称为水击现象。若气泡是紧靠在零件表面破裂的，则该表面将受到微射液流的冲击，在气泡形成与破灭的反复作用下，零件表面材料不断受到微射液流的冲击，从而产生疲劳而逐渐脱落，初时呈麻点状，随着时间延长，逐渐扩展成泡沫海绵状，这种现象称为气蚀。

气蚀是一种比较复杂的破坏现象，它不仅有机械作用，还有化学、电化学作用，当液体中含有杂质或磨粒时会加剧这一破坏过程。气蚀常发生在柴油机缸套外壁、水泵零件、水轮机叶片和液压泵等处。

减轻气蚀的措施主要有：

（1）减少与液体接触的表面的振动，以减少水击现象的发生，可采用增加刚性、改善支承、采取吸振措施等方法。

（2）选用耐气蚀的材料，如球状或团状石墨的铸铁、不锈钢、尼龙等。

（3）零件表面涂塑料、陶瓷等防气蚀材料，也可在表面镀铬。

（4）改进零件结构，减小表面粗糙度值，减少液体流动时产生的涡流现象。

（5）在水中添加乳化油，减少气泡爆破时的冲击力。

1.3.3 机械零件的变形

在实践中常常会出现这样的情况，虽然磨损的零件已经修复，恢复了原来的尺寸、形状和配合性质，但是设备装配后仍达不到原有的技术性能。通常这是由于零件变形，特别是基础零件变形使零部件之间的相互位置精度遭到破坏，影响了各组成零件之间的相互关系造成的。机械零件或构件的变形可分为弹性变形和塑性变形两种。

1. 弹性变形

弹性变形是当外力去除后，能完全恢复的变形。材料弹性变形后会产生弹性后效，即当外力骤然去除后，应变不会全部立即消失，而只是消失一部分，剩余部分在一段时间内逐步消失，这种应变总落后于应力的现象就称为弹性后效。弹性后效发生的程度与金属材料的性质、应力大小、状态及温度等有关。金属组织结构越不均匀，作用应力越大，温度越高，那么弹性后效越大。通常，经过校直的轴类零件过了一段时间后又会发生弯曲，就是弹性后效的表现。消除弹性后效现象的办法是长时间回火，使应力在短时间内彻底消除。

2. 塑性变形

塑性变形是指外力去除后不能恢复的变形。它的特点是：①引起材料的组织结构和性能变化，使金属产生加工硬化现象；②由于多晶体在塑性变形时，各晶粒及同一晶粒内部的变形是不均匀的，当外力去除后各晶粒的弹性恢复也不一样，因而有应力产生；③塑性变形使原子活动能力提高，造成金属的耐腐蚀性下降。

金属零件的塑性变形从宏观形貌特征上看有体积变形、翘曲变形和时效变形。体积变形是指金属零件在受热与冷却过程中，由于金相组织转变引起质量热容变化，导致零件体积胀缩的现象。翘曲变形是指零件产生翘曲或歪扭的塑性变形，其翘曲的原因是零件发生了不同性质的变形（弯曲、扭转、拉压等）和不同方向的变形，此种变形多见于细长轴类直薄板状零件及薄壁的环形和套类零件。时效变形是应力变化引起的变形。

3. 防止和减少机械零件变形的对策

变形是不可避免的，可从下列四个方面采取相应的对策防止和减少机械零件变形。

1）设计方面

设计时不仅要考虑零件的强度，还要重视零件的刚度和制造、装配、使用、拆卸与维修等问题。

（1）正确选用材料，注意工艺性能。如铸造的流动性、收缩性，锻造的可锻性、冷镦性，焊接的冷裂、热裂倾向性，机加工的可切削性，热处理的淬透性、冷脆性等。

（2）合理布置零件，改善零件的受力状况。选择适当的结构尺寸，尽量使零件壁厚均匀，减少热加工时的变形。例如，避免尖角，棱角改为圆角、倒角；厚薄悬殊的部分可开工艺孔或加厚太薄的地方；安排好孔洞位置，把盲孔改为通孔等。形状复杂的零件在可能的条件下采用组合结构、镶拼结构，改善受力状况。

（3）在设计中，注意应用新技术、新工艺和新材料，以减少制造时的内应力和变形。

2）制造方面

在毛坯制造工艺中，要重视变形的问题，采取各种工艺措施，以减少毛坯的残余应力。

在毛坯制成后及以后的机械加工过程中，必须安排足够的消除内应力的工序，力求减少零件中的残余内应力。可以安排时效处理来消除残余内应力。时效分自然时效和人工时效两种。自然时效，可以将生产出来的毛坯露天存放 1～2 年，这是因为毛坯材料的内应力有在 12～20 个月逐渐消失的特点，其时效效果最佳；缺点是时效周期太长。人工时效可使毛坯通过高温退火、保温缓冷而消除内应力，也可利用振动作用来进行人工时效。高精度零件在精加工过程中必须安排人工时效。

在加工和维修过程中要减少基准的转换，保留加工基准以便维修时使用，减少维修加工中因基准不统一而造成的误差。对于经过热处理的零件来说，注意预留加工余量、调整加工尺寸。预加变形非常必要，在知道零件的变形规律之后，可预先加以反向变形量，经热处理后两者抵消；也可预加应力或控制应力的产生和变化，使最终变形量符合要求，达到减少变形的目的。

3）维修方面

在维修中，既要满足恢复零件的尺寸、配合精度、表面质量等技术要求，还要检查和修复主要零件的形状、位置误差。为了尽量减少零件在维修中产生的应力和变形，应当制定出与变形有关的标准和维修规范，设计简单可靠、好用的专用量具和工夹具，同时注意大力推广“三新”技术，特别是新的修复技术，如刷镀、粘接等。

4）使用方面

使用方面包括加强设备管理，制定并严格执行操作规程，加强机械设备的检查和维护，不要超负荷运行，避免局部超载或过热等。

1.3.4 机械零件的断裂

断裂是指机械零件在某些因素作用下，发生局部开裂或分裂为若干部分的现象。断裂是机械零件失效的主要形式之一，零件断裂后不仅完全丧失了工作能力，而且还可能造成重大经济损失和伤亡事故。特别是随着现代制造系统不断向大功率、高转速方向发展，零件工作环境发生了变化，断裂失效的可能性增加，因此断裂失效问题已成为当今的一个热门研究课题。

零件断裂后形成的断口能够真实记录断裂的动态变化过程。通过断口分析，能判断发生断裂的主要原因，从而为改进设计、合理修复提供有益的信息。按断裂的原因可将断裂分为脆性断裂、疲劳断裂等。

1. 脆性断裂

零件在断裂以前无明显的塑性变形，发展速度极快的断裂称为脆性断裂。脆性断裂前无任何征兆，断裂的发生具有突然性，是一种非常危险的断裂破坏形式。金属零件因制造工艺不合理，或因使用过程中遭有害介质的侵蚀，或因环境不适，都可能使材料变脆，使其发生突然断裂。例如，氢或氢化物渗入金属材料内部可导致“氢脆”；氯离子渗入奥氏体不锈钢中可导致“氯脆”；硝酸根离子渗入钢材可出现“硝脆”；与碱性物接触的钢材可能出现“碱脆”；与氨接触的铜质零件可发生“氨脆”等。此外，在 10～15 ℃的环境温度下，中低强度的碳钢易发生“冷脆”（钢中含磷所致）；含铝的合金，如果在热处理时温度控制不严，很容易因温度稍偏高而过烧，出现严重脆性。金属脆性断裂的危害性很大，其危害程度仅次于疲劳断裂。

2. 疲劳断裂

金属零件经过一定次数的循环载荷或交变应力作用后引发的断裂现象，称为疲劳断裂。机械零件使用中的断裂有 80%是由疲劳引起的。一般疲劳断裂会经历 3 个阶段：疲劳裂纹的萌生阶段；疲劳裂纹的扩展阶段；瞬断，即疲劳裂纹的失稳扩展阶段。下面对疲劳断裂的断口进行分析。

典型的疲劳断口按照断裂过程有 3 个形貌不同的区域：疲劳核心区、疲劳裂纹扩展区和瞬断区，如图 1.4 所示。

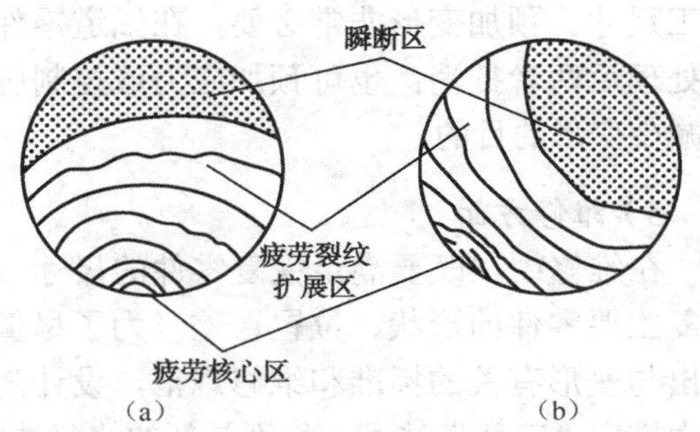

图 1.4 疲劳断口特征示意图（单向弯曲）

1）疲劳核心区

它是疲劳断裂的源区，用肉眼或低倍放大镜就能找出断口上疲劳核心位置，它一般出现在强度最低、应力最高、靠近表面的部位。但如果材料内部有缺陷，这个疲劳核心也可能在缺陷处产生。

零件在加工、储运、装配过程中留下的伤痕，极有可能成为疲劳核心，因为这些伤痕既有应力集中，又容易被空气及其他介质腐蚀损伤。

2）疲劳裂纹扩展区

该区是断口上最重要的特征区，常呈贝纹状或类似于海滩波纹状。每一条纹线标志着载荷变化（如机器开动或停止）时裂纹扩展一次所留下的痕迹。这些纹线以疲劳核心为中心向四周推进，与裂纹扩展方向垂直。疲劳断口上的裂纹扩展区越光滑，说明零件在断裂前，经历的载荷循环次数越多，接近瞬断区的贝纹线越密，说明载荷值越小。如果这一区域比较粗糙，则表明裂纹扩展速度快，载荷比较大。

3）瞬断区

简称静断口。它是当疲劳裂纹扩展到临界尺寸时，发生快速断裂形成的破断区域。它的宏观特征与静载拉伸断口中快速破断的放射区及剪切唇相同。瞬时断裂区的位置和大小与承受的载荷有关，载荷越大则最终破断区越靠近断面的中间；破断区的面积越小，则说明零件承受的载荷越小。

3. 断裂失效分析

断裂失效分析的步骤一般如下。

1）现场记载与拍照

重大的设备事故发生后，要迅速调查了解事故前后的各种情况，必要时需摄影、录像。除非有人员伤亡需要及时处理外，否则应尽可能保护好现场。

2）分析主导失效件

一个关键零件发生断裂失效后，往往会造成其他关联零件及构件的断裂。出现这种情况时，要理清次序，准确找出起主导作用的断裂件，否则会误导分析结果。

3）找出主导失效件上的主导裂纹

主导失效件可能已经支离破碎，应搜集残块，拼凑起来，找出哪一条裂纹最先发生，这一裂纹即为主导裂纹。

4）寻找失效源区

主导裂纹找到以后，就可以在对应的断口上查找裂纹源区。

5）断口处理

如果需要对断口做进一步的微观分析，或者有必要保留证据，就应对断口进行清洗，一般用压缩空气或酒精清洗，洗完以后烘干。如果需要保存较长时间，可涂防锈油脂，存放在有干燥剂的密闭箱内。

6）确定失效原因

确定零件的失效原因时，应对零件的材质、制造工艺、载荷状况、装配质量、使用年限、工作环境中的介质和温度、同类零件的使用情况等做详细了解和分析，再结合断口的宏观特征、微观特征，做出准确的判断，确定断裂失效的主要原因、次要原因。

7）确定失效对策

失效原因确定后，有针对性地提出解决对策，充分利用现有条件防范断裂事故的发生。

4. 减少断裂失效的措施

断裂失效是最危险的失效形式之一，大多数金属零件由于冶金和零件加工中的种种原因，都带有从原子位错到肉眼可见的宏观裂纹等大小不同、性质不同的裂纹。但是有裂纹的零件不一定立即就断，这中间要经历一段裂纹亚临界扩展的时间，并且在一定条件下，裂纹也可以不扩展。因此，如果能够采取有效措施就可以做到有裂纹的零件也不发生断裂。减少断裂失效的措施可从下面几个方面考虑。

1）优化零件形状结构设计，合理选择零件材料

零件的几何形状不连续和材料中的不连续均会产生应力集中现象。几何形状不连续通常称为缺口，如肩台圆角、沟槽、油孔、键槽、螺纹及加工刀痕等。材料中的不连续通常称为材料缺陷，如缩松、缩孔、非金属夹杂物和焊接缺陷等。这些有应力集中发生的部位在循环载荷或冲击载荷的作用下，极易产生裂纹并扩展，最终发生断裂。因此，在零件结构设计中，要注意减少应力集中部位，综合考虑零件的工作环境，如介质、温度、负载等对零件的影响，合理选择零件材料，以达到减少发生疲劳断裂的目的。

2）合理选择零件加工方法

在各种机械加工及焊接、热处理过程中，由于加工或处理过程中的塑性变形、热胀冷缩及金相组织转变等原因，零件内部会留有残余应力。残余应力分残余拉应力和残余压应力两种，残余拉应力对零件是有害的，而残余压应力对零件疲劳寿命的延长是有益的。因此，应考虑尽量多的采用渗碳、渗氮、喷丸、表面滚压加工等可产生残余压应力的工艺方法对零件进行加工，通过使零件表面产生残余压应力，抵消一部分由外载荷引起的拉应力。

3）安装使用方面

① 要正确安装，防止产生附加应力与振动。对重要零件，应防止碰伤、拉伤，因为每一个伤痕都可能成为一个断裂源。

② 应注意保护设备的运行环境，防止腐蚀性介质的侵蚀，防止零件各部分温差过大。

③ 要防止设备过载，严格遵守设备操作规程。

④ 针对有裂纹的零件及时采取补救措施。

1.4 机械设备检修工艺与实施

随着新材料、新工艺、新技术的不断发展，机械零件的修复已不仅仅是恢复原样，很多工艺方法还可以提高零件的性能和延长零件的使用寿命。例如，电镀、堆焊、涂敷耐磨材料、喷涂与喷焊、胶粘和一些表面强化处理等工艺方法，只将少量的高性能材料覆盖于零件表面，成本并不高，却大大提高了零件的耐磨性。因此，在机电设备维修中，充分利用修复技术方法，选择合理的修复工艺，可以缩短维修时间，节省维修费用，显著提高企业的经济效益。

1.4.1　机械设备检修前的准备工作

机电设备在现代工业企业的生产经营活动中占有极其重要的地位。为了保证设备正常运行和安全生产，对设备实行有计划的预防性维修，是工业企业设备管理与维修工作的重要组成部分。本节将介绍设备大维修工艺过程、设备维修方案的确定、设备维修前的技术和物质准备等内容。

1. 设备大维修工艺过程

为保证机电设备的各项精度和工作性能，在实施维护保养的基础上，必须对机电设备进行预防性计划维修，其中大维修工作是恢复设备精度的一项重要工作。在设备预防性计划维修类别中，设备大维修（简称设备大修）是工作量最大、维修时间较长的一类维修。设备大修就是将设备全部或大部分解体，修复基础件，更换或修复机械零件、电气零件，调整维修电气系统，整机装配和调试，以达到全面清除大修前存在的缺陷、恢复设备规定的精度与性能的目的。

机电设备大修过程一般包括：解体前整机检查、拆卸部件、部件检查、必要的部件分解、零件清洗及检查、部件维修装配、总装配、空运转试车、负荷试车、整机精度检验和竣工验收。在实际工作中应按大修作业计划进行并同时做好作业调度、作业质量控制及竣工验收等主要管理工作。

机电设备大修过程一般可分为修前准备、维修过程和修后验收 3 个阶段。

1）修前准备阶段

为了使维修工作顺利进行，并做到准确无误，维修人员应认真听取操作人员对设备维修的要求，详细了解待修设备存在的问题，如设备精度丧失情况、主要机械零件的磨损程度、传动系统的精度状况和外观缺陷等，了解待修设备为满足工艺要求应做哪些部件的改进和改装，阅读有关技术资料、设备使用说明书和历次维修记录，熟悉设备的结构特点、传动系统和原设计精度要求，以便提出预检项目。经预检确定大件、关键件的具体维修方法，准备专用工具和检测量具，确定修后的精度检验项目和试车验收要求，为整台设备的大修做好各项技术准备工作。

2）维修过程阶段

维修过程开始后，首先进行设备的解体工作，按照与装配相反的顺序和方向，即“先上后下，先外后里”的方法，有次序地解除零部件在设备中相互约束和固定的形式。拆卸下来的零件应进行二次预检，根据二次预检的情况提出二次补修件，还要根据更换件和修复件的供应、修复情况，大致排定维修工作进度，以使维修工作有步骤、按计划地进行，以免因组织工作的衔接不当而延长维修周期。

设备维修能够达到的精度和效能与维修工作配备的技术力量、设备大修次数及修前技术状况等有关。一般认为，对于初次大修的机械设备，它的精度和效能都应达到原出厂的标准。经过两次以上大修的设备，其修后的精度和效能要比新设备低。如果上次大修后的技术状态比较好，则会使这次维修的质量容易接近原出厂的标准；反之，就会给下次大修造成困难，其修后质量较难接近原出厂标准，甚至无法进行维修。

设备整机的装配工作以验收标准为依据进行。装配工作应选择合适的装配基准面，确

定误差补偿环节的形式及补偿方法，确保各零部件之间的装配精度，如平行度、同轴度、垂直度及传动的啮合精度要求等。

3）修后验收阶段

凡是经过维修装配调整好的设备，都必须按有关规定的精度标准项目或修前拟定的精度项目，进行各项精度检验和试验，如几何精度检验、空运转试验、载荷试验和工作精度检验等，全面检查衡量所维修设备的质量、精度和工作性能的恢复情况。

设备维修后，应记录对原技术资料的修改情况和维修中的经验教训，做好修后工作总结，与原始资料一起归档，以备下次维修时参考。

2. 设备维修方案的确定

设备大修不但要达到预定的技术要求，而且要力求提高经济效益。因此，在维修前应切实掌握设备的技术状况，制定切实可行的维修方案，充分做好技术和生产准备工作；在维修中要积极采用新技术、新材料、新工艺和现代管理方法，做好技术、经济和组织管理工作，以保证维修质量，缩短停修时间，降低维修费用。

必须通过预检，在详细调查了解设备维修前技术状况、存在的主要缺陷和产品工艺对设备的技术要求后，立即分析制定维修方案。

3. 设备维修前的技术准备

设备维修的准备工作包括技术准备和生产准备两方面的内容。维修前的技术准备由主修技术员负责，主要工作包括预检前的调查准备、预检、编制大修技术文件。大修前的生产准备工作由备件、材料、工具管理人员和维修单位的生产计划人员负责，主要工作包括材料、备件和专用工、检、研具的订购，制造和验收入库，以及维修生产计划的编制。

1）预检前的调查准备工作

为了全面了解设备状态劣化的具体情况，在设备大修之前安排停机检查，称其为预检。设备预检前要做好以下调查工作。

（1）查阅以下设备档案：设备出厂检验记录；设备安装验收的精度、性能检验记录；历次设备事故、故障情况及维修内容，修后的遗留问题；历次维修的内容，更换修复的零件，修后的遗留问题；设备运行中的状态监测记录，设备普查记录。

（2）阅读设备说明书和设备图册。

（3）向设备操作人员和维修工调查：设备运行中易发生故障的部位及原因；设备的精度、性能状况；设备现存的主要缺陷；大修中需要修复和改进的具体意见等。

（4）向技术、质量和生产管理等部门征求对设备局部改进的意见。

2）预检

（1）预检的目的。通过预检可全面深入掌握设备状况劣化情况，更加明确产品工艺对设备精度、性能的要求，以确定需要更换或修复的零件，进而测绘或核对这些零件的图纸，满足制造修配的需要。

（2）预检内容。一般根据设备的类型和修前调查确定预检内容。

（3）按国家或企业的设备出厂精度标准和检验方法，逐项检验几何精度和工作精度，

记录实测值。

（4）检查机床运行状况：运动时操作系统是否灵敏、可靠；各种运动是否达到规定的数值；运动是否平稳、有无振动、噪声、爬行等。

（5）检查机床导轨、丝杠、齿条的磨损情况，测出磨损量。

（6）检查液压、气动、润滑系统：动作是否准确，元件有无损坏、泄漏，若有泄漏查找原因。

（7）检查电器系统：电气元件是否老化和失效。

（8）检查安全保护装置：各限位装置和互锁装置是否灵敏、可靠，各种指标仪表和防护门罩有无损坏。

（9）检查设备外观及附件：设备有无掉漆，各种手柄有无损坏，标牌是否齐全，附件是否完整、有无磨损等。

（10）部分解体检查，以便根据零件磨损情况确定零件是否需要更换和修复。

在预检中尤其对大型复杂的铸锻件、高精度的关键件和外购件要逐一检查，确定是否需要更换和修复。

3）编制大修技术文件

通过预检，掌握设备状况，确定修、换件之后就可以分析制定维修方案和编制维修技术文件。维修技术文件是设备大修的依据。设备大修的常用技术文件有以下几种。

（1）编制维修技术任务书。设备维修技术任务书应有以下内容。

① 设备大修前的技术状况。

② 主要维修内容，包括说明设备解体、清洗和零件检查的情况，确定需要修换的零件；简要说明基础件、关键件的维修方法；说明必须仔细检查和调整的机构和其他需要维修的内容；指出结合大修进行改善维修的部位和内容。

③ 维修质量要求，指出设备大修各项质量检验应用的通用技术标准的名称及编号，将专用技术标准的内容附在任务书后面。

（2）编制维修工艺。机械设备的维修工艺是设备大修时必须认真遵守和执行的维修技术文件。编制大修工艺时应根据实际情况，做到技术上可行，经济上合理。机械设备大修工艺可编成典型维修工艺和专用维修工艺两类。机械设备大修工艺包括以下内容。

① 整机和部件的拆卸程序、方法及拆卸过程中应检测的数据和注意事项。

② 主要零部件的检查、维修和装配工艺，以及应达到的技术条件。

③ 总装配程序和装配工艺应达到的精度要求、技术要求及检查测量方法。

④ 关键部位的调整工艺及应达到的技术条件。

⑤ 总装配后试车程序、规范及应达到的技术条件。

⑥ 设备大修过程中需要的通用或专用工、检、研具和量仪明细表，其中对专用的应加以注明。

⑦ 大修作业中的安全措施等。

（3）大维修质量标准。在机械设备维修验收时可参照国家和部委等制定和颁布的一些机械设备大维修通用技术条件，如金属切削机床大维修通用技术条件、锻压设备大维修通用技术条件等。行业、企业可参照相关通用技术条件编制专用机械设备大维修质量标准。

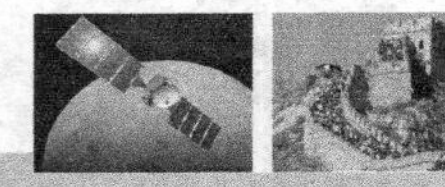

没有以上标准应参照机械设备出厂技术标准。

（4）备件，材料，专用工、检、研具的准备。主修技术人员应及时将修换件明细表，材料明细表，专用工、检、研具明细表及有关图样交给管理人员。管理人员核对库存后提出订货或安排制造，保证按时供给设备大修时使用。

（5）编制大修作业计划。大修作业计划由维修部门的计划人员负责编制。由设备管理人员、主修技术人员和维修工（组）长一起审定。

大修作业计划的内容包括：作业程序、分部阶段作业所需工人数及作业天数、对分部作业之间相互衔接的要求、需要委托外单位协作的项目和时间要求等。

一般大修作业计划可采用“横道图”式作业计划并加上必要的文字说明。对于结构复杂的高精度、大型、关键设备的大修计划应采用网络技术编制，以便合理使用资源、缩短工期、提高经济效益。

4. 设备维修前的物质准备

设备维修前的物质准备是一项非常重要的工作，是做好维修工作的物质条件。实际工作中经常由于备品配件供应不上而影响维修工作的正常进行，延长维修停歇时间，造成“窝工”现象，使生产受到损失。因此，必须加强设备维修前的物质准备工作。

主修技术人员在编制好修换件明细表和材料明细表后，应及时将明细表交给备件、材料管理人员。备件、材料管理人员在核对库存后提出订货。主修技术人员在制定好维修工艺后，应及时把专用工、检、研具明细表和图样交给工具管理人员。工具管理人员经校对库存后，把所需用的库存专用工、检、研具送给有关部门鉴定，按鉴定结果，如需维修，则提请有关部门安排维修，同时要对新的专用工、检、研具提出订货。

1.4.2 机械设备检修的一般工艺过程

以机床为例，金属切削机床大维修的工艺过程如图1.5所示。

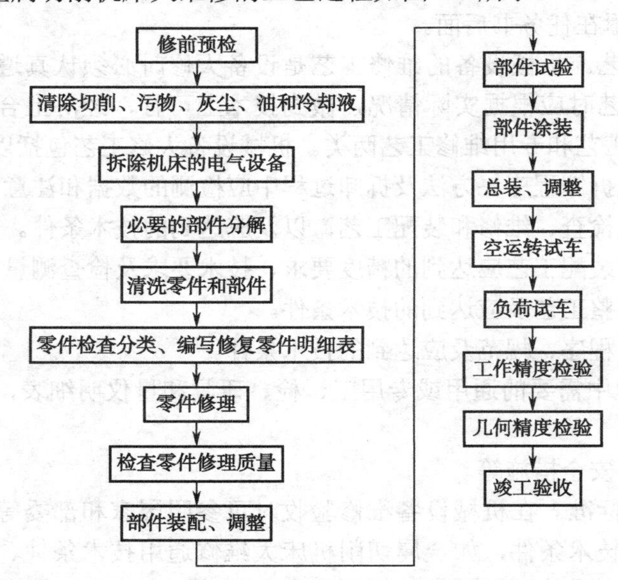

图1.5 机床大维修工艺过程

1．机床大维修质量检验通用技术要求

1）零件加工质量

（1）更换或修复工件的加工质量应符合图样要求。

（2）滑移齿轮的齿端应有倒角。丝杠、蜗杆等第一圈螺纹端部厚度小于 1 mm 部分应去掉。

（3）刮削面不应有切削加工的痕迹和明显的刀痕，刮削点应均匀。用涂色法检查时，每 25 mm×25 mm 面积内，接触点不得少于表 1.1 的规定数。

表 1.1　刮削面的接触点数

［点数/（25 mm×25 mm）］

<table>
<tr><td rowspan="3">刮削面性质
机床类别</td><td colspan="2">静压导轨</td><td colspan="2">移动导轨</td><td colspan="2">主轴滑动轴承</td><td colspan="2" rowspan="3">镶条压板滑动面</td><td rowspan="3">特别重要的固定结合面</td></tr>
<tr><td colspan="2">导轨宽度/mm</td><td colspan="2">导轨宽度/mm</td><td colspan="2">直径/mm</td></tr>
<tr><td>≤250</td><td>>250</td><td>≤100</td><td>>100</td><td>≤120</td><td>>120</td></tr>
<tr><td>高精度机床</td><td colspan="2">20</td><td>16</td><td>16</td><td>12</td><td>20</td><td>16</td><td>12</td><td>12</td></tr>
<tr><td>精密机床</td><td colspan="2">16</td><td>12</td><td>12</td><td>10</td><td>16</td><td>12</td><td>10</td><td>8</td></tr>
<tr><td>普通机床</td><td colspan="2">10</td><td>8</td><td>8</td><td>6</td><td>12</td><td>10</td><td>6</td><td>6</td></tr>
</table>

（4）各类机床刮削接触点的计算面积，高精度机床、精密机床和不大于 10 t 的通用机床为 100 mm^2；大于 10 t 的机床为 300 mm^2。

（5）对于两配合件的结合面，若一件采用切削加工，另一件是刮削面，则用涂色法检验刮削面的接触点，应不少于表 1.1 规定的 75%。

（6）两配合件的结合面均采用切削加工时，用涂色法检查，接触应均匀，接触面积不得小于表 1.2 的规定。

表 1.2　结合面的接触程度标准

（单位：%）

<table>
<tr><td rowspan="3">结合面性质
机床类别</td><td colspan="2">滑动、滚动导轨</td><td colspan="2">移动导轨</td><td colspan="2">特别重要的固定结合面</td></tr>
<tr><td colspan="2">接触标准</td><td colspan="2">接触标准</td><td colspan="2">接触标准</td></tr>
<tr><td>全长上</td><td>全宽上</td><td>全长上</td><td>全宽上</td><td>全长上</td><td>全宽上</td></tr>
<tr><td>高精度机床</td><td>80</td><td>70</td><td>70</td><td>50</td><td>70</td><td>45</td></tr>
<tr><td>精密机床</td><td>75</td><td>60</td><td>65</td><td>45</td><td>65</td><td>40</td></tr>
<tr><td>普通机床</td><td>70</td><td>50</td><td>60</td><td>40</td><td>60</td><td>35</td></tr>
</table>

（7）零件刻度部分的刻线、数字和标记应准确、均匀、清晰。

2）装配质量

（1）装到机床上的零部件要符合质量要求，不许放入总装图样上未规定的垫片和套等。

（2）变位机构应保证准确定位。啮合齿轮宽度小于 20 mm 时，轴向错位不得大于 1 mm；齿轮宽度大于 20 mm 时，轴向错位不超过齿轮宽度的 5%，但不得大于 5 mm。

（3）重要结合面应紧密贴合，紧固后用 0.04 mm 的塞尺检验，不得插入。特别重要的结合面，除用涂色法检验外，在紧固前、后均应用 0.04 mm 的塞尺检验，不得插入。

（4）对于滑动结合面，除用涂色法检验外，还要用 0.04 mm 的塞尺检验，插入深度按下列规定：机床质量不大于 10 t 时，应小于 20 mm；机床质量大于 10 t 时，应小于 25 mm。

（5）采用静压装置的机床，其“节流比”应符合设计要求。静压建立后，运动应轻便、灵活。静压导轨空载时，运动部件四周的浮升量差值不得超过设计要求。

（6）装配可调整的轴承和镶条时应有调修的余量。

（7）有刻度装置的手轮、手柄，其反向空程量不得超过下列规定：高精度机床不超过 l/40 r；不大于 10 t 的通用机床和精密机床不超过 l/20 r；大于 10 t 的通用机床和精密机床不超过 l/4 r。

（8）手轮、手柄的操纵力在行程范围内应均匀，不得超过表 1.3 的规定。

表 1.3　手轮、手柄的操纵力

（单位：N）

机床类别 / 机床质量/t	高精度机床		精密和普通机床	
	常用	不常用	常用	不常用
≤2	40	60	60	100
>2	60	100	80	120
>5	80	120	100	160
<10	100	160	160	200

（9）对于机床的主轴锥孔和尾座锥孔与心轴锥体的接触面积，除用涂色法检验外，锥孔的接触点应靠近大端，并不得低于下列数值：高精度机床不低于工作长度的 85%；精密机床不低于工作长度的 80%；普通机床不低于工作长度的 75%。

（10）机床运转时，不应有不正常的周期性尖叫声和不规则的冲击声。机床上滑动和滚动配合面、结合缝隙、润滑系统、滚动及滑动轴承，在拆卸的过程中均应清洗干净。机床内部不应有切屑物和污物。

3）机床液压系统的装配质量

（1）液压设备的拉杆、活塞、缸、阀等零件修复或更换后，工作表面不得有划伤。

（2）液压传动过程中，在所有速度下都不得发生振动，不应有噪声及显著的冲击、停滞和爬行现象。

（3）压力表必须灵敏可靠、字迹清晰。调节压力的安全装置应可靠，并符合说明书的规定。

（4）液压系统工作时，油箱内不应产生泡沫，油温一般不得超过 60 ℃。当环境温度高于 35 ℃时连续工作 4 h，油箱温度不得超过 70 ℃。

（5）液压油路应排列整齐，管路尽量缩短，油管内壁应清洗干净，油管不得有压扁、明显坑点和敲击的斑痕。

（6）储油箱及进油口应有过滤装置和油面指示器，油箱内外清洁，指示器清晰明显。

（7）所有回油管的出口都必须伸入油面以下足够的深度，以防止产生泡沫和吸入空气。

4）润滑系统的质量

（1）润滑系统必须完整无缺，所有润滑元件（如油管、油孔）必须清洁干净，以保证畅通。油管排列整齐，转弯处不得弯成直角，接头处不得有漏油现象。

（2）所有润滑部位都应有相应的注油装置，如油杯、油嘴、油壶或注油孔。油杯、油嘴、油孔必须有盖或堵物，以防止切屑、灰尘落入。

（3）油位的标志要清晰，能观察油面或润滑油滴入情况。

（4）毛细管用做润滑滴油时，均必须装置清洁的毛线绳，油管必须高出储油部位的油面。

5）电气部分的质量

（1）对不同的电路应采取不同颜色的电线，如用同一颜色线，则必须在电线两端套有不同颜色的绝缘管。

（2）在机床的控制线路中，电线两端应套有与接线板上表示接线位置相同的数字标志。标志数字应不易脱落和被污损。

（3）对于机床电气部件，应保证其安全可靠，不得受切削液和润滑油及切屑等物的损伤。

（4）机床电气部分全部接地处的绝缘电阻，用 500 V 摇表测量时不得低于 1 MΩ；电动机绕组（不包括电线）的绝缘电阻不得小于 0.5 MΩ。

（5）用磁力接触器操纵的电动机应有零压保护装置。在突然断电或供电电路电压降低时，能保证切断电路，电压复原后能防止自行启动。

（6）为了保护机床的电动机和电气装置不发生短路，必须安装符合技术要求的可熔熔断器或类似的速断保护装置，并要符合电气装置的安全要求。

（7）机床照明电路应采用不大于 36V 电压的电源。

（8）机床底座及电气箱、柜体上应装有专用的接地螺钉和地线。

（9）电气箱、柜的门盖上应装有扣栓。

6）机床的外观质量

（1）机床不加工的外表面应喷涂浅灰色油漆，或按规定的其他颜色油漆。

（2）电气箱及储油箱、主轴箱、变速箱和其他箱体内壁均应漆成白色或其他浅色。

（3）油漆工艺要符合标准，不得出现起皮、脱落、皱纹及表面不光泽的现象。

（4）机床的各种标牌应齐全、清晰，装置位置正确牢固。

（5）操纵手轮、手柄的表面应光亮，不得有锈蚀。

（6）机床所有防护罩及孔盖等均应保持完整。

（7）机床的附属电气及附件的未加工表面均应与机床的表面油漆颜色相同。

7）机床运转试验

（1）机床的主传动机构应从最低速度开始，依次进行运转，每级速度运转时间不得少于 2 min，最高速度运转时间不得少于 30 min，并使主轴轴承达到稳定温度。用交换齿轮、带传动变速和无级变速的机床，应做低、中、高速度变挡运转。

（2）在主轴轴承达到稳定温度时，检验主轴轴承的温度和温升，不得超过表 1.4 的规

定，温度上升幅度每小时不得超过 5 ℃。

表 1.4　主轴轴承的温度和温升

轴　承	温　度	温　升
滑动轴承	60 ℃	30 ℃
滚动轴承	70 ℃	40 ℃

（3）机床的进给机构应做低、中、高进给速度空运转试验，快速移动机构应做快速空运转试验。

（4）机床在运转试验中，各机构的启动、停止、制动、自动动作变速转换和快速移动等均应灵活可靠。

（5）所有液压、润滑、冷却系统均不得有渗漏现象。

（6）气动系统及管道不得有漏气现象。

（7）机床的安全防护、保险装置必须齐全、牢固、灵敏可靠。

（8）载荷试验前后，均应对机床的精度进行检验。不做载荷试验的机床，在空运转试验后进行精度检验。

2. 机械设备维修精度检验

机械设备大维修后按验收标准进行验收，不同设备均有各自的验收标准和检验方法。以金属切削机床为例，国际标准化组织（ISO）制定了各种机床的精度检验标准和机床精度检验通则，我国也制定了与国际标准等效或相近的标准。在这些标准中规定了机床精度的检验项目、内容、方法和公差，它们是机床精度检验的依据。目前机床维修是按几何精度和工作精度标准进行验收的。

1）机床几何精度的检验

机床的几何精度是指最终影响机床工作精度的那些零部件的精度，它包括基础件的单项精度，各部件间的位置精度，部件的运动精度、定位精度、分度精度和传动链精度等。

几何精度的检验一般在机床静态下进行。机床精度检验前，首先要做好安装和调平工作。按照机床使用说明书的要求，将机床安装在符合要求的基础上并调平。调平的目的是要保证机床的静态稳定性，以利于检验时的测量，特别是那些与零件直线度有关的测量。

国家相关标准对机床几何精度和工作精度的检验方法予以标准化，可作为几何精度检验的依据。

2）机床试验

由于机床的几何精度是在静态下进行检验的，因而它不能完全代表机床的维修质量。机床在运动状态和负载作用下能否保持原有的几何精度，必须通过机床的各种试验才能鉴定。机床维修试验的内容主要包括机床空运转试验、负载试验及工作精度试验。

（1）机床空运转试验。机床空运转试验的目的是进一步鉴定机床各部件动作的正确性、可靠性、操作是否方便正常，以及各运动部件的温升、噪声等是否正常。

机床空运转试验的主要内容是在试验主轴速度、进给速度的同时，检查有关部位的运转情况。

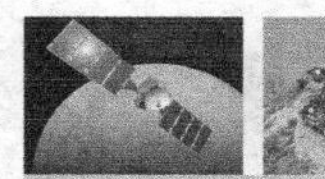

机床空运转试验之前，应该检查是否全部完成大修内容，各项维修是否达到质量要求，然后对各油池加油，并对各润滑点润滑。必须指出的是：只有在按照安全操作规程做好各项准备之后，方可按照所用机床精度检验标准规定的空运转试验方法进行各项检查。

（2）机床负载试验。机床负载试验考核的是机床主运动系统能否达到设计允许的最大扭矩功率，以及这时机床所有机构工作是否正常，各部件之间的位置是否有变动，变动是否在允许范围之内，振动、噪声、温升等是否正常。

机床负载试验主要是进行切削负载试验，就是按规定的要求选择刀具和切削用量，对某种材料、规格的试件的加工表面进行切削。在负载试验时，主轴转速及进给量与理论数据相比，允许偏差在 5%以内。

（3）机床工作精度试验。机床工作精度试验的目的：试验机床在加工过程中，各个部件之间的相互位置精度能否满足被加工零件的精度要求。

在试验之前，必须对其几何精度进行复查。

机床工作精度试验就是按采用机床精度检验标准规定的工作精度试验要求，选用刀具和切削用量对规定试件的加工表面进行加工。

被加工试件表面的几何精度应在所采用机床精度标准规定的公差范围之内，粗糙度值不高于规定标准。

1.4.3　机械设备拆卸的一般原则和要求

任何机械设备都是由许多零部件组合成的。需要维修的机械设备，必须经过拆卸才能对失效零部件进行修复或更换。机械设备拆卸的目的是为了便于检查和维修零部件，拆卸工作量约占整个维修工作量的 20%。因此，为保证维修质量，在动手解体机械设备前，必须周密计划，对可能遇到的问题有所估计，做到有步骤地进行拆卸，一般应遵循下列规则和要求。

1. 拆卸前的准备工作

（1）拆卸场地的选择与清理。拆卸前应选好工作场地，不要选有风沙、尘土的地方。工作场地应避免闲杂人员频繁出入，以防止造成意外的混乱。不要使泥土、油污等弄脏工作场地的地面。机械设备进入拆卸场地之前应进行外部清洗，以保证机械设备的拆卸不影响其精度。

（2）保护措施。在清洗机械设备外部之前，应预先拆下或保护好电气设备，以免其受潮损坏。对于易氧化、锈蚀等的零件要及时采取相应的保护、保养措施。

（3）拆卸前的放油。尽可能在拆卸前将机械设备中的润滑油趁热放出，以利于拆卸工作的顺利进行。

（4）了解机械设备的结构、性能和工作原理。为避免拆卸工作的盲目性，确保维修工作的正常进行，在拆卸前，应详细了解机械设备各方面的状况，熟悉机械设备各个部分的结构特点、传动系统，以及零部件的结构特点和相互间的配合关系，明确其用途和相互间的作用，以便合理安排拆卸步骤和选用适宜的拆卸工具或设施。

2. 拆卸的一般原则

（1）根据机械设备的结构特点，选择合理的拆卸步骤。机械设备的拆卸顺序一般是由整体拆成总成，由总成拆成部件，由部件拆成零件；或由附件到主机，由外部到内部。在拆卸比较复杂的部件时，必须熟读装配图，并详细分析部件的结构及零件在部件中所起的作用，特别应注意那些装配精度要求高的零部件。这样，可以避免混乱，使拆卸有序，达到利于清洗、检查和鉴定的目的，为维修工作打下良好的基础。

（2）合理拆卸。在机械设备的维修拆卸中，应坚持能不拆的就不拆、该拆的必须拆的原则。

（3）正确使用拆卸工具和设备。在了解了拆卸机械设备零部件的步骤后，合理选择和正确使用相应的拆卸工具是很重要的。拆卸时，应尽量采用专用的或选用合适的工具和设备，避免乱敲乱打，以防零件损伤或变形。例如，拆卸轴套、滚动轴承、齿轮、带轮等，应该使用拔轮器或压力机；拆卸螺柱或螺母，应尽量采用尺寸相符的扳手。

3. 拆卸时的注意事项

在机械设备维修中，拆卸时还应考虑维修后的装配工作，为此应注意以下事项。

（1）对拆卸零件要做好核对工作或做好记号。机械设备中有许多配合的组件和零件，因为经过选配或重量平衡等，装配的位置和方向均不允许改变。因此，在拆卸时，有原记号的要核对，如果原记号已错乱或有不清晰的，则应按原样重新标记，以便安装时对号入位，避免发生错乱。

（2）分类存放零件。对拆卸下来的零件的存放应遵循如下原则：同一种或同一部件的零件应尽量放在一起，根据零件的大小与精密度分别存放；不应互换的零件要分组存放；怕脏、怕碰的精密零件应单独拆卸与存放；橡胶件不应与带油的零件一起存放；易丢失的零件，如垫圈、螺母，要用铁丝串在一起或放在专门的容器里；各种螺柱应装上螺母存放；如钢铁件、铝质件、橡胶件和皮质件等零件，应按材质的不同，分别存放于不同的容器中。

（3）保护拆卸零件的加工表面。在拆卸过程中，一定不要损伤拆卸下来的零件的加工表面，否则将给修复工作带来麻烦，并会因此而引起漏气、漏油、漏水等故障，也会导致机械设备的技术性能降低。

1.4.4 常用零部件的拆卸方法

常用零部件的拆卸应遵循拆卸的一般原则，结合其各自的特点，采用相应的拆卸方法来达到拆卸的目的。

1. 主轴部件的拆卸

为了避免拆卸不当而降低装配精度，在拆卸时，轴承、垫圈、磨具壳体及主轴在圆周方向的相对位置上都应标上记号，将拆卸下来的轴承及内外垫圈各成一组并分开放置，不能错乱。拆卸处的工作台及周围场地必须保持清洁，拆卸下来的零件放入油内以防生锈。装配时仍需按原记号方向装入。

2. 齿轮副的拆卸

为了提高传动链精度，对传动比为 1 的齿轮副采用误差相消法装配，即将一个外齿轮的最大径向跳动处的齿间与另一个齿轮的最小径向跳动处的齿间相啮合。为避免拆卸后再装配的误差不能消除，拆卸时在两齿轮的相互啮合处作上记号，以便装配时恢复原精度。

3. 轴上定位零件的拆卸

在拆卸齿轮箱中的轴类零件时，必须先了解轴的阶梯方向，进而决定拆卸轴时的移动方向，然后拆去两端轴盖和轴上的轴向定位零件，如紧固螺钉、圆螺母、弹簧垫圈、保险弹簧等。

4. 螺纹连接的拆卸

在机械设备中螺纹连接是最为广泛的连接方式，它具有结构简单、调整方便和可多次拆卸装配等优点。其拆卸虽比较容易，但往往因重视不够、工具选用不当、拆卸方法不正确等而造成损坏。因此，拆卸螺纹连接件时，一定要注意选用合适的扳手或旋具，尽量不用活扳手。对于较难拆卸的螺纹连接件，应先弄清楚螺纹的旋向，不要盲目乱拧或用过长的加力杆。拆卸双头螺柱时要用专用的扳手。

5. 过盈配合件的拆卸

拆卸过盈配合件，应视零件配合尺寸和过盈量的大小，选择合适的拆卸方法、工具和设备，如拔轮器、压力机等，不允许使用铁锤直接敲击零部件，以防损坏零部件。在无专用工具的情况下，可用木锤、铜锤、塑料锤或垫以木棒（块）、铜棒（块）用铁锤敲击。

滚动轴承的拆卸属于过盈配合件的拆卸范畴，它的使用范围较广泛，因为其有拆卸特点，所以在拆卸时，除要遵循过盈配合件的拆卸要点外，还要考虑到它自身的特殊性。

6. 不可拆连接件的拆卸

不可拆连接件有焊接件和铆接件等，焊接、铆接属于永久性连接，在维修时通常不拆卸。对于焊接件的拆卸。可用锯割、等离子切割，或用小钻头排钻孔后再锯，也可用氧炔焰气割等方法。而对于铆接件的拆卸，可用錾子切割、锯割或气割掉铆钉头，或用钻头钻掉铆钉等。操作时应注意不要损坏基体零件。

1.4.5 修复机械零件故障要考虑的因素

机电设备在使用过程中，由于其零部件会逐渐产生磨损、变形、断裂、蚀损等失效，所以设备的精度、性能和生产率下降，从而导致设备发生故障、事故甚至报废，因此需要及时进行维护和维修。在修复性维修中，一切措施都是为了以最短的时间、最少的费用来有效地消除故障，以提高设备的有效利用率。而采用修复工艺措施使失效的零件再生，能有效达到此目的。

在修复机械零件的损伤缺陷时，可能有几种修复方法和技术，但究竟选择哪一种修复方法和技术最好，应考虑以下因素。

（1）考虑所选择的修复技术对零件材质的适应性。在选择修复技术时，首先应考虑该技术是否适应待修零件的材质。例如，手工电弧堆焊适用于低碳钢、中碳钢、合金结构钢和不锈钢。焊剂层下的电弧堆焊适用于低碳钢和中碳钢。镀铬技术适用于碳素结构钢、合金结构钢、不锈钢和灰铸铁。粘接修复可以把各种金属和非金属材质的零件牢固地连接起来。喷涂在零件材质上的适用范围比较宽，金属零件如碳钢、合金钢、铸铁件和绝大部分有色金属件几乎都能喷涂。在金属中只有少数的有色金属喷涂比较困难，如纯铜，另外以钨、钼为主要成分的材料喷涂也困难。

（2）考虑各种修复技术所能提供的修补层厚度。由于每个零件磨损的情况不同，所以需要补偿的修复层厚度也不一样，因此在选择修复技术时，应该了解各种修复技术所能达到的修补层厚度。

（3）修补层的力学性能，修补层的强度、硬度，修补层与零件的结合强度及零件维修后表面强度的变化情况是评价维修质量的重要指标，也是选择修复技术的依据。

（4）考虑机械零件的工作状况及要求。选择修复技术时，应考虑零件的工作状况。例如，机械零件在滚动状态下工作时，两个零件的接触表面承受的接触应力较高，镀铬、喷焊、堆焊等修复技术能够适应。而机械零件在滑动状态下工作时，承受的接触应力较低，可以选择的修复技术则更为广泛。

选择修复技术时，应考虑机械零件修复后能否满足工作要求。例如，所选择的修复技术施工时温度高，则会使机械零件退火，原表面热处理性能破坏，热变形和热应力增加。如气焊、电焊等补焊和堆焊技术，在操作时会使机械零件受到高温影响，所以这些技术只适于未淬火的零件、焊后有加工整形工序的零件及焊后进行热处理的零件。

（5）考虑生产的可行性。选择修复技术应考虑生产的可行性，应结合企业维修车间现有装备状况、修复技术水平及维修生产管理机制选择修复技术。

（6）考虑经济性。选择修复技术应考虑经济性。应将零件中的修复成本和零件修复后使用寿命两方面结合起来综合评价、衡量修复技术的经济性。

选择零件修复工艺时，不能只从一个方面，而要从几个方面综合考虑。一方面要考虑维修零件的技术要求，另一方面要考虑修复工艺的特点，还要结合本企业现有的修复条件和技术水平等，力求做到工艺合理、经济性好、生产可行，这样才能得到最佳的修复工艺方案。

1.4.6 机械零件维修方法

1. 维修尺寸法

对某些配合尺寸，因为磨损等原因使配合性质发生了变化，导致零件失效，可采用切削加工或其他方法，恢复主要零件磨损部分的形状精度、位置精度、表面粗糙度和其他技术要求，而与此相配合的另一个较简单的零件则按相应的尺寸和原有的配合性质制作新件或进行修复。这个重新加工得到的尺寸称为维修尺寸。该方法因为是在原来的零件上进行机械加工的，因此经济性好，质量稳定。但它降低了零件的强度和刚度，而且还需要更换或修复相配件，使零件的互换性复杂化。

维修尺寸法主要用来修复结构较复杂的零件，而与之相配合的另一个零件一般较简单，如轴颈、传动螺纹、键槽、滑动导轨等。

2. 镶装零件法

零件局部磨损后，在结构和强度允许的情况下，增加一个零件来补偿由于磨损或修复而去掉的部分，恢复原来的尺寸和精度。

3. 局部修换法

局部修换法是对零件的磨损或损伤部位采用局部维修、调整换位或部分更换等方法恢复零件使用能力的一种方法。

4. 塑性变形法

利用金属材料的塑性变形性能，使零件在一定的外力作用下将不工作部位的部分材料转移到零件的磨损部位，恢复零件的形状和尺寸。这种方法不仅改变零件的外形，也改变材料的机械性能和组织结构。主要有墩粗法、挤压法、扩张法、热校直法。

对于未经热处理的低碳钢零件或有色金属零件进行塑性变形修复时，可不加热；对于中高碳钢零件或合金钢零件进行塑性变形修复时，要进行加热；对于淬火零件进行塑性变形修复时，要经高温回火或退火。

5. 金属扣合法

该方法利用金属材料制成的特殊连接件以机械方式将有裂纹或断裂的机件重新牢固地连接成一体。它的特点是常温下操作，没有热变形，避免了应力集中，设备简单，操作方便，主要用来修复大型铸件的裂纹或断裂的部位，但小于 8 mm 的薄壁铸件不宜采用。主要有强固扣合法、强密扣合法、优级扣合法、热扣合法，各种扣合法的具体工艺请参阅相关参考文献。

6. 焊接修复法

两种或两种以上材质（同种或异种），通过加热或加压或二者并用，来达到原子之间的结合而形成永久性连接的工艺过程称为焊接。该方法的实质是将裂纹、断裂等受损的零件进行修补，将耐磨、耐蚀的焊层堆焊在失效零件表面。其作用是修复大部分金属零件因为磨损、断裂、裂纹、凹坑等引起的损坏。

焊接修复法的优点是结合强度高，焊接设备简单、工艺成熟，不受零件尺寸的限制，成本低、效率高、灵活性大。

缺点是由于焊接温度高，易引起金相组织的变化并产生应力及变形，不能修复精度较高、细长及较薄的零件，并且容易产生气孔、夹渣、裂纹等缺陷。

焊接技术主要应用在金属母材上，常用的有电弧焊、氩弧焊、CO_2 保护焊、氧气-乙炔焊、激光焊接等多种技术，塑料等非金属材料也可进行焊接。

未来的焊接工艺，一方面要研制新的焊接方法、焊接设备和焊接材料，以进一步提高焊接质量和安全可靠性，如改进现有电弧、等离子弧、电子束、激光等焊接能源；运用电子技术和控制技术，改善电弧的工艺性能，研制可靠轻巧的电弧跟踪方法。另一方面要提高焊接机械化和自动化水平，如焊机实现程序控制、数字控制；研制从准备工序、焊接到质量监控全部过程自动化的专用焊机；在自动焊接生产线上，推广、扩大数控的焊接机械手和焊接机器人，提高焊接生产水平，改善焊接卫生安全条件。

1）气焊

以可燃气体与助燃气体混合燃烧生成的火焰为热源，熔化焊件和焊接材料使之达到原子间结合的一种焊接方法。助燃气体主要为氧气，可燃气体主要采用乙炔、液化石油气等。

氧-乙炔气焊设备主要包括氧气瓶、乙炔瓶（如采用乙炔作为可燃气体）、减压器、焊枪、胶管等。由于所用存储气体的气瓶为压力容器，气体为易燃、易爆气体，所以该方法是所有焊接方法中危险性最高的方法之一。

气焊的优点：设备简单、使用灵活；对铸铁及某些有色金属的焊接有较好的适应性；在电力供应不足的地方需要焊接时，气焊可以发挥更大的作用。

气焊的缺点：生产效率较低；焊接后工件变形和热影响区较大；较难实现自动化。

火焰温度一般为 2 700～3 300 ℃，满足不同工件材料的焊接要求。它几乎适合焊接所有的金属材料，特别适合焊接厚度小于 6 mm 的薄件，对于铝、铝合金、铜、铜合金，其工件厚度可以厚一些。

2）焊条电弧焊

焊条电弧焊是用手工操纵焊条，利用焊条和焊件间产生的电弧将焊条和焊件局部加热熔化进行焊接的电弧焊方法，也称为手工电焊，它是目前应用最广的一种焊接方式。

该方法的优点是：设备简单维护方便，操作灵活，在空间任意位置的焊缝，凡焊条能够达到的地方都能进行焊接，应用范围广。

缺点是：对焊工要求高，劳动条件差，生产效率低。

焊条电弧焊所用的设备是电弧焊机，它的结构简单，主要包括弧焊电源和焊钳两部分。

焊条电弧焊设备在使用中应该注意以下事项。

（1）检查接线是否正确，设备外壳必须接地，遇到焊工触电时，应先断电源再进行抢救。

（2）推拉电源开关应戴好干燥手套，禁止面对开关，以免发生电弧火花而灼伤面部。

（3）焊接电缆不准放在焊机附近或炙热的金属焊缝上，还要避免碰撞和磨损。

（4）停止工作时应及时断电，户外工作时要遮盖好设备。

该方法可焊接多种金属材料及各种结构形状，能在各种位置进行焊接，操作方便。在焊条选择上，应该根据工件的材料性能、工作条件、结构特点来选择。焊条直径一般根据焊件厚度的不同而不同，焊接电流和焊条直径有关系。焊接时，每层焊缝的厚度一般不大于 5 mm，焊件厚度较大时，可考虑采用多层焊。

3）堆焊

用焊接的手段在零件上堆敷一层或几层希望性能的材料。可以恢复零件的尺寸，并可以通过堆焊材料改善零件的性能。和整个机件相比，堆焊层是很薄的一层，主要要求堆焊层具有较高的表面耐磨性，堆焊材料往往与基体材料不同。因此，材料性能的差异可能会影响其焊接性。

手工电弧堆焊设备简单、灵活、成本低，对于不规则零件和可达性差的零件尤其适用。但是它生产率低，不易获得薄而均匀的堆焊层。

4）钎焊

采用比母材熔点低的金属材料做钎料，将放置钎料的待焊件加热到高于钎料熔点而低于母材熔点的温度，利用液态钎料润湿母材，填充接头间隙并与母材相互扩散实现连接焊件的方法称为钎焊。

钎焊分为硬钎焊和软钎焊。用熔点高于 450 ℃的钎料进行的钎焊常称为硬钎焊，如铜焊、银焊等；用熔点低于 450 ℃的钎料进行的钎焊常称为软钎焊，如锡焊、铅焊等。

钎焊有如下特点：①加热温度较低，焊件的组织和力学性能变化小。②熔化的钎料在毛细作用下，填满被连接金属的间隙，焊缝气密性较好。③焊件变形小，接头光滑平整。④可以连接异种材料。⑤焊缝强度低。

钎焊方法从技术形式上可以分为烙铁钎焊和火焰钎焊两种。

（1）烙铁钎焊。用电铬铁加热钎料和待焊部位，适用于温度低于 300 ℃的软钎焊，如锡铅或铅基钎料，钎焊薄、小零件时需要熔剂。电烙铁的功率要根据钎料、工件材料、工件形状和大小来确定。

（2）火焰钎焊。用火焰加热钎料和待焊部位，适合温度高于 300 ℃的硬钎焊，特别是受焊件形状、尺寸及设备限制不能用其他方法钎焊的焊件，常用钎料有铜锌、铜磷、银基、铝基及锌铝钎料，可焊钢、不锈钢、硬质合金、铸铁、铜、银、铝等及其合金。

由于钎焊焊缝强度低，钎焊一般适用于强度要求不高的零件的裂纹和断裂的修复，并需要设计和选择合理的接头形式来增加强度。钎焊最适用于低速运动部件的研伤、划伤等局部缺陷的补修。

7. 电镀修复技术

电镀是利用电解法使金属沉积在零件表面上形成金属镀层的方法。电镀修复法不但可以修复零件磨损后的尺寸，而且可以改善零件的表面质量，特别是能提高耐磨性和耐腐蚀性。

电镀修复技术是一种在低温条件下恢复零部件尺寸的常用修复技术，与焊接修复技术相比，不会出现因局部高温而带来的种种问题，而且电镀层与基体结合牢固程度接近焊接修复技术。电镀修复技术是利用电解的原理将镀液中的金属离子还原成金属原子并沉积在金属表面形成具有较高结合力和一定厚度的修复层。主要有镀铬、低温镀铁、电刷镀等。

8. 热喷涂和喷焊修复法

1）热喷涂修复技术

热喷涂技术是利用热源将喷涂材料加热至熔化或半熔化状态，并以一定的速度喷射沉积到经过预处理的基体表面形成与工件基体牢固结合的涂层的方法。

利用热喷涂修复技术可以在普通材料的表面上制造一个特殊的工作表面，使其达到防腐、耐磨、减少摩擦、抗高温、抗氧化、隔热、绝缘、导电、防微波辐射等多种功能。

热喷涂技术是表面过程技术的重要组成部分之一，约占表面工程技术的 1/3。

若按照加热喷涂材料的热源种类来分，热喷涂可分为：①火焰类，包括火焰喷涂、爆炸喷涂、超音速喷涂；②电弧类，包括电弧喷涂和等离子喷涂；③电热法，包括电爆喷涂、感应加热喷涂和电容放电喷涂；④激光类，激光喷涂。

若按照喷涂喷焊材料可分为线状和粉末状。

热喷涂修复技术具备诸多优点，具体如下。

（1）设备轻便，可现场施工。

（2）工艺灵活、操作程序少，可快捷修复，减少加工时间。

（3）适应性强，一般不受工件尺寸大小及场地限制。

（4）涂层厚度可以控制。

（5）除喷焊外，对基材加热温度较低，工件变形小，金相组织及性能变化也较小。

（6）适用各种基体材料的零部件，几乎可在所有的固体材料表面上制备各种防护性涂层和功能性涂层。

但是有必要提醒的是，喷涂工作也是极其危险的工作，操作人员务必时刻牢记下面的警示：高速、高温的喷涂射流对人和设备都有伤害；喷涂粉尘有害健康，注意防尘、通风；喷涂噪声可能损坏听力，请使用耳罩；喷涂弧光的辐射有损视力，请戴护目镜。

2）喷焊修复技术

如果将热喷涂得到的喷涂层继续加热，使喷涂层和工件基体表面都达到熔融状态并相互熔解形成冶金结合，获得牢固的工作层，此技术即为喷焊修复技术。喷焊的材料可以是各种金属、合金或非金属，机体的材料也可以是各种金属、合金或非金属。喷焊涂层的厚度从 0.5 mm 到几毫米，涂层组织多孔，易存油，润滑性和耐磨性较好。喷涂技术工艺简单，修复周期短，生产率高，成本低。通过喷焊修复技术，能改善和提高零件表面的性能，如抗氧化性、导电性、绝缘性、隔热性等。但是喷涂层的结合强度不高，在应用中应该注意。

喷焊修复可以恢复磨损工件的尺寸，如机床主轴、曲轴、凸轮轴轴颈、电动机转子轴、机床导轨和溜板等，也可以修复铸件的砂眼、气孔等缺陷；若在需要耐磨的部位喷一层耐磨材料，如磷青铜或铝青铜，则可以提高零件的耐磨性；在某些部位喷上防护层，可以提高零件的耐腐蚀性等。

3）粘接与粘涂修复技术

用胶粘剂把相同或不同材料的零件连接成一体，或把磨损、损坏的零件修复的方法称为粘接与粘补。运用粘接法可以修复断裂的零件，以粘接代替螺钉连接镶装导轨板；也可以用胶粘剂涂在零件的磨损部位（如轴或孔）表面，经机械加工修复其尺寸与形位精度；用胶粘剂密封箱体与箱盖的接合面、管路接头，以密封和锁固螺纹连接；用胶粘剂填充铸件的砂眼、气孔、疏松等缺陷，可以防止渗漏等。

粘接工艺有不少优点：首先，粘接力强，粘接材料广泛，可粘各种金属或非金属材料，并能实现异种材料的粘接；其次，工艺的温度不高，所粘接的材料不会有热变形；再者，粘接后不破坏原件强度，不破坏原件表面，不产生应力集中，粘缝有良好的化学稳定性、绝缘性和密封性；最后，粘接工艺简便，成本低，维修时间短。

粘接工艺美中不足之处在于：不耐高温，有机胶粘剂一般只能在 150 ℃下长期工作，无机胶粘剂可耐 700 ℃的高温；抗冲击性、抗老化性能差；与焊接相比，粘接强度不高。

如今工程中用到越来越多的塑料零件，塑料可以分为热塑性塑料和热固性塑料两种。对于热塑性塑料零件的粘接，可以使用热熔粘接法和溶剂粘接法。具体方法如下。

（1）热熔粘接法。用电热、热气或摩擦热将粘合面加热熔融，然后叠合，加上足够的压力，直到冷却凝固为止。大多数热塑性塑料表面加热到 150～2 300 ℃就可以进行粘接。

（2）溶剂粘接法。将相应的溶剂涂滴于粘接处，待溶剂使塑性变软，再合拢施加压力，溶剂挥发后便可牢固，如聚乙烯溶于二甲苯中。如果溶剂选择合适，效果较好，热固性塑料在溶剂中不溶。

9. 表面强化技术

表面强化技术是采用某种工艺手段使零件表面与基体材料的组织结构、性能不同的一种技术。它可以提高零件表面的硬度、强度、耐磨性和耐腐蚀等性能。它具体有表面机械强化、表面热处理强化和化学热处理强化、激光表面处理、电火花表面强化等几种形式。

1）表面机械强化

表面机械强化是通过喷丸、滚压和内挤压等方法使零件金属表面产生压缩变形，在表面形成 0.3～1.5 mm 的硬化层。

喷丸强化是把高速运动的弹丸喷射到零件表面，使金属材料表面产生强烈的塑性变形，从而产生具有较高残余应力的冷作硬化层，即喷丸强化层。

喷丸可提高材料的疲劳断裂抗力，防止疲劳失效、塑性变形与脆断，提高疲劳寿命，适合各种机械、航空、航海、石油、矿山、铁路、运输、重型机械、军械等。

滚压强化是利用金刚石或其他形式的滚压头，以一定的滚压力对零件表面进行滚压运动，使经过滚压的表面由于形变强化而产生硬化层，达到提高零件表面力学性能的目的的一种方式。

2）表面热处理强化和化学热处理强化

（1）表面热处理强化。

表面热处理是只加热工件表层，以改变其表层力学性能的金属热处理工艺。

为了只加热工件表层而不使过多的热量传入工件内部，使用的热源要具有高的能量密度，即在单位面积的工件上给予较大的热能，使工件表层或局部能短时或瞬时达到高温。

表面热处理的主要方法有火焰淬火和感应加热热处理，常用的热源有氧乙炔或氧丙烷等火焰、感应电流、激光和电子束等。

（2）表面化学热处理强化。

表面化学热处理是通过改变工件表层化学成分、组织和性能的金属热处理工艺。表面化学热处理与表面热处理的不同之处是改变了工件表层的化学成分。

化学热处理是将工件放在含碳、氮或其他合金元素的介质（气体、液体、固体）中加热，保温较长时间，从而使工件表层渗入碳、氮、硼和铬等元素。渗入元素后，有时还要进行其他热处理工艺，如淬火及回火。化学热处理的主要方法有渗碳、渗氮、渗金属。

3）激光表面处理

使用激光束进行加热，使工件表面迅速熔化一定深度的薄层，同时采用真空蒸镀、电镀、离子注入等方法把合金元素涂覆于工件表面，在激光照射下使其与基体金属充分融合，冷凝后在模具表面获得厚度为 10～1 000 μm 具有特殊性能的合金层，冷却速度相当于激冷淬火。

4）电火花表面强化

通过电火花的放电作用把一种导电材料涂敷熔渗到另一种导电材料的表面，从而改变后者的表面性能。

1.5 机电设备维修管理

1.5.1 设备管理的意义

加强设备管理，搞好设备维护，使设备经常处于完好状态，延长设备的使用寿命，不仅对增加产量和品种、提高劳动生产率、减少消耗、降低成本、保证工人安全具有重要的意义，而且对改善企业的生产技术面貌，加快工业发展的速度，保护生产力也具有重要的意义。

设备管理是一项十分重要的工作，只有搞好设备管理才能用最少的人、财、物求得最佳的经济效果，才能充分发挥设备潜力，更好地完成生产任务。特别是现代化生产，必须首先搞好设备，这是一条规律。

设备维修管理作为企业管理中的一个重要组成部分。它的基本任务是：最大限度地收集和利用设备的信息资源，有效地运筹维修系统中的人力、物力、资金、设备与技术，使维修工作取得最合理的质量与最佳的效益。维修管理的主要内容包括维修信息管理，维修计划管理，维修技术、工艺、质量管理，维修备件管理与维修经济管理等。

现代企业中，管理离不开技术，而工程技术的应用，也靠管理来保证。设备工程技术人员熟悉设备维修管理的内容与方法，应该将技术与管理有机地结合起来。为此本节将介绍设备维修管理的主要内容、方法与应用。

1.5.2 设备维修的信息管理

在企业设备维修活动中，经常需要做出各种技术、经济上的决策，决策的依据就是信息。没有系统、可靠的信息，就难以实施有效的管理。因此，设备维修信息管理的任务是建立完整的信息系统，收集、存储与设备有关的各种信息，以及进行信息的加工处理、输出与反馈，为设备的经济、技术决策服务。

1. 设备维修信息的分类

设备维修信息繁杂，一般可按以下几种方法分类。

1）按设备前期与后期分类

这种分类方法将设备信息分为前期与后期两大系统，然后再分为许多子系统。在子系统中又包括了各类设备，最后具体到每一台设备。这种分类方法简单明了，便于信息的加工整理和查阅。

2）按设备管理目标和考核指标分类

企业主管部门或投资方及企业经营者都需要了解和控制一些重要指标，如万元产值维修费、设备完好率、万元设备维修费等。为了便于统计分析，可以将设备信息分为投资规

划信息、资产备件信息、技术状态信息、维修计划信息和人员信息五类。每一类又可细分为许多子项目和许多考核指标，使分类检查分析更方便。

3）从维修的角度分类

设备信息可以分为设备状态信息、设备保障信息、设备故障或事故信息、维修工作信息、维修物资信息、维修人员信息、维修费用信息和相关信息等。

2. 计算机维修信息系统的功能

在现代企业中，计算机维修信息系统可以是企业管理系统中的一个子系统，也可以是一个独立的系统。计算机维修信息系统的功能与计算机硬、软件的配置有关。目前一些通用性较强的设备管理软件已纳入了系统软件。计算机维修信息系统在设备维修与管理中有如下功能。

1）过程控制功能

过程控制功能可用于检测设备的工作状态，检测设备的性能参数指标，如振动、噪声、超声、温升、冷却状态、润滑状态及环境因素等，提供指导维修工作的信息。

2）工程设计与计算功能

工程设计与计算功能可以对各种设备和维修工艺装备进行力学分析和计算，可以进行计算机辅助设计和制图及各种优化。

3）信息处理功能

信息处理功能处理维修管理中的各种信息，包括如下 5 个方面。

（1）设备台账管理。将企业所有设备的原始数据和资料存储在计算机中，可根据需要，按不同格式输出车间设备台账、不同型号设备清单。

（2）设备分类、排序、查询及检索。将市场上的设备供应信息分类、排序存入系统，在企业更新、增置设备时提供信息。

（3）设备维修计划管理。在确定设备维修计划时，可引用计算机系统中的设备档案信息、维修信息、诊断信息，并结合实际情况，通过计算机编制年度、季度、月份设备维修计划。

（4）维修备件管理。将企业设备维修备件的需求信息、库存信息、出入库信息，输入计算机系统，可随时取得库存情况和统计报表。当前库存量下降到警戒线时可设置报警提示。

（5）其他功能。计算机系统还可以对维修系统提供人事管理、经济管理、技术和工艺管理等方面的服务功能。

1.5.3　设备维修计划管理

企业的设备管理部门对设备进行有计划的、适当规模的维修。在执行具体的维修任务时，也需要合理组织，保证维修的进度、质量和效益。这种计划与组织工作称为维修计划管理。它包括两个主要内容：一是宏观的维修计划（含年度、季度及月份计划）；二是微观的作业计划，它是指一个具体的作业过程，如一台机器的大修计划，其特点是工艺技术的

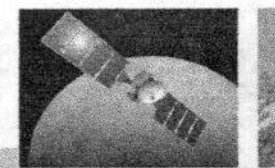

关系更密切。

1. 设备的维修工作定额

设备的维修工作定额，是编制设备维修计划、组织维修业务的依据。正确制定维修工作定额能加强维修计划的科学性和预见性，便于做好维修前的准备，使维修工作更加经济合理。在编制机电设备维修计划前，必须事先制定各种维修定额。

设备维修工作定额主要有：设备维修复杂系数、维修劳动量定额、维修停歇时间定额、维修周期和维修间隔期、维修费用定额等。

1）设备维修复杂系数

设备维修复杂系数又称维修复杂单位或维修单位。维修复杂系数是用来衡量设备维修复杂程度和维修工作量大小及确定各项定额指标的一个假定单位。这种假定单位的维修工作量是以同一类的某种机器设备的维修工作量为代表的，它是由设备的结构特点、尺寸、大小、精度等因素决定的，设备结构越复杂、尺寸越大、加工精度越高，则该设备的维修复杂系数越大。例如，在金属切削机床中，通常以最大工件直径为 400 mm、最大工件长度为 1 000 mm 的 C620 车床作为标准机床，把它的维修复杂系数规定为 10；电气设备是以额定功率为 0.6 kW 的保护式笼型同步电动机为标准设备，规定其维修复杂系数为 1。其他机器设备的维修复杂系数可根据自身的结构、尺寸和精度等与标准设备相比较来确定。这样在规定出一个维修单位（用“R”表示）的劳动量定额以后，其他各种机器设备就可以根据它的维修单位来计算它的维修工作量了。同时，也可以根据维修单位来制定维修停歇时间定额和维修费用定额等。

企业的主管部门确定了各类设备、各种机床的维修复杂系数（机械、电气分别确定复杂系数），制定成企业标准，供企业设备维修工作时使用。

2）维修劳动量定额

维修劳动量定额是指企业为完成机器设备的各种维修工作所需要的劳动时间，通常用一个维修复杂系数所需工时来表示。例如，一个维修复杂系数的机床大修工作量定额包括钳工 40 h，机械加工 20 h，其他工种 4 h，总计为 64 h。

3）维修停歇时间定额

维修停歇时间定额是指设备交付维修开始至维修完工验收为止所花费的时间。它是根据维修复杂系数来确定的。一般来讲，维修复杂系数越大，表示设备结构越复杂，而这些设备大多是生产中的重要、关键设备，对生产有较大的影响。因此，要求维修停歇时间尽可能短些，以利于生产。

4）维修周期和维修间隔期

维修周期是相邻两次大修之间机器设备的工作时间。对新设备来说，是从投产到第一次大修之间的工作时间。维修周期是根据设备的结构与工艺特性、生产类型与工作性质、维护保养与维修水平、加工材料、设备零件的允许磨损量等因素综合确定的。

维修间隔期是相邻两次维修之间机器设备的工作时间。

检查间隔期是相邻两次检查之间，或相邻检查与维修之间机器设备的工作时间。

5）维修费用定额

维修费用定额是指为完成机器设备维修所规定的费用标准，是考核维修工作的费用指标。企业应讲究维修的经济效果，不断降低维修费用定额。

2. 维修计划编制

1）设备维修计划的类别

按时间进度编制的计划包括：①年度维修计划，包括一年中企业全部大、中、小修计划和定期维护、更新设备安装计划，应在上年度末完成；②季度维修计划，由年度维修计划分解得来，将年度计划进一步细化，并根据实际情况对项目与进程安排做出适当的调整与补充，一般在上季度的最末一月制定；③月份维修计划，月份计划比季度计划更具体、更细致，是执行维修计划的作业计划。定期保养、定期检测及定期诊断等具体工作都要纳入月份计划。并根据上月定期检查发现的问题，在本月安排小修计划。

按维修类别编制的计划通常为年度大维修计划和年度设备定期维护计划。设备大修计划主要供企业财务管理部门准备大维修资金和控制大维修费用。有的企业也编制项修、小修、预防性试验和定期精度调整的分列计划。

2）维修计划编制的依据及应考虑的问题、环节

（1）编制维修计划的依据。

① 设备的技术状态，设备的技术状态是指设备的技术性能、负载能力、传动机构和运行安全等方面的实际状况。设备完好率、故障停机率和设备对均衡生产影响的程度等是反映企业设备技术状况好坏的主要指标。设备技术状态的信息主要来自设备技术状态的普查鉴定和原始资料。企业设备普查一般在每年的第三季度进行，主要任务是摸清设备存在的问题，提出修正意见，填写设备技术状态普查表，以此作为编制计划的基础。原始资料包括日常检查、定期检查、状态检测记录和维修记录等原始凭证及综合分析资料等。对技术状态劣化需要维修的设备应列入年度维修计划的申请项目。

② 生产工艺及产品质量对设备的要求。如果设备的实际技术状态不能满足产品工艺和质量的要求，则由工艺部门提出要求，安排计划维修。

③ 安全与环境保护的要求。

④ 设备的维修周期和维修间隔期。

（2）编制维修计划应考虑的问题如下所述。

① 生产急需的、影响产品质量的、关键工序的设备应重点安排。

② 生产线上单一关键设备，应尽可能安排在节假日进行检修，以缩短停歇时间。

③ 连续或周期性生产的设备（热力、动力设备）必须根据其特点适当安排，使设备维修与生产任务紧密结合。

④ 精密设备维修的特殊要求。

⑤ 应考虑维修工作量的平衡，使全年维修工作能均衡进行。对应修设备按轻重缓急安排计划。

⑥ 应考虑修前生产技术准备工作的工作量和时间进度。

⑦ 同类设备，尽可能连续安排。

⑧ 综合考虑设备维修所需技术、物资、劳动力及资金来源的可能性。

（3）年度维修计划的编制。编制年度维修计划的5个环节如下所述。

① 切实掌握需修设备的实际技术状态，分析其维修的难易程度。

② 与生产部门商定重点设备可能交付的维修时间和停歇天数。

③ 预测修前技术、生产准备可能需要的时间。

④ 平衡维修劳动力。

⑤ 对以上4个环节出现的矛盾提出解决措施。

（4）一般在每年9月份编制下一年度设备维修计划，编制过程按以下4个程序进行。

① 收集资料。计划编制前，要做好资料搜集和分析工作。主要包括两个方面：一是设备技术状态方面的资料，如原始资料、设备普查表和有关产品工艺要求、质量信息等，以确定维修类别。二是年度生产大纲、设备维修定额、有关设备的技术资料及备件库存情况。

② 编制草案。编制草案要充分考虑年度生产计划对设备的要求，做到维修计划与生产计划的协调安排。防止设备失修和维修过剩。在正式提出年度维修计划草案前，设备管理部门应在主管厂长的主持下，组织工艺、技术、使用及生产等部门进行综合技术经济分析论证，力求达到合理的目标。

③ 平衡审定。计划草案编制完成后，分发给生产、计划、工艺、技术、财务及使用部门讨论，提出项目的增减、维修停歇时间长短、停机交付日期、维修类别的变化等修改意见。经综合平衡，正式编制维修计划，送交主管领导批准。

维修计划按规定填写表格，内容包括：设备的自然情况（使用单位、资产编号、名称、型号）、维修复杂系数、维修类别或内容、时间定额、停歇天数和计划进度及承修单位等。还应编写计划说明，提出计划重点、薄弱环节及注意解决的问题，并提出解决关键问题的初步措施和意见。

④ 下达执行。每年12月份以前，由企业生产计划部门下达下一年度设备维修计划，作为企业生产、经营计划的重要组成部分进行考核。

3. 维修作业计划管理

在具体实施设备维修的某一项任务时，都需要编制作业计划。使用网络计划技术编制作业计划，能优化作业过程管理，充分利用各项资源，缩短维修工期，减少停机损失。它可用于大型复杂设备的大修、项目维修的作业计划编制，大型复杂设备的安装调整工程等。

4. 设备维修计划的实施

设备维修计划一经确定，就应严格执行，保证实现，争取缩短维修停歇时间。必须对设备维修计划的执行情况进行检查，通过检查既要保证计划进度，又要保证维修质量。设备维修完工后，必须经过有关部门共同验收，按照规定的质量标准，逐项检查和鉴定设备的精度、性能，只有全部达到维修质量标准，才能保证生产正常进行。

为了缩短维修停歇时间，保证计划的实现，可根据不同的情况，采用先进的维修组织方法。这些方法主要有下列3种。

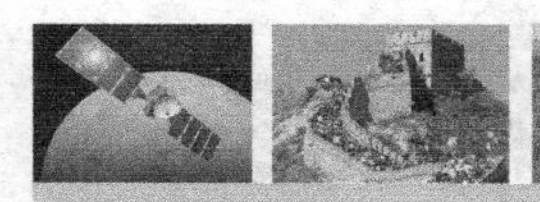

1）部件维修法

以设备的部件作为维修对象，维修时拆换整个部件，把部件解体、配件装配和制造等工作放在部件拆换之后去做，这样可以大大缩短维修停歇时间。部件维修法要求有一定数量的部件储备，要占用一些流动资金。拥有大量同类型设备的企业，采用这种方法是比较合适的。

2）分部维修法

某些机器设备生产负荷重，很难安排充裕的时间大修，可以采用分部维修法。分部维修法的特点是设备的各个部件，不在同一时间维修，而是把设备的各个独立部分，有计划、按顺序分别进行安排，每次只维修其中一部分。分部维修法的优点是，可以利用节假日或非生产时间进行维修，以增加机器设备的生产时间，提高设备的利用率。分部维修法适用于构造上具有独立部件的设备及维修时间比较长的设备，如组合机床、特重运输设备等。

3）同步维修法

同步维修法是指在生产过程中，工艺上相互联系的几台设备，把它们安排在同一时间内进行维修，实现维修同步化，以减少分散维修的停机时间。同步维修法常用于流水生产线设备，联动设备中的主机、辅机及配套设备。

单台设备维修计划实施中有以下几个环节。

（1）交付维修。设备使用单位应按维修计划规定日期将设备交给维修单位，移交时，应认真交接并填写“设备交修单”，一式两份，交接双方各执一份。

设备竣工验收后，双方按“设备交修单”清点设备及随机移交的附件、专用工具。

（2）维修施工。在维修过程中，一般应抓好以下几个环节。

① 解体检查。设备解体后，由主修技术员与维修工人配合及时检查部件的磨损、失效情况，特别要注意有无在修前未发现或未预测的问题，并尽快发出以下技术文件和图样：按检查结果确定的修换件明细表；修改、补充的材料明细表；维修技术任务书的局部修改和补充；临时制造的配件图样。

计划调度人员会同维修组长，根据实际情况修改、调整维修作业计划，并张贴在施工现场，以便参修人员了解施工进度。

② 生产调度。维修组长必须每日了解各部件维修作业实际进度，并在作业计划上用红线做出标志。发现某项作业进度延迟，可根据网络计划上的时差，调配力量，把进度赶上。

计划调度人员每日应检查作业计划的完成情况，特别要注意关键线路上的作业速度，与技术人员、工人、组长一起解决施工中出现的问题。还应重视各工种作业的衔接，做到不发生待工、待料和延误进度的现象。

③ 工序质量检查。维修人员完成每道工序并经自检合格后，要经质量检验员检验，确认合格后方可转入下道工序。重要工序检验合格应张贴标志。

④ 临时配件制造进度。临时配件的制造进度往往是影响维修工作进度的主要原因。应对关键件逐件安排加工工序作业计划，采取措施以不耽误使用。

（3）竣工验收。

设备大修完毕经维修单位试运转合格，按程序竣工验收。验收由设备管理部门代表主持，与质检、使用部门代表一起确认已完成维修任务书规定的维修内容并达到质量标准及技术条件后，各方代表在“设备维修竣工报告单”上签字验收。如验收中交接双方意见不统一，应报请总机械师裁决。

1.5.4 维修技术、工艺及质量管理

设备维修技术、工艺管理是对维修系统与维修过程中一切技术与工艺活动所进行的科学管理。设备维修质量管理是指为了保证设备维修的质量所进行的一系列管理。这三方面的管理对顺利完成设备维修工作起着非常重要的作用。

1. 维修技术基础工作管理

1）维修技术资料的管理

设备维修技术资料主要来源于购置设备时随机提供的技术资料；使用中向设备制造厂、有关单位、科研书店等购置的资料；自行设计、测绘和编制的资料等。

管理内容如下所述。

（1）规格标准，包括有关的国际标准、国家标准、部门颁布的标准及有关法令、规定等。

（2）图样资料，企业内机械动力装备的说明书、部分设备制造图、维修装配图、备件图册及有关技术资料。

（3）动力站房设备布置图及动力管线网图。

（4）工艺资料，包括维修工艺、零件修复工艺、关键件制造工艺、专用工具夹具图样等。

（5）维修质量标准和设备试验规程。

（6）一般技术资料，包括设备说明书、研究报告书、实验数据、计算书、成本分析、索赔报告书、一般技术资料、专利资料及有关文献等。

（7）样本和图书，包括国内外样本、图书、刊物、电子出版物、光盘、软盘、照片和幻灯片等。

2）管理程序

维修技术资料主要供设备业务系统使用，一般应设立专门的资料室统一管理。管理程序应从收集、整理、评价、分类、编号、复制（描绘）、保管、检索和资料供应的全过程来考虑。

技术资料管理应有重点：对重点设备的说明书及有关装配图、电气原理和其他重要资料应打上重点管理的标志。重点资料一般不外借。

为了编列和查询时方便，需要建立资料的编码检索系统，并应用计算机进行管理。

设备维修图册是设备维修专业技术资料的汇编，供维修人员分析、排除故障、制定维修方案、制造储备备件使用。

设备维修图册按设备型号分别编制，图册中应包括以下内容。

（1）特性与特征图。特性与特征图包括外观示意图、吊装示意图、安装基础图、机械

传动系统图、液压系统图、电气系统及线路图、滚动轴承位置图及润滑系统图等。

（2）装配图。生产厂家一般不会完整地提供组件、部件和整机装配图。应尽量收集或在设备维修时对关键部件或整机进行测绘。

（3）备件、易损件图样和明细表及外购件清单。

（4）其他内容。对动力设备，还应有竣工图、管道或线路网络图等。

3）维修技术准备工作

设备维修前的技术准备工作也是一项重要的技术基础工作，主要包括维修前技术状况调查和编制维修技术文件。

2. 维修工艺的规范化工作

为保证维修质量、提高维修效率、防止资源浪费，有必要规范维修过程中的各类工艺秩序。

1）维修工艺

（1）典型维修工艺。典型维修工艺是指对某一类型设备和结构形式相同的零件通常出现的磨损情况编制的维修工艺，它具有普遍指导意义，但对某一具体设备缺乏针对性。

（2）专用维修工艺。专用维修工艺是指企业对某一型号的设备，针对其实际磨损情况，为该设备某次维修而编制的维修工艺。它对以后的维修仍具有较大的参考价值，应根据实际磨损情况和技术进步对其进行必要的修改和补充。

2）工艺规范工作要点

（1）拆卸工艺。机械设备维修时，首先在一定程度上拆卸解体，但每拆卸一次对机器的性能与精度总会有一定的损害。对精密设备的不良拆卸可能导致设备的报废。因此，对重点、精密设备应制定拆卸工艺规范。

拆卸的一般原则和注意事项将在第 2 章介绍，在制定拆卸工艺时可供参考，此外，还应注意以下几点。

① 拆卸中安全第一。拆卸前应注意切断电源，清除机器设备内外的有毒、易燃等危险品，设置可靠的支承，选择合适的吊运设备和工具等。

② 拆卸服务于维修。不必要或不允许拆卸的部件不要拆，配合较紧的部位应制定合理的拆卸方法和选择适当的工具，防止损伤重要表面。

③ 拆卸服务于装配。当机器结构较复杂，图样资料又不全时，应一边拆，一边记录，并测绘草图，最后整理装配图。

（2）零件的清洗工艺。清洗工艺应包括清洗方法、清洗程序、清洗剂种类或配方、清洗参数、清洗质量和清洗注意事项等内容。

（3）典型零件的修复工艺。在设备维修中，有些重要的零件需要修复，如床身、箱体、工作台、大型回转件等，为了保证修复和提高功效，应选择适当的修复方案并编制维修工艺规程。维修工艺规程常以工艺卡片的形式来表达。它比制造时的工艺过程卡片详细，但比工序卡片简单。维修工艺卡片常包括以下内容。

① 零件名称、图号、材料及性能，零件缺陷指示图及有关缺陷的说明。

② 修复的工序与工步，每一工步操作要领及应达到的技术要求。

③ 修复过程中的工艺规范要求。

④ 修复时所用的设备、夹具、工具及量具等，以及修复后的检验内容。

对于重要、精密部件的维修也应制定详细、规范的维修工艺和调整方法，以确保修复质量。

（4）维修装配工艺。维修装配工艺规程的主要内容包括维修装配的准备、维修装配的部件装配顺序和总装配顺序、维修装配方法和维修尺寸链分析、维修装配精度的调整与补偿方法和检验方法、维修装配的检查和试车。

（5）采用先进的维修工艺。在设备维修中应积极学习国内外先进的维修工艺和技术。应结合本企业的实际情况，采用比较成熟的新工艺、新材料，逐渐取代陈旧的工艺方法。制定关于学习研究、试验、使用先进维修工艺的制度和措施，不断提高企业设备维修技术与工艺水平。

3. 设备维修的质量管理

为了保证设备的维修质量，应该对设备维修进行质量管理。

1）设备维修质量管理的内容

（1）制定设备维修的质量标准。

（2）编制设备维修的工艺。

（3）设备维修质量的检验和评定。

（4）加强维修过程中的质量管理。对关键工序建立质量控制点和开展群众性的质量管理小组活动，认真贯彻维修工艺方案。

（5）开展修后用户服务和质量信息反馈工作。

（6）加强技术培训工作，提高技术水平和管理水平。

2）设备维修质量的检验

企业应设有设备维修质量的检验与鉴定的组织和人员。设备维修质量检验的主要内容是：①外购备件、材料的入库检验；②自制备件和修复零件的工序质量检验和终检；③设备维修过程中的零部件和装配质量检验；④维修后的外观、试车、精度及性能检验。

3）设备维修的质量保证体系

设备维修的计划管理、备件管理、生产管理、技术管理、财务管理及维修材料供应等是一个有机的整体，把各方面管理工作组织协调起来，建立健全管理制度、工作标准、工作流程、考核办法，形成设备维修质量保证体系，以保证设备维修质量并不断提高维修水平。

1.5.5 备件管理

企业为保证生产和设备维修，按照经济合理的原则，在收集各类有关资料并在计算和实际统计的基础上制定备件储备数量、库存资金和储备时间等的标准限额的过程称为储备定额。备件库存控制需要确定备件的储备定额。

维修备件种类繁多，而且各类备件的价格、需要量、库存量和库存时间有很大差异。对不同种类、不同特点的备件，应当采取不同的库存量控制方法，库存管理也要抓重点。

ABC 分析法把库存备件分为 3 类。

（1）A 类备件。A 类备件是关键的少数备件，但重要程度高、采购和制造困难、价格高、储备期长。这类备件占全部备件品种的 10%左右，但资金却占全部备件资金的 80%左右。对 A 类备件要重点控制，利用储备理论确定储备量和订货时间，安全库存量要低，尽量缩短订货周期，增加采购次数，加速备件储备资金周转。库房管理中要详细做好备件的进出库记录，对存货量应做好统计分析和计算，认真做好备件的防腐、防锈保护工作。

（2）B 类备件。其品种比 A 类备件多，占全部品种的 25%左右，但占用的资金比 A 类少，一般占用备件全部资金的 15%左右。B 类备件的安全库存量较大，储备可适当控制。根据维修的需要，可适当延长订货周期，减少采购次数。

（3）C 类备件。其品种占全部品种的 65%左右，而占用的资金仅占备件全部资金的 5%左右。对 C 类备件，根据维修需要，储备量可大一些，订货周期可以长一些。

备件管理重点应放到 A 类和 B 类备件的管理上。

复习思考题 1

1．何为故障？故障有哪两层含义？
2．故障有哪些形式的分类？
3．故障有哪些特点？
4．设备故障管理的目的是什么？
5．故障产生的影响因素主要有哪几个方面？
6．机电设备常用的维修方式具体有哪些？
7．维修决策的基本要求是什么？
8．机电设备使用中应注意哪些问题？
9．设备故障诊断的内容包括哪三个方面？其具体实施过程可以归纳为哪四个方面？
10．防止或减少磨损有哪些具体对策？
11．减轻气蚀的措施主要有哪些？
12．防止和减少机械零件变形的对策有哪些？
13．断裂失效分析的步骤是什么？
14．如何防范断裂失效？
15．设备维修前要做哪些技术准备？
16．拆卸前需要做哪些准备工作？
17．当修复机械零件的损伤缺陷时，在选择修复方法及技术方面，应考虑哪些因素？

第2章 通用零部件的故障诊断与维修

学习目标

理解机械故障的基本概念、故障的规律，了解设备维修的方式、制度，掌握机械零件的失效形式和对策、机械设备拆装的一般原则和拆装工艺，能编制机电设备检修方案、检修工序、检修进度、安全操作规程、方案实施的技术措施。

2.1　轴类零件的维修和装配

2.1.1　轴类零件的主要失效形式

轴类零件是机械设备中最主要的零件之一，也是影响机械设备的运行精度和寿命的关键零件。其作用是支承回转零件并传递运动和转矩，轴可分为转轴（如车床主轴、带轮的轴等)、心轴（如火车轴轮、自行车、汽车的前轴等）和传动轴（如车床上的光杠等）三大类。轴类零件主要用来承受各种载荷和传递动力。

1. 轴的结构组成

如图 2.1 所示，轴由三部分组成。

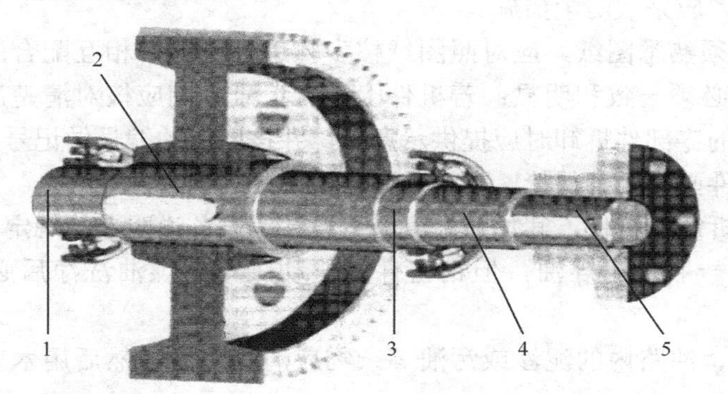

1—轴；2，5—轴头；3—轴颈；4—轴身

图 2.1　轴的结构组成

轴头：与传动零件或联轴器、离合器相配的部分。

轴颈：与轴承相配的部分。

轴身：连接轴头和轴颈之间的部分。

2. 轴类零件的失效形式

失效形式主要有因疲劳强度不足而产生的疲劳断裂，因静强度不足而产生的塑性变形或脆性断裂、磨损、超过允许范围的变形和振动等。

3. 轴类零件的性能要求

轴类零件的性能要求包括足够的抗拉强度和刚度；适当的冲击韧性和较高的疲劳强度；良好的切削加工性和淬透性；对于轴颈处受摩擦部位还要有高硬度和耐磨性。

4. 轴类零件的制造材料

制造材料一般是经锻造或轧制的低碳钢、中碳钢或合金钢。

2.1.2　轴类零件的拆卸方法

拆卸是维修工作的一部分，在清洗设备时首先要进行拆卸，但拆卸后装配精度容易降低。

1. 现象

设备机件拆卸、清洗后不能恢复到原装的配合精度。

2. 原因分析

拆卸清洗工作不符合要求，卸下的零件保管不良、受潮或损伤，甚至丢失个别零件而改用替换件。

3. 危害性

危害性是指机械设备性能下降，甚至报废不能使用。

4. 防治措施

（1）进行拆卸清洗的工作地点必须清洁，禁止在灰尘多的地点或露天进行，如果必须在露天场所进行时，应采取防尘措施。

（2）拆卸前必须熟悉图纸，应对照图纸按步骤进行，并在相互配合的机件上做记号，记号应清楚，位置必须一致和明显；若机件上已有记号，则应核对清楚后才能拆卸。对形状相同而数量很多的零部件拆卸时应提供示意图，并按图上的编号做记号。

（3）拆下的零件必须妥善保管，不得受潮、损伤或丢失。

（4）需加热后拆卸的机件，其加热温度应按设计或设备说明书的规定执行。

（5）清洗机件一般均用煤油，但精密件或滚动轴承用煤油洗净后必须再用汽油清洗一次。

（6）所有油孔、油路内的泥沙或污油等杂物应清除干净，然后用木塞堵住，不得使用棉纱、布头代替木塞。

（7）洗净后的机械设备零部件，如不能立即装配，则应妥善保管，防止灰尘侵入。

（8）设备机件装配时，应先检查零部件与装配有关的外表形状和尺寸精度，确认符合要求后方可装配。

5. 拆卸方法

（1）击卸。击卸是用锤击的力量使配合零件产生相对位移而互相脱离，达到拆卸的目的。这是一种简单的拆卸方法，适用于结构比较简单、零件坚实或不重要的部位。锤击时要小心，因为如果方法不当，就可能打坏零件。击卸常用的工具有铁锤，铜锤，木锤，冲子及铜、铝、木质垫块等。击卸滚动轴承时，要左右对称交换地去敲击，切不可只在一面敲击，以免座圈破裂。

（2）压卸和拉卸。压卸和拉卸比击卸好，它用力比较均匀，力的大小、方向也可以控制，因此零件偏斜和损坏的可能性较小。这种方法适用于拆卸尺寸较大或过盈量较大的零件。它常用的工具有压床和拉模。

（3）加热拆卸。加热拆卸是利用金属热胀的特性来拆卸零件的，这样在拆卸时就不会像击卸或压卸那样产生零件卡住或损伤的现象。这种方法常在过盈量大（超过 0.1 mm）、尺寸大、无法拆卸时采用。

总之，要根据零件的配合情况，选择合理的拆卸方法。如果是过渡配合，可采用击卸；如果是过盈配合，则可采用压卸或加热拆卸的方法。拆下的零件要放在木板上或低的

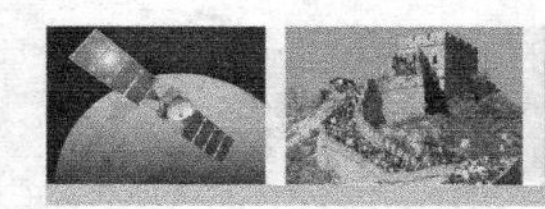

平台上；较小的零件如螺钉、螺母、垫圈、销子等可放在专用箱子内；细长的零件如长轴、丝杠等可垂直悬挂起来，以免弯曲变形。

主轴部件的拆卸：外壳、主轴等零部件的相对位置是以误差相消法来保证的。为了避免拆卸不当而降低装配精度，在拆卸时，轴承、垫圈、磨具壳体及主轴在圆周方向的相对位置上都应做上记号，拆卸下来的轴承及内外垫圈各成一组分别放置，不能错乱。拆卸处的工作台及周围场地必须保持清洁，拆卸下来的零件放入油内以防生锈。装配时仍需按原记号方向装入。

2.1.3 轴拆卸后的清洗、检查和修复

1. 轴拆卸后的清洗

清洗拆卸后的机械零件是维修工作的重要环节。清洗方法和清理质量对零件鉴定的准确性、设备的修复质量、维修成本和使用寿命等都将产生重要影响。零件的清洗包括清除油污、水垢、积碳、锈层、旧涂装层等。

清洗所用工具有：扳手、卡簧钳、清洗液、润滑脂、吹风机、抹布、针、一个用来浸泡轴的容器。简单清洗步骤如下：①把轴取下来；②将轴放入清洗剂中浸泡和洗刷；③浸泡洗干净的轴，泡出残渣；④用吹风机吹干（吹干了可防止生锈）；⑤抹上润滑油（防尘、防水、润滑）；⑥盖上侧盖后就可以进行安装了。

2. 主轴的检验

主轴的损坏形式主要是轴颈磨损，外表拉伤，产生圆度误差、同轴度误差和弯曲变形及锥孔碰伤，键槽破裂，螺纹损坏等。常见的主轴各轴颈同轴度的检查，如图 2.2 所示。

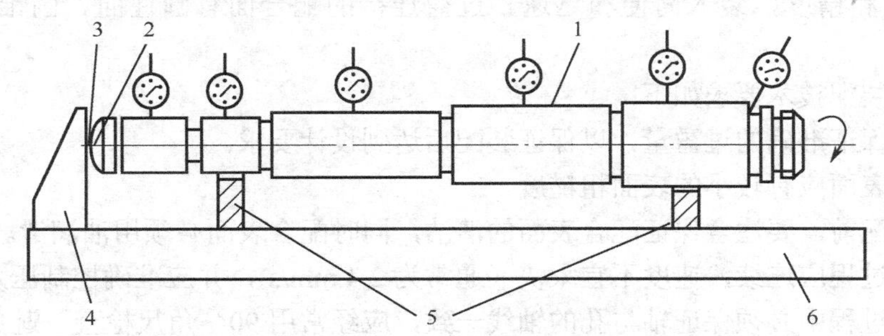

1—主轴；2—堵头；3—钢球；4—支承板；5—V 形架；6—检验平板

图 2.2 常见的主轴各轴颈同轴度的检查

主轴 1 放置于检验平板 6 上的两个 V 形架 5 上，主轴后端装入堵头 2，堵头 2 中心孔顶有一钢球 3，紧靠支承板 4，在主轴各轴颈处用千分表触头与轴颈表面接触，转动主轴，千分表指针的摆动差即为同轴度误差。轴肩端面圆跳动误差也可从端面处的千分表读出。一般应将同轴度误差控制在ϕ0.015 之内，端面圆跳动误差应小于 0.01 mm。至于主轴锥孔中心线对支承轴颈的径向圆跳动误差，可在放置好的主轴锥孔内放入锥柄检验棒，然后将千分表触头分别触及锥柄检验棒靠近主轴端及相距 300 mm 处的两点，回转主轴，观察千分表指针，即可测得锥孔中心线对主轴支承轴颈的径向圆跳动。

3. 主轴的维修

在通常情况下，主轴的主要失效形式是因受外载而产生的弯曲变形，以及配合面的磨损。主轴如果发生变形了，根据变形的程度及主轴的精度要求确定修复方法，对于发生弯曲变形的普通精度主轴，可用校直法进行修复；对于高精度主轴校直后难以恢复其精度的，采用更换新轴的方法。

主轴轴颈磨损后，通常需要恢复其原来的尺寸，常用的方法是电刷镀、镀铬等，采用电刷镀的方法修复主轴的工艺过程为：电刷镀之前在主轴两端孔中镶入堵头→打堵头上的中心孔→在磨床上以前后主轴轴颈未磨损部分为基准找正→将已磨损需要修复的轴颈磨小0.05～0.15 mm→在所需要修磨的外圆表面电刷镀，单边镀层厚度不小于0.1 mm→研磨中心孔磨削电刷镀后的各表面达到要求。主轴的莫氏锥孔也容易磨损，在维修时常采用磨削的方法修复其表面精度，若经过多次修磨后，可用镶套的方法进行修复。

2.2 过盈配合连接件的装配要求

过盈连接是将具有较大尺寸的被包容件（轴）装入具有较小尺寸的包容件（孔）中。这种连接能承受较大的轴向力、扭矩及动载荷，对中精度高，应用广泛。例如，齿轮、联轴器、飞轮、链轮、带轮等与轴的连接，轴承与轴承套的连接等。

在过盈配合中，由于轴的尺寸比孔的尺寸大，故应采用加压或热胀冷缩等办法进行装配。过盈配合主要用于孔轴间不允许有相对运动的紧固连接，如大型齿轮的齿圈与轮毂的连接。过盈配合是一种固定连接，它不仅要求有正确的定位和紧固性，还要求装配时不损伤机件的强度和精度，装入简便和迅速。过盈连接的配合面有圆柱面、圆锥面及其他形式。

过盈连接装配技术要求如下：

（1）必须保证准确的过盈量，以保证装配后达到设计要求。

（2）配合表面应有较小的表面粗糙度。

（3）在装配前，要注意保证配合表面的清洁，同时配合表面必须用油润滑。

（4）压入过程应连续，速度不宜太快（通常为2.4 mm/s)，并应准确控制压入行程。

（5）压入过程中必须保证轴与孔的轴线一致，应经常用90° 角尺检查，避免倾斜。

（6）对于细长件和薄壁件，要特别注意控制过盈量和形位误差，装配时最好垂直压入，以防零件变形。

2.3 滑动轴承的维修与装配

滑动轴承具有结构简单、易于制造、装拆方便、承载能力强、抗冲击性和吸振性能好、工作平稳、回转精度高等特点，主要应用在工作转速特别高、承载极重、对轴的回转精度要求特别高、冲击与振动巨大、径向空间尺寸受到限制或必须剖分安装（如曲轴的轴承）及在一些特殊条件下工作的场合。

主要不足之处是启动摩擦阻力大，润滑维护要求高等。

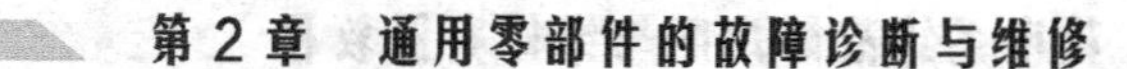

下面以整体式滑动轴承为例介绍其装配方法。

（1）压装轴套。根据轴套尺寸和过盈量的大小，采用敲入或压装的方法进行装配。尺寸和过盈量较小时，可用手锤加垫板将轴套敲入；当轴套尺寸和过盈量较大时，应用压力机装配；过盈量超过 0.1 mm 时，用加热机体或冷却轴套的方法进行装配。

（2）固定轴套。轴套压入后，为了防止转动，可用螺钉和定位销等加以固定。

（3）装配后的检查和修正。轴套装配后可采用铰削、刮研、珩磨等方法，使轴套和轴颈之间的间隙和接触点达到要求。

2.3.1　滑动轴承的失效形式

（1）磨粒磨损。硬质颗粒研磨轴和轴承表面造成磨粒磨损。

（2）刮伤。轴表面硬轮廓峰顶刮削轴承造成刮伤。

（3）咬粘（胶合）。温度升高、压力增大或油膜破裂时造成咬粘。

（4）疲劳剥落。载荷反复作用使疲劳裂纹扩展，从而造成剥落。

（5）腐蚀。润滑剂氧化产生酸性物质造成腐蚀损伤。

2.3.2　滑动轴承的安装与维修

滑动轴承具有工作可靠、平衡、无噪声、润滑油膜吸振能力强、能承受较大冲击载荷的特点。滑动轴承可分为整体式、剖分式等多种轴承结构形式，如图 2.3 所示。

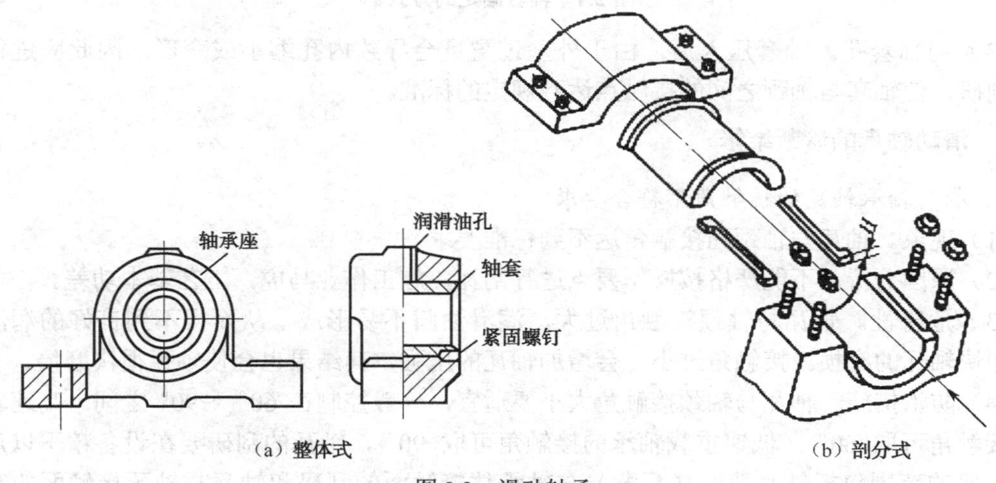

图 2.3　滑动轴承

1. 滑动轴承安装基本要求

（1）滑动轴承在安装前应修去零件的毛刺锐边，接触表面必须光滑清洁。

（2）安装轴承座时，应将轴承或轴瓦装在轴承座上，并按轴瓦或轴套中心位置校正，同一传动轴上的各轴承中心应在一条轴线上，其同轴度误差应在规定的范围内。轴承座底面与机件的接触面应均匀紧密地接触，固定连接应可靠，设备运转时，不得有任何松动移位现象。

（3）轴承与轴接触表面的接触情况可用着色法进行检查，研点数量应符合要求。

（4）轴转动时，不允许轴瓦或轴套有任何转动。

（5）对开瓦在调整间隙时，应保证轴承工作表面有良好接触精度和合理的间隙。

（6）安装时，必须保证润滑油能畅通无阻地流入轴承中，并保证轴承中有充足的润滑油存留，以形成油膜。要确保密封装置的质量，不得让润滑油漏到轴承外，而且要避免灰尘进入轴承。

2. 整体式滑动轴承的安装

（1）压入轴套。当轴套尺寸和过盈量较小时，可采用压入法安装轴套，即用压力机或垫上硬木敲击压入。当尺寸和过盈量较大或薄壁套筒安装时，可采用温差法装入，即把轴套在干冰或液氮中冷却后装入轴承座。在压入时，应注意配合面清洁，并涂上润滑油，以防止轴套歪斜。

（2）轴套定位。压入轴套后，应按图样要求用紧固螺钉或定位销固定轴套位置，以防轴套随轴转动。轴套固定的方式如图 2.4 所示。

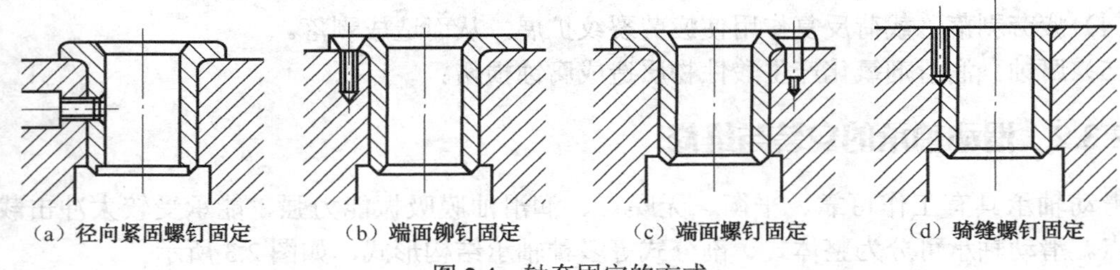

（a）径向紧固螺钉固定　（b）端面铆钉固定　（c）端面螺钉固定　（d）骑缝螺钉固定

图 2.4　轴套固定的方式

（3）刮轴套孔。轴套压入后，由于外壁过盈量会导致内孔缩小或变形，因此应进行铰削或刮研，使轴套与轴颈之间的接触点达到规定的标准。

3. 滑动轴承的诊断维修

1）滑动轴承轴瓦的接触角不符合要求

（1）现象。轴瓦与轴颈间接触角达不到标准要求。

（2）原因分析。不能严格按操作要点进行刮瓦，施工作业马虎，工艺基本功差。

（3）危害性。轴瓦与轴颈接触角过大，润滑油膜不易形成，从而得不到良好的润滑效果，加快轴瓦的磨损。接触角过小，会增加轴瓦的压强，其结果也会使轴瓦很快磨损。

（4）防治措施。轴瓦与轴颈接触角大小要适宜，一般控制在 60°～90°之间。高速轻载轴承接触角可取 60°，低速重载轴承的接触角可取 90°，轴瓦的刮研要在设备精平以后进行。刮研的范围包括轴瓦背面（瓦背）与轴承体接触面的刮研和轴瓦与轴颈接触面的刮研两部分。

瓦背与轴承体的刮研同样不应被忽视。具体要求是：下瓦背与轴承座之间的接触面积不得小于整个面积的 50%，上瓦背与轴承盖间的接触面积不得小于 40%；瓦背与轴承座和轴承盖之间的接触点应为 1～2 点/cm^2。如果接触面积过小或接触点数过少，将会使轴瓦所承受的单位面积压力增加，从而加速轴瓦的磨损。刮研轴瓦时，应将轴上的零件全部装上。刮瓦一般先刮下瓦，后刮上瓦。刮研瓦时，可在轴颈上涂一层薄薄的红铅油，将轴颈轻轻地放入瓦内，然后转动轴，使轴在轴瓦内正、反转各一周，轴瓦与轴颈相互摩擦，再将轴吊起，根据研瓦的情况，判定其接触角和接触点是否符合要求，如不符合要求应使用刮刀刮削。刮研时，在 60°～90° 接触角范围内，接触点应该是中间密两侧逐渐变疏，不应该使接触面与非接触面间有明显的界限。上瓦的刮研方法与下瓦相同。在瓦上着色时，要装好上瓦，撤去瓦口上的垫片，将轴承盖用螺钉紧固好，保证上瓦能够良好地与轴颈接触。

2）轴颈与轴瓦接触点过少

（1）现象。轴瓦与轴颈间的接触点不符合施工及验收通用规范的规定。

（2）原因分析。刮研瓦的程序和方法不妥当，操作时不细致，粗心大意忽视质量。

（3）危害性。由于轴瓦与轴颈间接触点标准达不到规定的要求，在设备运转过程中可导致轴瓦发热，使运转不能正常进行。

（4）防治措施。刮研瓦时应按工艺程序进行，轴颈在轴瓦内反、正转动一圈后，对呈现出的黑斑点用刮刀均匀刮去，每刮一次变换一个方向，使刮痕呈 60°～90° 的交错角，同时在接触部分与非接触部分不应有明显的界限，当用手触摸轴瓦表面时，应感到非常光滑。

3）轴承发热

（1）现象。在设备试运转中轴承温度逐渐增高，超过规定的要求。

（2）原因分析。轴承内润滑油过多或过少，甚至轴承内无油；润滑油不洁净，也会使轴承发热；轴承装配不良（位置不正、歪斜，以及无间隙等）。

（3）危害性。轴承使用的材料强度和硬度一般低于轴所用材料（如滑动轴承），当轴承过热时，会导致轴承合金的磨损，严重时可熔化合金，使正常运转停止。对滚动轴承来说，过热时也会加快磨损，缩短使用寿命。

（4）防治措施。首先要清洗好润滑系统，然后按设计要求的牌号、用量的多少，添加符合要求的润滑油。对于装配不当的轴承，应重新进行调整，一直达到设计和规范的要求为止。

4）轴发热

（1）现象。传动轴在运转过程中温度升高。

（2）原因分析。一方面，轴上的挡油毡垫或胶皮圈太紧，在转动过程中由于摩擦作用导致发热；另一方面，轴承盖与轴四周间隙大小不一，导致有磨轴现象发生，使轴发热。

（3）危害性。当轴发热温度增高时，会降低轴的硬度，加快轴的磨损，同时也会影响到与轴接的其他零部件的损坏。

（4）防治措施。将胶皮圈内弹簧换松或调松轴承盖螺钉，检查轴承盖与轴的间隙是否符合设备技术文件的规定，如不符合规定，应认真进行调整。

5）轴承漏油

（1）现象。设备运转中轴承盖处润滑油泄漏。

（2）原因分析。润滑系统供油过多，压力管道油压太高，超过规定标准；轴承回油孔或回油管尺寸太小，油封数量不够或油封装配不良，油封槽与其他部位穿通从轴承盖不严密处漏出。

（3）危害性。损耗润滑油，且不能很好地保证轴承本身的正常润滑，并造成对设备的污染。

（4）防治措施。要调整好润滑系统的供油量，油量要适宜；要增大回油管直径；修整好封油槽，装配好油封，要调紧轴承盖。

2.4 滚动轴承的装备与调整

2.4.1 滚动轴承的类型与配合

1. 滚动轴承的结构及特点

滚动轴承的结构如图 2.5 所示。

内圈 1 装在轴上；外圈 2 装在轴承座孔内；滚动体 3 装在内外圈之间；保持架 4 将滚动体均匀隔开。

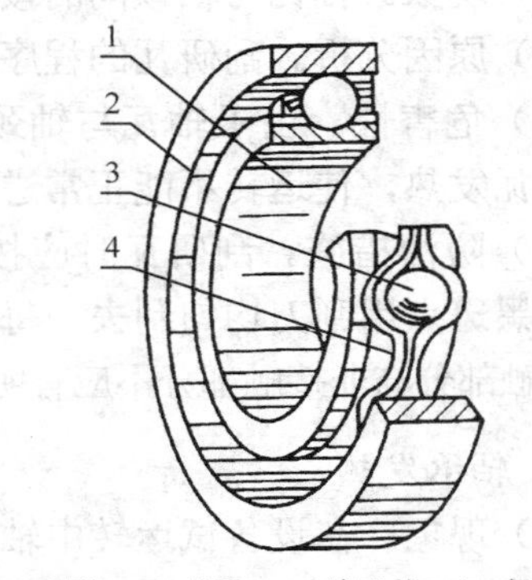

1—内圈；2—外圈；3—滚动体；4—保持架

图 2.5 滚动轴承的结构

2. 滚动轴承的类型

1）按轴承承受载荷的方向或公称接触角的不同分类

（1）向心轴承。径向接触轴承主要承受径向载荷，有些可以承受较小的轴向载荷；向心角接触轴承可以同时承受径向载荷和轴向载荷。

（2）推力轴承。推力角接触轴承主要承受轴向载荷，也可以承受较小的径向载荷；轴向接触轴承只能承受轴向载荷。

2）按滚动体的形状分类

滚动轴承可分为球轴承和滚子轴承。

3）按工作时能否调心分类

滚动轴承可分为调心轴承和非调心轴承。

4）按游隙能否调整分类

滚动轴承可分为可调游隙轴承和不可调游隙轴承。

3. 滚动轴承的类型选择

选择原则：轴承特性与工作条件相匹配。

1）类型选择

（1）承载情况。若轴承承受轴向载荷，则一般选用推力轴承；若所承受的纯轴向载荷较小，则选用推力球轴承；若所承受的纯轴向载荷较大，则选用推力滚子轴承；若轴承承受纯径向载荷，则一般选用深沟球轴承、圆柱滚子轴承或滚针轴承；当轴承在承受径向载荷的同时还承受不大的轴向载荷时，可选用深沟球轴承或接触角不大的角接触球轴承或圆锥滚子轴承；当轴向荷载较大时，可选用接触角较大的角接触球轴承或圆锥滚子轴承，或者选用向心轴承和推力轴承组合在一起的结构，分别承担径向载荷和轴向载荷。

（2）转速要求。要求高速、旋转精度高时，优先采用球轴承。

（3）调心性要求。长轴（刚度不高）或多支点轴要求轴承具有调心性时选调心轴承。

（4）承载、抗冲击能力。载荷大或有冲击载荷时选用滚子轴承。

（5）空间限制。径向尺寸受限时选用滚子轴承。

（6）装拆方便。内外圈可分离时选用圆锥滚子、圆柱滚子轴承；长轴上安装时选用带内锥孔及紧定套的轴承。

（7）价格。球轴承价低，滚子轴承价高。

2）尺寸选择

型号选择：内径、外径、宽度、选定类型、初定型号、验算寿命。

4. 滚动轴承的配合

轴承的配合是指内圈与轴颈及外圈与轴承座的配合，影响轴承的径向游隙、运转精度和寿命。

滚动轴承是标准组件，轴承内孔与轴的配合采用基孔制；外圈与轴承座的配合采用基轴制。由于轴承内径的公差带在零线之下，而圆柱公差标准中基准孔的公差带在零线之上，所以内圈与轴颈的配合比圆柱公差标准中规定的基孔制同类配合要紧得多。

图 2.6 和图 2.7 表示了滚动轴承的配合和它的基准面（内圈内径，外圈外径）与轴颈或座孔尺寸偏差的相对关系，设计时根据轴承的类型和尺寸、载荷的大小选择配合种类。对于尺寸大、载荷大、振动大、转速高或工作温度高等工作要求，应选紧一些的配合，但过紧会影响轴承的正常工作，同时装拆困难。而经常拆卸或活动套圈则应采用较松的配合，但过松对提高轴承旋转精度、减少振动不利。如图 2.7 所示，与轴承内圈配合的回转轴常采用过盈配合 N6、M6、K6、k5，或过渡配合 j5、J6；与不转动的外圈相配合的轴承座孔常采用过渡配合 J6、J7，或间隙配合 H7、G7 等配合。

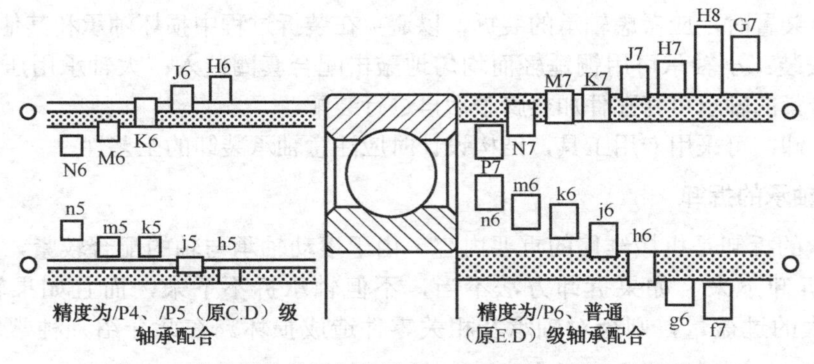

图 2.6　滚动轴承外圈与轴承座、滚动轴承内圈与轴的配合

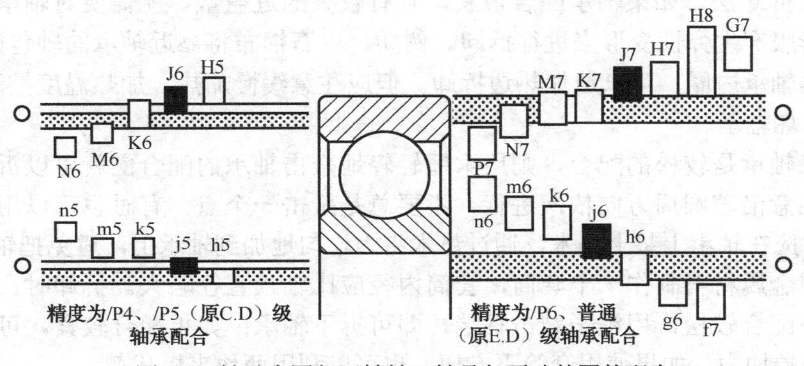

图 2.7　轴承内圈与回转轴、轴承与不动外圈的配合

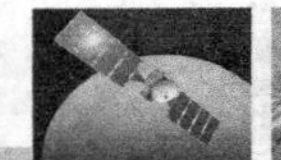

2.4.2 滚动轴承的失效形式

1. 载荷分布

纯轴向载荷：滚动体均匀受载。

径向载荷：滚动体受载不均（承载、非承载区）。

2. 滚动轴承的失效形式

点蚀：内、外圈的滚道及滚动体的表面出现许多点蚀坑，主要是因为承载、装配不当（配合过紧、内外圈不正）和润滑不良。

塑性变形：滚动体或套圈滚道上出现不均匀的塑性变形凹坑，主要是由于静载荷或冲击载荷过大。

其他形式：磨粒磨损、黏着磨损、断裂、锈蚀、电腐蚀、不正常温升等。

影响滚动轴承失效的主要因素是载荷情况、润滑情况、装配情况、环境条件及材质或制造精度等。

决定轴承尺寸时，要针对主要失效形式进行必要的计算。一般工作条件的回转滚动轴承应进行接触疲劳寿命计算和静强度计算。对于摆动或转速较低的轴承，只需要进行静强度计算。高速轴承由于发热而造成的黏着磨损、烧伤是主要的失效形式，除了进行寿命计算外，还需核验极限转速。

2.4.3 滚动轴承的拆卸、清洗和检查

设计轴承装置时，应考虑轴承的装拆，以避免在装拆过程中损坏轴承和其他零件。

轴承的安装：小轴承可用铜锤轻而均匀地敲击配合套圈装入；大轴承用压力机压入；尺寸大且配合紧的轴承可将孔件加热膨胀后再进行装配。

轴承的装卸：可采用专用工具，结构设计时应注意轴承装卸的工艺性。

1. 滚动轴承的拆卸

滚动轴承的拆卸是机械维修的重要内容。由于滚动轴承与轴的配合较紧，所以需要较大的力才能拆卸下来。如果拆卸方法不当，不但轴承拆不下来，而且如果轴承配合很紧，且有较大的过盈量，则会对轴承及相关零件造成损坏。在此介绍几种常用的轴承拆卸方法。

（1）加热拆卸法。如果轴承配合很紧，且有较大的过盈量，就需要对轴承进行加热，使轴承受热膨胀产生弹性变形来进行拆卸。例如，用石棉布将靠近轴承的轴包好，用乙炔-氧气火焰加热轴承内圈，可以边加热边拆卸。但应注意缓慢加热，加热温度控制在 100 ℃左右，以免损坏轴承。

（2）如果轴承是较松的配合，则用木锤轻轻地敲击轴承的配合圈就可以拆下轴承。在敲击时，要注意沿着圆周方向依次进行，不要总是敲击一个点。有时也可以用铁锤进行敲击，但是此时应在轴承上垫上垫木，通过垫木将力均匀地加到轴承上，避免把轴承敲坏。

（3）选用金属材料制作一个套筒，套筒内径应比轴颈直径略大。拆卸时，用物体将套筒支承。如果配合较松，用锤子敲击轴端，即可拆下轴承；如果配合较紧，可用压力机或千斤顶等给轴端加力。如果使用套筒不方便，也可以利用两块夹板代替。

（4）拉力器拆卸法。用拉力器来拆卸轴承是一种常用的拆卸方法，拉力器由拉钩及螺纹传动组成。在拆卸时将拉钩挂在内圈上，旋转螺杆并推轴端，即可拆下轴承。由于螺旋副具有增力特性，因此一般的轴承都可以用此法拆卸，如图 2.8 所示。

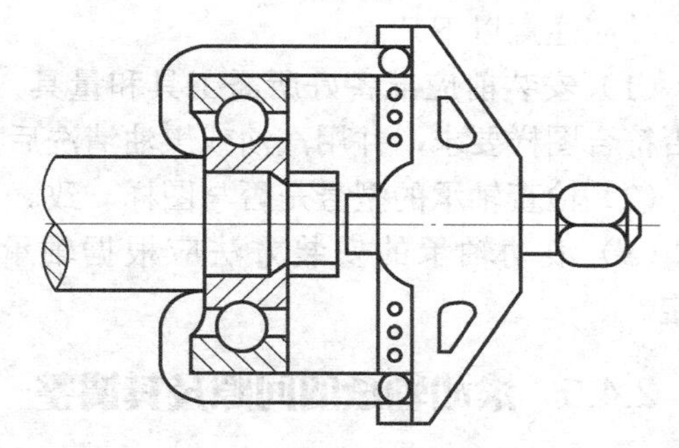

图 2.8　拉力器拆卸轴承

（5）如果用拉力器不能拉出轴承的外圈，可同时用干冰局部冷却轴承的外圈，然后迅速从齿轮中拉出圆锥滚子轴承的外圈。

2. 轴承的清洗

（1）热油清洗法。对于软干油或防锈膏硬化的轴承，应浸在 100～200 ℃的热机油中，用钳子夹住轴承，用毛刷刷干净轴承上的油污。软干油或防锈膏被加热到 100～200 ℃就会熔化，很容易从轴承的缝隙中冲刷出去。有时只要将轴承在油内多次摇晃，油污也会从缝隙中流走。

在清洗旧电动机或进口电动机的向心球面轴承时，应把滚珠、珠架和内环从外环中横向转出后再浸入热油中，短圆柱滚子轴承清洗时也应将滚子、珠架、内环和外环脱开。

在用热油清洗时，油的温度不应超过 20 ℃。若用明火直接加温时，应注意防止将油烧着，轴承要悬挂在油锅中，沉底时将会引起过热而降低硬度。

（2）一般清洗法。把轴承放在煤油中浸泡 5～10 min，一只手捏住内环，另一只手转动外环，轴承上的软干油或防锈膏就会掉下来。然后将轴承放进较清洁的煤油中，用细软的毛刷刷洗，把滚珠和缝隙内的油污洗净，再放到汽油里清洗一次，取出后放在干净的纸上。向心球面轴承和短圆柱滚子轴承清洗时应将滚珠、珠架、内环与外环分开清洗。

装在轴上的轴承的清洗，主要靠淋油或用油枪喷射的方法。容易清洗掉的油污先用煤油后用汽油；对于难以清洗掉的油污，先用 100～200 ℃的热机油淋洗或油枪喷射，再用汽油清洗。一定要注意不要用锋利的工具刮轴承上硬结的油垢或锈蚀，以免损坏轴承滚动体和槽环部位的光洁度。洗净的轴承用干净的布擦干。

3. 滚动轴承的检查

对于滚动轴承，应着重检查内圈、外圈滚道，整个工作表面应光滑，不应有裂纹、微孔、凹痕和脱皮等缺陷。滚动体的表面也应光滑，不应有裂纹、微孔和凹痕等缺陷。此外，保持器应完整，铆钉应紧固。如果发现滚动轴承的内、外圈有间隙，不要轻易更换，可通过预加载荷调整，消除因磨损而增大的间隙，提高其旋转精度。

2.4.4　滚动轴承的装配

滚动轴承是由内圈、外圈、滚动体和保持架组成的，它是使相对运动的轴和轴承座处于滚动摩擦的轴承部件。滚动轴承具有摩擦系数小、效率高、轴向尺寸小和装拆方便等优点，广泛地应用于各类机器设备。滚动轴承是由专业工厂大量生产的标准部件，其内径、外径和轴向宽度在出厂时已确定，因此滚动轴承的内圈是基准孔，外圈是基准轴。

滚动轴承是一种精密部件，安装时应十分重视装前的准备工作和安装过程的工作质

量，并应注意以下几点。

（1）安装前应准备好所需工具和量具，对与轴承相配合的各零件表面尺寸应认真检查是否符合图样要求，并用汽油或煤油清洗后擦净，涂上系统消耗油（机油）。

（2）检查轴承的型号是否与图样一致。

（3）滚动轴承的安装方法应根据轴承的结构、尺寸大小及轴承部件的配合性质来确定。

2.4.5 滚动轴承的间隙及其调整

滚动轴承的间隙具有保证滚动体正常运转、润滑及热膨胀补偿作用。但是滚动轴承的间隙不能太大，也不能太小。间隙太大，会使同时承受负荷的滚动体减少，单个滚动体负荷增大，降低轴承寿命和旋转精度，引起噪声和振动；间隙太小，容易发热，磨损加剧，同样影响轴承寿命。因此，轴承安装时，间隙调整是一项十分重要的工作。

常用的滚动轴承间隙调整方法有垫片调整法、螺钉调整法、综合调整法 3 种。

2.4.6 滚动轴承装配的预紧

预紧是指在安装轴承时预先对轴承施加轴向载荷，使滚动体和内、外圈之间产生一定的预变形，使轴承带负游隙运行。

预紧的作用是增加轴承的刚度，提高旋转精度，延长轴承寿命。

预紧量应根据轴承的受载情况和使用要求合理确定，预紧量过大，轴承的磨损和发热量增加，会导致轴承的寿命降低。

对成对使用的角接触轴承进行预紧，可提高其工作刚度。

预紧量控制的一般方法有：加金属垫片，磨窄套圈，或调整两轴承之间内、外套筒的宽度。

2.5 齿轮传动的维修与装配

2.5.1 齿轮传动的特点及应用

齿轮传动是最常用的传动方式之一，它依靠轮齿间的啮合传递运动和动力。其特点是能保证准确的传动比，传递功率和速度范围大，传动效率高，结构紧凑，使用寿命长，但齿轮传动对制造和装配要求较高。

齿轮传动的类型较多，按不同的分类方式，可分为直齿、斜齿、人字齿轮传动；也可分为圆柱齿轮、圆锥齿轮及齿轮齿条传动等。

2.5.2 齿轮传动的失效形式及防止措施

1. 工作条件

通过齿面接触传递动力，两齿面相互啮合，既有滚动，又有滑动。

齿轮表面受到交变接触压应力及摩擦力的作用；齿根部受到交变弯曲应力的作用，换挡时会受到冲击。安装不良会使齿面接触不良。

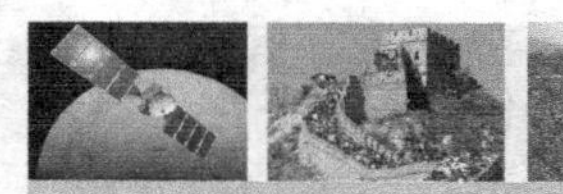
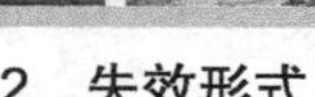

2. 失效形式

轮齿失效形式包括轮齿折断、齿面损伤失效，如点蚀、磨损、塑性变形等。

1）轮齿折断

从损伤机理上分类有：疲劳折断；悬臂梁受到弯曲变应力或应力集中，齿根受拉侧疲劳裂纹扩展到折断；过载折断冲击载荷过大；短时严重过载；轮齿磨损严重导致静强度不足而折断。

从形态上有整体折断、局部折断两种形式。

从设计角度上讲，齿轮应进行齿根抗弯强度的计算。从工艺角度上讲，增大齿根过渡圆角半径、降低表面粗糙度、齿面进行强化处理、减轻齿面加工损伤等，有利于提高轮齿抗疲劳折断能力；增大轴及支承的刚度，尽可能消除载荷的分布不均匀现象，则有可能避免轮齿的局部折断。

2）点蚀

齿轮工作时，长期在脉动循环应力的作用下，会出现微小的金属剥落而形成一些浅坑现象。点蚀一般发生在润滑良好的闭式齿轮传动中。具体部位一般在节线附近，相对滑动速度小，难以形成润滑油膜；直齿轮传动，接触应力也较大，容易发生点蚀。

为降低点蚀，可以采取以下措施：从设计上，齿轮应进行齿面接触强度的计算。从工艺上，应提高齿面硬度，降低齿面粗糙度；采用合理变位；采用黏度较高的润滑油；减小动载荷等。

3）齿面胶合

胶合是指相啮合齿面的金属在一定的压力下直接接触发生黏着，同时随着齿面的相对运动使金属从齿面上撕脱而引起的磨损现象。

胶合类型包括热胶合、冷胶合两种情形，其中热胶合用于重载、高速下的齿轮传动；冷胶合用于重载、低速下的齿轮传动。胶合一般发生在齿轮顶部。

为提高抗胶合的能力，可以提高齿面硬度，降低齿面粗糙度；另外也可以采用黏度较大（低速传动）或抗胶合能力强（高速传动）的润滑油。

4）齿面磨损

齿面磨损有磨粒磨损、跑合磨损两种形式，磨粒磨损发生在开式齿轮传动中，而跑合磨损一般指轻载下的跑合。

改用闭式齿轮传动是避免齿面磨粒磨损最有效的方法，也可以通过提高齿面硬度，降低齿面粗糙度值，保持良好润滑，来减小磨粒磨损。

5）齿面塑性变形

齿面塑性变形产生的原因是较软的齿轮材料在重载荷或摩擦力的作用下产生塑性流动，从而在主动轮上碾出沟槽、在从动轮上挤出凸棱。此故障多发生在低速、重载和启动频繁的传动中。

可以通过提高轮齿齿面硬度，采用高黏度的润滑油等措施防止或减轻齿面塑性变形。

3. 齿轮的检查

齿轮工作一段时间后，由于齿面磨损，齿形误差增大，影响齿轮的工作性能。因此，要求齿形完整，不允许有挤压变形、裂纹和断齿现象。齿厚的磨损量应控制在不大于0.15倍的模数内。生产中常用专用齿厚卡尺来检查齿厚偏差，即用齿厚减薄量来控制侧隙。还可用公法线百分尺测量齿轮公法线长度的变动量来控制齿轮的运动准确性，这种方法简单易行，在生产中常用。齿轮的内孔、键槽、花键及螺纹都必须符合标准要求，不允许有拉伤和破坏现象。

2.5.3 齿轮的维修

齿轮的维修方法主要是根据齿轮的失效形式、生产技术条件和使用要求确定的。对于中小模数齿轮，备件充足时，一般不进行修复，而是更换新齿轮，但在更换齿轮时，一般成对更换齿轮，以保证啮合性能。当备件无法满足要求时，可用精整方法修复大齿轮，更换小齿轮。对于大模数齿轮的磨损，可用喷涂方法修复尺寸，然后再精整齿面，对于断齿和有裂纹的大模数齿轮，采用镶齿和焊补法修复。

2.5.4 圆柱齿轮的装配与调整

齿轮传动的基本要求是安装位置应正确；齿侧间隙值应符合技术要求；接触斑点分布均匀且位置正确。

齿轮与轴的装配大多是用键来固定的，对于有轴向力的齿轮，为防止轴向移动，用螺钉和紧固圈等在轴上定位。当传动力矩大时，常采用过盈量较大的过渡配合成静配合，此时则需要压力装配或加热装配。

齿轮与轴的装配过程中常见的几种错误形式如下。

1. 圆柱齿轮轴孔松动

（1）现象。齿轮与齿轮轴配合不紧密。

（2）原因分析。齿轮内孔加工不正确，呈喇叭形。

（3）危害性。运转时会出现左右偏摆，加快孔、轴的磨损。同时，运转时振动大，传动效率低。

（4）防治措施。应重新进行齿轮内孔的加工，必要时更换齿轮。

2. 齿轮偏摆

（1）现象。齿轮中心线与轴中心线不重合。

（2）原因分析。装配尺寸误差大。

（3）危害性。当设备运转时，齿轮传动中将会产生径向跳动，同时啮合齿部分由于不断变换节圆尺寸大小，因而产生冲击和噪声；当中心线偏心距过大时，可能发生卡死现象，影响设备的正常运转。

（4）防治措施。齿轮传动系统要正确地进行装配，并进行必要的检查和调整，特别应注意轴与齿轮间的定位键的对位和松紧适度。对已出现的问题，要进行妥善的修整，必要时更换有关部件。

3. 齿轮歪斜

（1）现象。齿轮装配在轴上产生歪斜。

（2）原因分析。装配时粗糙马虎；零部件加工尺寸误差过大。

（3）危害性。齿轮在轴上装配歪斜时，在设备运转过程中将会产生端面跳动，齿轮对在啮合时受力不均，磨损太大。

（4）防治措施。应重新进行装配和调整，如经过检查确实是由于齿轮轴孔加工误差过大，则应更换齿轮。

4. 齿轮副啮合不良

（1）现象。齿轮装配时未贴靠到轴肩位置。

（2）原因分析。传动轴轴头过长；齿轮加工时宽度不够；齿轮装配不正确。

（3）危害性。齿轮装配时未贴靠到轴肩位置，使啮合的两齿轮在轴向的相对位置宽接触，而另一部分齿宽因没有很好的啮合而加重了部分齿的载荷。

（4）防治措施。齿轮在轴上的位置应严格按标准要求正确地进行装配，对存在太大尺寸偏差的部件，应做必要的修整。

5. 齿轮传动不正常

（1）现象。齿轮传动不正常及启动困难。

（2）原因分析。齿轮固定键松动；齿轮齿形不标准或有破损；齿轮装配误差过大；油量过多。

（3）危害性。齿轮磨损加快或断裂，不能正常运转。

（4）防治措施。当齿轮键松动时，应重新固定好；当齿形超标过多或破损时，应进行修整；当齿轮装配不当时，要加以调整；当油量过多时，应按规定加以限量。

2.5.5 圆锥齿轮的装配与调整

圆锥齿轮传动机构的装配与圆柱齿轮传动机构的装配基本类似，不同之处是它的两轴线在锥顶相交，且有规定的角度。圆锥齿轮轴线的几何位置一般由箱体加工精度来决定，轴线的轴向定位以圆锥齿轮的背锥为基准，装配时使背锥面平齐，以保证两齿轮的正确位置，应根据接触斑点偏向齿顶或齿根，沿轴线调节和移动齿轮的位置。轴向定位一般由轴承座与箱体间的垫片来调整。圆锥齿轮做垂直两轴间的传动，因此箱体两垂直轴承座孔的加工必须符合规定的技术要求。

2.5.6 蜗轮蜗杆副的装配与调整

蜗杆传动机构是用来传递两相互垂直轴之间的运动和动力的，两轴交错角为 90°。其传动特点是：传动比大、结构紧凑、有自锁作用、运动平稳、噪声小，但传动效率较低、摩擦和发热量较大，故传递的功率较小，通常 $P \leq 5$ kW。蜗轮齿圈通常用较贵重的青铜制造，成本较高，适合减速、起重等机械。

按蜗杆的形状，蜗杆传动可分为圆柱蜗杆传动、环面蜗杆传动和圆锥蜗杆传动，其中圆柱蜗杆应用较为广泛。

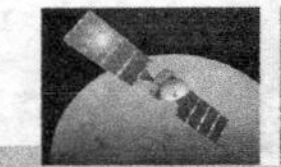

1. 蜗杆传动机构的装配技术要求

（1）蜗杆轴线应与蜗轮轴线相互垂直，蜗杆轴线应在蜗轮的对称平面内。

（2）蜗轮与蜗杆的中心距要准确。

（3）有适当的啮合侧隙和正常的接触斑点。

（4）装配后应转动灵活，无任何卡滞现象，并且受力均匀。

2. 蜗杆传动机构的装配过程

蜗杆传动机构由箱体、蜗轮、蜗杆等零件组成。装配的先后顺序由传动机构的结构形式决定。一般先装蜗轮，后装蜗杆，最后检查调整。

将蜗轮安装到轴上的过程和检测方法与安装圆柱齿轮相同，检测蜗轮、蜗杆的径向圆跳动和端面圆跳动也与圆柱齿轮相同。

箱体是蜗杆传动机构的主体，一般蜗杆轴线位置是由箱体安装孔确定的，蜗杆的轴向位置对装配质量没有影响。为保证蜗杆轴线在蜗轮轮齿的对称中心平面内，蜗轮的轴向位置可通过改变调整垫片厚度或其他方法调整。蜗杆中心线和蜗轮中心线的距离主要靠机械加工精度保证，并通过垫片调整。

复习思考题2

1. 轴类零件如何拆卸？
2. 滑动轴承的安装有哪些具体要求？
3. 滑动轴承有哪些常见故障？危害有哪些？如何防范？
4. 滚动轴承如何拆卸？如何装配？
5. 齿轮的失效形式有哪些？
6. 齿轮有哪些常见故障现象？危害有哪些？如何防范？

第3章

液压系统的故障诊断与维修

学习目标

了解液压系统的组成，掌握液压系统的常见故障现象及解决办法，能利用液压系统原理图分析、判断、解决故障，了解液压泵、液压缸、液压控制阀等常用液压元件的常见故障特点并解决故障。

3.1 液压系统的组成与故障诊断

3.1.1 液压传动系统的组成

液压传动系统是利用各种元件组成所需要的控制回路，完成一定控制功能的传动系统。

液压传动由于在功率重量比、无级调速、自动控制、过载保护等方面具有独特技术优势，使它在各个行业中得到了广泛应用。特别是新型液压系统和元件中的计算机技术、机电一体化技术和优化技术使液压传动正向着高压、高速、大功率、高效、低噪声、低能耗、经久耐用、高度集成化的方向发展。

如图 3.1 所示为简单机床工作台液压传动系统。由图 3.1（a）可知，液压缸固定在床身上，活塞杆与工作台连接做往复运动，液压泵 3 由电动机驱动（图中未画出）经过滤器 2 从油箱 1 中吸油，然后油液经节流阀 5 和换向阀 6 压入工作台液压缸左腔，推动活塞及工作台向右移动，这时工作台液压缸右腔的油液经换向阀 6 排回油箱 1。

若将换向阀 6 的手柄扳向左侧，如图 3.1（b）所示状态，经换向阀 6 压入工作台液压缸左腔的油液经换向阀 6 排回油箱 1。通过换向阀改变油液的通路，实现工作台的往返运动。工作台的移动速度由节流阀 5 来调节。节流阀 5 开口较大时，工作台移动速度较快；节流阀 5 开口较小时，工作台移动速度较慢。

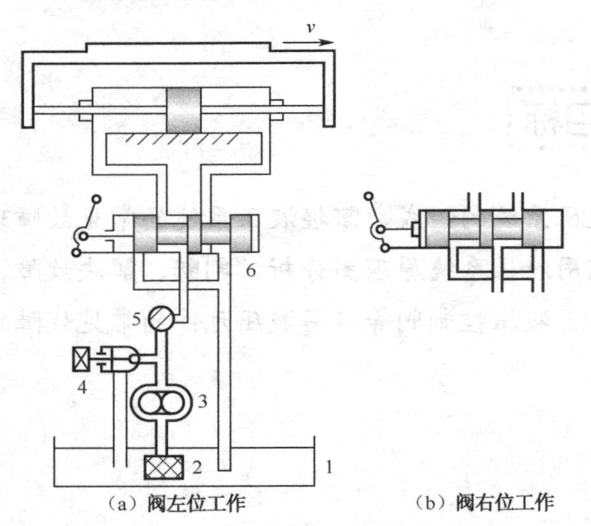

（a）阀左位工作　　（b）阀右位工作

1—油箱；2—过滤器；3—液压泵；4—溢流阀；5—节流阀；6—换向阀

图 3.1　简单机床工作台液压传动系统

调节溢流阀 4 中弹簧的预紧力，就能设定液压泵 3 输出油液的压力。液压油推动液压缸活塞克服阻力推动工作台移动。当压力高于设定值时溢流阀 4 打开，油液由此流回油箱 1，因此，溢流阀 4 起调压、溢流作用。过滤器 2 起过滤和净化油液的作用。

从上述实例可以看出，液压传动系统总共由 5 个部分组成。

（1）动力装置。一般常见的是液压泵，它是将机械能转换成油液压力能的装置，其作用是向液压系统提供压力能，它是液压系统的动力源。

（2）执行装置。常指液压缸和液压电动机，它是将油液压力能转换成机械能的装置，其作用是在压力油的推动下输出力和速度（或力矩和转速）以驱动工作部件。

（3）控制调节装置。它包括压力、流量、方向等控制阀，它是对液压系统中油液压力、流量或方向进行控制和调节的装置。这些元件的不同组合形成不同功能的液压系统，保证执行元件完成预期的工作运动。

（4）辅助装置。它是指除以上三种以外的其他装置，如油箱、过滤器、蓄能器、油管等。这些元件分别起散热、储油、输油、连接、过滤、测量压力和测量流量等作用，它们对保证液压系统可靠和稳定地工作有重大作用。

（5）传动介质，即传动液体，通常是液压油，其作用是实现运动和动力的传递。由此可以看出，液压传动是以密封容积中的受压液体为工作介质来传递运动和动力的。

3.1.2 液压系统的故障原因分析

液压系统在工作中发生故障的原因很多，主要原因在于设计、制造、使用及液压油污染等方面存在故障根源。在液压元件故障中，液压泵的故障率最高，约占液压元件故障率的 30%，所以要引起足够的重视。另外，由于工作介质选用不当和管理不善而造成的液压系统故障也非常多。在液压系统的全部故障中，有 70%～80%的故障是由液压油的污染物引起的，而在液压油引起的故障中约有 90%是杂质造成的。其次便是在正常使用条件下的自然磨损、老化、变质而引起的故障。杂质对液压系统的危害很大，它能加剧元件磨损、增加泄漏、影响性能、缩短寿命，甚至导致元件损坏和系统失灵。下面主要分析由于设计、制造、使用不当和液压油污染引起的故障。

1. 设计原因

液压系统产生故障，一般应首先分析液压系统设计上的合理性。设计的合理性直接关系到液压系统的使用性能，这在引进设备的液压系统故障分析过程中表现得相当突出。其原因与国外的生产组织方式有关，国外的制造商大多数采用互相协作的方式，这就难免出现所设计的液压系统不完全符合设备的使用场合及要求的情况。

例如，某立磨液压机的液压系统在工作过程中由于轧辊位移量很小，主要工作在保压状态，所以系统在保压过程中必须使液压泵处于卸荷状态，才能减少系统的发热量，保证液压油的黏度不至于变化太大，从而保证水泥的生产能力。引进设备的液压系统在设计上采用了常用的溢流阀带载卸荷方式，显然是设计不合理造成的。

设计液压系统时，不仅要考虑液压回路能否完成主机的动作要求，还要注意液压元件的布局，特别注意叠加阀设计使用过程中的元件排放位置。例如，在由三位换向阀、液控单向阀、单向节流阀组成的回路中，液控单向阀必须与换向阀直接相连，同时换向阀必须采用 Y 形中位机能。而在采用 M 形中位机能的电液换向阀的回路中，或者选用外控方式，或者采用带预压单向阀的内控方式，其目的均为确保液控阀的正常换向。

其次要注意油箱设计的合理性、管路布局的合理性等因素。对于使用环境较为恶劣的场合，要注意液压元件外露部分的保护。例如，在冶金行业使用的液压缸的活塞杆常裸露在外，被大气中的污染物所包围。活塞杆在伸出缩回的往复运动中，不仅受到磨粒的磨损与大气中腐蚀性气体的腐蚀，而且还有可能从活塞杆与导套的配合间隙中进入污染物污染

油液，进一步加速液压缸组件的磨损。如果在结构设计中，在活塞杆上加装防护套，保护其外露部分，则可减少或避免上述危害。有的设计人员为了省事，在油箱图纸的技术要求中提出“油箱内外表面喷绿色垂纹漆”，这样制造商自然就不会对油箱内表面进行酸磷化处理，使用一段时间后，随着油箱内表面油漆的脱落，就会堵塞液压泵的吸油过滤器，造成液压泵吸空或压力升不高的故障。

2. 制造原因

整套设备制造和元件制造，经常是在整体设计上没有问题，可是设备在安装调试中总会有意想不到的故障出现。例如，某企业液压元件多功能试验台的阀试验台，调试中发现无法做压力试验，检查后发现连接集成块的油路加工时压力油路和回油油路贯通，压力建立不起来，重新加工后问题解决，顺利完成调试。

又如，控制滑阀的阀体与阀芯配合间隙不当，可能造成泄漏或卡死。阀体与机体结合面在制造中平面度不合格，装后在压紧力作用下变形，致使阀芯卡死于阀体中，使移动受阻或卡死。还有在制造过程中有的阀体未进行可靠的时效处理，在使用中由于残余应力的重新分布而使阀体变形，不仅破坏了原配合性质，而且导致滑阀移动不灵甚至卡死于阀体中。

有的生产厂家在液压系统总装时不对系统进行冲洗，以装配时的元件清洗取代系统装配时对系统的冲洗，使系统内留下了装配过程中带进的污染物，这也是造成系统故障一个不可忽视的原因。液压系统的清洗，是借助液流在一定压力、速度的情况下，对整个系统的各个回路进行冲洗和洗涤。装配前元件的清洗不能代替装配后的系统冲洗。系统装配时有可能使装配的密封件破损，或者金属件碰伤、刮研。管路与元件连接时所用粘接剂、液态密封胶、生料带可能推挤于系统中，导致系统装配后混入污染物。

3. 使用原因

液压系统使用维护不当，不仅会使设备故障频率增加，而且会降低设备的使用寿命。例如，使用设备时超载、超速，环境过差，违章操作，维护保养不及时等，都可能加速液压系统性能的变坏。更有甚者，由于操作人员的误操作，引发更加严重的事故，而不是一般的故障。例如，某消防部门的 65 m 高空作业车，在演习过程中，因为驾驶员的误操作，将伸缩臂在小俯角的情况下快速伸出，引起整车的倾覆事故，造成人员伤亡和财产损失。

使用维护不当产生的故障是非常多的，一些重大事故也往往是在使用维护过程中产生的，所以相关企业部门在使用液压设备时，第一个任务就是进行相关人员的液压技术培训。不仅操作人员要培训，管理人员也要进行培训，了解设备的功能、工作原理、注意事项，同时在使用中要严格执行操作规程，按使用说明书进行操作。只有正确地管理和使用维护，才能使设备充分发挥其功能，减少故障，提高工作可靠性。

4. 液压油污染的原因

75%以上的液压系统故障都是由液压油的污染引起的。在液压系统中，极易造成油液污染的地方是油箱。不少油箱在结构设计和制造上存在着缺陷。最常见的是“封闭性”油箱设计得不合理，例如，在连接处、接管处不加密封，导致污染物渗入油箱。污染的油液进入液压系统中，加速液压元件的磨损、锈蚀、堵塞，最后导致故障的发生。近几年来许多

制造商在油箱结构设计方面对如何减少或杜绝污染物进入油箱这个问题上进行了不少有益的探索和实践。例如，现在采用的全封闭式油箱结构，除了一个与大气相通的通气孔之外，油箱全部采用封闭结构，所有连接处和接管处都设有严格密封装置。加油口盖设置过滤装置构成通气孔，该口因使油箱内液面与大气相通而保证系统正常工作，同时还可以防止外界污染物进入油箱。由于油箱全密闭，所以泵的吸油口处取消了过滤器，系统所有回油经总回油管路上的（回油）过滤器再回到油箱内，从而确保了整个液压系统油液的清洁。这种结构不仅避免了外界污染物对油箱内油液的污染，而且由于吸油口去掉了过滤装置，使吸油阻力大大减少，从而避免了空穴现象的发生。笔者在给一家制鞋企业的液压设备处理“液压系统的压力时有时无”这一故障时，发现现场油箱内的油液已经分层，在离液面 200 mm 以下有明显的胶状物存在，油箱底部存在不少颗粒状沉淀物，卸下液压泵的过滤器一看，几乎全部被堵塞。很显然，系统的故障是由于液压油的污染引起的，通过更换过滤器、更换液压油、清洗油箱，问题得到了圆满的解决。所以，在使用液压油时要把它看作人的血液一样，只有保持足够的清洁度才能确保液压系统的故障率降到最低。

3.1.3　液压系统的故障诊断步骤

1）核实故障现象或征兆

鉴于液压系统故障的复杂性和隐蔽性，首先必须核实故障的现象或征兆。方法是向操作人员和维修人员询问该机器近期的工作性能变化情况、维修保养情况、出现故障征兆后曾采取的具体措施、已检查和调整过的部位等。

2）确定故障诊断参数

液压系统的故障均属于参数型故障，通过测量参数提取有用的故障信息。液压系统的诊断参数有系统压力、系统流量、元件温升、元件泄漏量、系统振动和噪声、电动机转速等。选择诊断参数要依据以下原则：诊断参数要具有良好的灵敏度、易测性、再现性，能够包容尽可能多的故障信息。

3）分析确定故障可能产生的位置和范围

对所检测的结果，对照液压系统原理图进行分析，从构造原理和系统原理上分析，确保故障诊断的准确性，减少误诊。

4）制定合理的诊断过程和诊断方法

5）选择诊断用的仪器、仪表

诊断用的仪器、仪表有光电数字转速表、温度表、秒表、压力表、液压检测仪、各型接头、专用工具等。选择原则是：首先选用对系统元件不做任何拆卸的仪器、仪表；其次选用需连接于系统中的仪器、仪表；最后选用液压测量仪。当故障很复杂时，也可先用液压检测仪来诊断。需要特别注意的是，在未分析确定故障产生的位置和范围之前，严禁任何盲目拆卸、解体或自行调整液压元件，以免造成故障范围扩大或产生新的故障，使原有的故障更加复杂。

6）排除故障，使设备正常工作

7）写出工作报告

总结经验，记载归档的目的是提高处理故障的效率，并且防止相同的故障再次发生。

3.1.4 液压系统的故障诊断方法

1. 感官诊断法

感官诊断法又称初步诊断法，是液压系统故障诊断的一种最为简易且方便易行的方法。这种方法通过“看、听、摸、闻、阅、问”六字口诀进行。直观检查法既可在液压设备工作状态下进行，也可在其不工作状态下进行。

（1）看。观察液压系统的实际工作情况。

一看速度，指执行元件运动速度有无变化和异常现象。

二看压力，指液压系统中各压力监测点的压力大小及变化情况。

三看油液，观察液压油的颜色以检测其污染程度，一般用透光玻璃瓶盛工作油液静置 1 h 后进行观察。若液压油清澈透明无色，则为未污染的液压油；若液压油呈混浊白色，且瓶的上部清而下部浑为水分混入污染，瓶的下部清而上部浑为空气混入污染；若液压油呈深浅不匀的混浊红褐色，则为混入铁锈及灰泥污染；若液压油呈赤褐色或茶褐色，则为高温和氧化污染变质；若液压油透明但色变淡，则为异种油液混入，如果黏度合适，尚可使用。油液表面是否有泡沫，油量是否在规定的油标线范围内，油液的黏度是否符合要求，油温表是否在 30～50 ℃的最佳温度范围，是否超过规定温度的允许值等。

四看泄漏，指各连接部位是否有渗漏现象。

五看振动，指液压执行元件在工作时有无跳动现象。

六看产品，根据液压设备加工出来的产品质量，判断执行机构的工作状态、液压系统的工作压力和流量稳定性等。

七看油箱，查看油箱液面高度是否符合要求，液压泵吸油时是否因吸油波动而导致油箱液面下降，从而造成吸油管和过滤器瞬时露出液面，还要查看油箱和回油管是否有气泡。

（2）听。正常的设备运转声响有一定的音律和节奏并保持持续的稳定。因此，从实践中积累，熟悉和掌握这些正常的音律和节奏，就能准确判断液压设备是否运转正常，同时根据音律和节奏变化的情况及不正常声音产生的部位可分析确定故障发生的部位和损伤情况。

① 高音刺耳的啸叫声通常是吸进空气，如果有气蚀声，可能是滤油器被污染物堵塞，液压泵吸油管松动，密封破损或漏装，或者油箱油面太低及液压油劣化变质、有污染物、消泡性能降低等原因。

②“嘶嘶”声或“哗哗”声表示排油口或泄漏处存在较严重的漏油漏气现象。

③“嗒嗒”声表示交流电磁阀的电磁铁吸合不良，可能是电磁铁可动铁芯与固定铁芯之间有油漆片等污染物阻隔，或者是推杆过长。

④ 粗沉的噪声往往是由于液压泵或液压缸过载而产生的。

⑤ 液压泵“喳喳”声或“咯咯”声，往往是由于泵轴承损坏及泵轴严重磨损、吸进空气而产生的。

⑥ 尖而短的摩擦声往往是两个接触面发生干摩擦，也有可能是该部位拉伤。

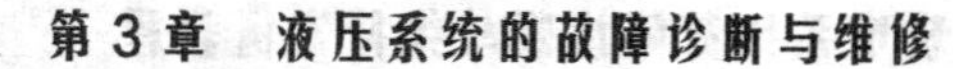

⑦ 冲击声音低而沉闷，往往是由于液压缸内有螺钉松动或有异物碰击等。

（3）摸。用手触摸允许摸的运动部件，了解其工作状态。

一摸温升，用手摸液压泵、油箱和阀类元件外壳表面，若接触 2 s 感到烫手，就应检查温升过高的原因。

二摸振动，用手摸运动部件和管路的振动情况，若有高频振动应检查产生的原因。

三摸爬行，当工作台在轻载低速运动时，用手摸有无爬行现象。

四摸松紧程度，用手触摸挡铁、微动开关和紧固螺钉等的松紧程度。

五摸磨损，用手指抚摸液压元件的磨损零件，可判断其磨损、拉伤及破坏程度，若手指触摸被磨损零件表面有光滑感，则为磨料磨损；若手指有刺挂感，则为黏着磨损。

（4）闻。用嗅觉器官辨别油液是否发臭变质，橡胶件是否因过热发出特殊气味等。如果有“焦化”油味，则可能是液压泵或液压电动机由于吸入空气而产生气蚀，气蚀后产生高温把周围的油液烤焦。嗅闻液压油是否有恶臭味或刺鼻的辣味，若有，则说明液压油已严重污染，不能继续使用。嗅闻工作环境中是否有异味，以判断电气元件绝缘是否烧坏等。

（5）阅。查阅有关故障分析和维修记录、日检和定检卡及交接班记录和维修保养情况记录。

（6）问。询问设备操作人员，了解设备平时的运行状况。

一问液压系统工作是否正常，液压泵有无异常现象。

二问液压油更换时间，滤网是否清洁。

三问发生事故前压力或速度调节阀是否调节过，有哪些不正常现象。

四问发生事故前是否更换过密封件或液压件。

五问发生事故前后液压系统出现过的不正常现象。

六问过去经常出现的故障，以及排除方法。

2. 参数测量法

一个液压系统工作是否正常，关键取决于液压系统的两个主要工作参数量是否正常，即压力和流量是否处于正常的工作状态，以及系统温度、泵组功率等重要辅助参数正常与否。液压设备在一定的工况下，每个部位都有一定的稳态值，即任何液压系统工作正常时，其工作参数值都应在工况值附近。若液压系统的工作参数值与设备正常工况值不符，出现了异常变化，则说明液压系统的某个元件或某些元件有了故障。为此，只要测得液压系统检测点的工作参数，如温度压力、流量、泄漏量及功率等，将其与系统工作正常值相比较，即可判断系统工作是否正常，是否发生了故障及故障的所在部位。

为了减少拆装的工作量，并在尽可能接近液压系统实际工况条件下测试，检测回路通常与被检测系统并联连接。对于复杂精密的液压设备的检测，还可利用检测仪测试所得参数，如压力、流量、温度等非电物理量进行分析。先将这些物理量转换成电量，然后再利用数据处理系统进行放大、转换和显示等处理，被测参数可用电信号代表并显示，再通过与系统工作正常值相比较来判断系统工作是否正常。这种测试对于液压系统的状态监测及诊断十分有效，整个液压系统及其部件均可通过该测试来检查其各个性能参数。

通过系统分析法，判断出液压系统故障所涉及范围的大致位置后，再采用测试仪检测，把系统故障所涉及的范围缩小到最小，即可很快判断出故障的位置。使用参数测量法

测量时，不用停机，因此不但可以诊断已有故障，而且还可以进行在线监测和预报潜在故障。这种预报和诊断是定量的，大大提高了诊断速度和准确性。对于简单的液压系统，这种检测方法可不用传感器直接测量，检测速度快，误差小，检测设备简单，便于在生产现场推广。

3. 对比替换检查法

这是在缺乏测试仪器时检查液压系统故障的一种有效方法，有时应结合替换法进行。一种情况是用两台型号、性能参数相同的机械进行对比试验，从中查找故障。试验过程中可对机械的可疑元件用新件或完好的元件进行代换，再开机试验，如性能变好，则故障即知；否则，可继续用同样的方法或其他方法检查其余部件。另一种情况是目前许多大中型机械的液压系统采用了双泵或多泵双回路系统，对这样的系统，采用对比替换法更为方便，而且现在许多系统的连接采用了高压软管连接，为替换法的实施提供了更为方便的条件。遇到可疑元件，要更换另一网路的完好元件时，不用拆卸元件，只要更换相应的软管接头即可。例如，在检查一台双回路系统挖掘机时，有一回路工作无力，怀疑液压泵工作不正常，拆下后用手试验进油口吸力，与另一回路液压泵相比感觉差距较大，认为可能是磨损严重，由于一时无法维修，换新泵试验，但故障依旧，结果既浪费时间又没有成效。因为用人工去转动泵轴的速度是远远达不到实际要求的，从而用进油口吸力大小判断泵的好坏也没有根据。当时如果交换两回路的液压泵软管接头，一次就可排除其存在故障的可能性。

4. 逻辑诊断法

逻辑诊断法是把系统划分为多个功能单元进行分析，逐渐逼近发生故障的部位，最终找出产生故障的原因，然后检修。逻辑诊断法是根据液压系统的特点，分析诊断对象的逻辑关系、系统参数及系统分布结构，以控制源头为基础的诊断方法。为了避免盲目查找故障，工程技术人员必须根据液压系统的基本原理进行逻辑分析，减少怀疑对象，逐步逼近。

对于较为简单的液压系统，列出液压系统的典型故障及故障诱因图表。列图表时根据故障现象，按照动力元件、控制元件、执行元件的顺序在液压系统原理图上正向推理分析故障原因（结合前面几种方法检查的结果进行）。然后使用该图表对液压系统故障进行初步诊断，诊断时应尽可能按表中顺序查找，以便使初步诊断工作既省时又准确。

如图 3.2 所示的液压系统，油缸克服负载做横向往复运动，工作周期为 6～8 个循环每小时，每天 24 h 工作。故障现象是液压缸可以伸出，但不能自行缩回，需用其他油缸将其顶回。

分析过程如下：首先进行初始检查，检查结果为活塞伸出行程压力稳定；活塞到达行程

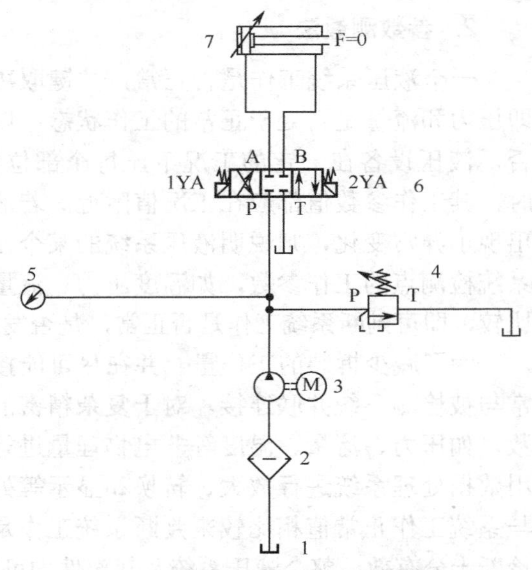

1—油箱；2—过滤器；3—液压泵；4—溢流阀；5—压力表；6—换向阀；7—液压缸

图 3.2　液压系统原理图

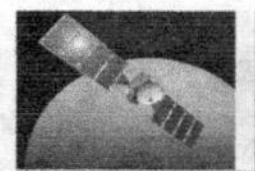

末端，在电磁阀失电前压力上升到安全阀的调定值；电磁阀得电后，经过短时间的延迟，压力上升到安全阀的调定值。由于本例是一个简单的回路，可以把整个回路看作一个部分来研究。若在复杂系统中，如多缸系统，本例可能仅是系统的某一部分。

对故障现象列出故障诱因图表，寻找相关液压元件，直到找出故障元件。系统逻辑诊断内容如表 3.1 所示。用逻辑推理分析判断，最终找出故障的原因，可能是活塞与活塞杆分离，经过拆卸检修，排除故障。

表 3.1　系统逻辑诊断内容

元　件	故障判断	逻辑分析
泵	无	故障仅出现在回程，若泵有故障，则影响往返行程
吸油口过滤器	无	同泵
安全阀	无	如果回缩行程的调定压力调得太低，会造成油缸不动作，但不会造成回路的压力延迟（适当提高其调定值后故障仍不能排除）
电磁阀	无	如果 1YA 不能吸合到位，将造成流量不足，而不是时间延迟
液压缸	无	密封可能损坏（但活塞伸出运行正常，说明活塞与缸筒间的密封尚可；活塞杆与缸筒间的密封可通过有无外泄判断）；外部导轨松动（检查连接部分）；活塞与活塞杆分离（拆卸检查）

又如，“液压系统中液压缸无动作”这个故障。液压缸无动作首先应检查判断液压泵工作是否正常，若不正常，则应维修或更换；若正常，则应查看换向阀是否换向。若不换向，则应再查找原因，并采取相应对策；若换向，则说明换向阀无问题，应再查看溢流阀工作状况等。这样按液压缸无动作逻辑诊断流程图 3.3 所指引的路线逐步查找下去，即可排除某些因素，将故障范围缩小，根据缩小后的范围再上机检查、分析，就一定能找出液压缸不动作的原因。

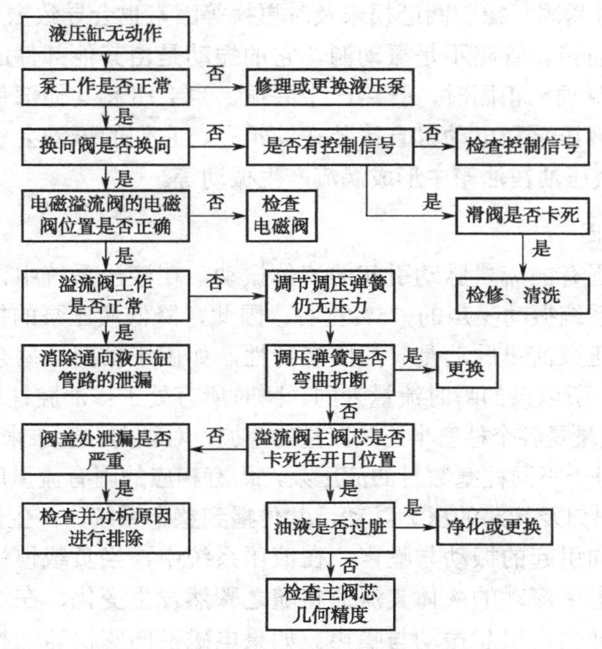

图 3.3　液压缸无动作逻辑诊断流程图

对于较为复杂的液压系统，通常可按工作油路和控制油路两大部分分别进行分析。每一部分的分析方法同上。特别是对于先导操纵式液压系统，由于控制油路较为复杂，出故障的可能性也较大，更应进行重点检查与分析。

3.1.5 液压系统常见故障与维修

1. 液压系统振动与噪声故障诊断与维修

液压系统的振动与噪声主要来自两方面：机械振动与噪声和流体振动与噪声。振动与噪声降低了设备的生产效率和生产质量，严重时会引起设备的损坏，影响液压系统的工作性能，缩短液压元件的使用寿命。因此，分析振动与噪声产生的原因，采取有效措施降低其危害，是液压系统使用维护中必须面对和解决的问题。

1）机械振动的原因

（1）回转零件的不平衡。液压系统中的电动机、液压泵和液压电动机等在高速旋转时，如果转动部分不平衡则会产生周期性的不平衡离心力，从而引起轴的弯曲振动，产生噪声。这种振动通过安装机座或管路传给油箱、其他管路或集成块时，会造成油箱、其他管路或集成块的振动，进一步产生了噪声。此外，电动机还会产生由通风引起的振动（如风扇）和电磁振动。

（2）联轴器引起的振动与噪声。联轴器是液压系统的主要机械连接部分。如果联轴器选用不恰当则会产生很大的振动。液压泵传动轴不能承受径向力和轴向力，因此不允许在轴端直接安装带轮、齿轮、链轮，通常用联轴器连接驱动轴和泵传动轴。如因制造原因，泵与联轴器同轴度相差较大，装配时又存在偏差，随着泵的转速提高，离心力加大，联轴器变形，变形大又使离心力加大，造成恶性循环，其结果产生振动，从而影响泵的使用寿命。此外，联轴器柱销松动未及时紧固、橡胶圈磨损未及时更换等因素也会导致振动与噪声。

（3）管路、阀和油箱。管路不是振动源，它的振动是由其他部件的振动引起的。当管路的固有频率与振动源频率相同时，管路产生共振，也会引起其他部件的振动。油箱本身也产生振动，但由于液压泵和电动机直接装在油箱上，它们的振动会引起油箱的共振，使振动进一步扩大，或液压油在油箱中形成涡流产生振动等。

2）流体振动的原因

（1）液压泵本身固有的流量脉动引起的流体振动。在液压系统中，液压泵是主要振动源，其振动量占整个系统振动噪声的 75%左右。因此，降低液压泵的振动是提高产品性能指标的重要措施。液压泵流量脉动是泵的固有特性，如由于轴向柱塞泵有多个柱塞，同时又有排油腔和进油腔，所以泵的瞬时流量为同一瞬时所有处于排油腔柱塞的瞬时流量之和，即轴向柱塞泵的输出流量是各个柱塞半正弦流量的叠加。对轴向柱塞泵来说，流量脉动是轴向柱塞泵固有的特性。对于不同柱塞数目的液压泵，均有相应的固有流量脉动。由于液压泵的流量脉动势必引起泵出口及管路的压力脉动，并传播到整个系统，产生流体噪声。

（2）方向阀的换向引起的振动与噪声。在液压系统中，当负载惯性比较大时，由于方向阀突然换向，在管道中流动的液体其流速将随之骤然发生变化，在这一瞬间，液体动能的转化都会造成压力冲击而引起振动与噪声。如果电磁换向阀快速切换时，油路突然关闭或油液突然换向，以及溢流阀突然打开使液压泵卸载，都会产生液压冲击。液压冲击不仅

会引起巨大的振动与噪声，而且当压力峰值过大时足以使液压系统受到损坏。

（3）气穴引起的振动与噪声。液压油中一般混入2%～5%的空气，因此在液压系统工作时很容易发生气穴。气穴发生后，气泡随着油液流到压力较高的部位处会因受不了高压而破灭，产生较大的压力波动，使系统振动，产生噪声。

（4）紊流与涡流。在液压系统的油液流动通道内，由于流通截面或流动方向发生变化，流速与压力也会发生相应的变化，当变化急剧时就会产生紊流与涡流现象。这种紊流与涡流，由于显著地加大了油液与管壁或泵、阀体壁的相互作用而产生振动与噪声。

3）降低液压系统振动与噪声的措施

（1）设计中选用低噪声电动机、低噪声泵及元器件，并使用弹性联轴器，降低泵的转速。

（2）采用上置式油箱，改善泵吸油阻力，排除系统空气，设置泄压回路，延长阀的换向时间，使换向阀芯带缓冲锥度或切槽，采用滤波器，加大管径等。

（3）用蓄能器和橡胶软管，减少由压力脉动引起的振动，蓄能器能吸收10 Hz以下的噪声，而高频噪声用液压软管十分有效。

（4）采用立式电动机将液压泵浸入油液中，减少气体噪声。

（5）尽量用液压集成块代替管道，以减少振动。

（6）采用平衡电动机转子，在电动机、液压泵和液压阀的安装面上应设置防振胶垫，采用更换电动机轴承等方法进行维修。

（7）用带有吸声材料的隔音罩，给液压泵加罩能有效降低噪声。

（8）选用合适的管夹子，注意安装距离和固定强度。

（9）安装液压泵与电动机联轴器时要确保同心度。

（10）与外界振源隔离或消除外界振源，增强与外负载的连接件刚度。

（11）两泵出油口汇流处多为紊流，可使汇流处稍微拉开一段距离，汇流时不要使两泵出油流向呈对向汇流，而是呈小于90°的夹角。

（12）选用带阻尼的电液换向阀，并调节换向阀的换向速度。

2. 液压传动系统压力失控故障诊断与维修

液压传动系统压力失控是最为常见的故障，它主要表现为系统无压力、压力不可调、压力波动、卸荷失控等。

1）“系统无压力”故障诊断与维修

（1）设备在运行过程中，系统突然压力下降至零并无法调节。

发生这种故障多数情况是调压系统本身的问题，可能的原因是：溢流阀阻尼孔被堵住；溢流阀的密封端面上有异物；溢流阀主阀阀芯在开启位置卡死；卸荷换向阀的电磁铁烧坏，电线断掉或电信号未发出；对于比例溢流阀还有可能是电控制信号中断。

维修方法：清洗或更换溢流阀；检修或更换卸荷换向阀；检修或更换比例溢流阀。

（2）设备在停开一段时间后，重新启动，压力为零。

发生这种故障可能的原因是：溢流阀在开启位置锈蚀；液压泵电动机反转；液压泵因滤油器阻塞或吸油管漏气吸不上来油。

维修方法：清洗或更换溢流阀；检修电动机接线；检查滤油器和吸油管。

（3）设备经检修元件装拆更换后出现压力为零现象。

发生这种故障可能的原因是：液压泵未装紧，不能形成工作容积；液压泵内未装油，不能形成密封油膜；换向阀阀芯装反，如果系统中装有 M 形中位的换向阀，一旦装反，就会使系统泄压。

维修方法：装紧或检修液压泵；正确安装换向阀阀芯。

2）“系统压力升不高，且调节无效”故障诊断与维修

此故障一般由内泄漏引起，主要原因如下。

（1）液压泵磨损，形成间隙，系统压力调不上去，同时也会使输出流量下降。

（2）溢流阀主阀阀芯与配合面磨损，使溢流阀的控制压力下降，引起系统压力下降。

（3）液压缸或液压电动机磨损或密封损坏，使系统下降或无法保持原来的压力，如果系统中存在多个执行元件，某一执行元件动作压力不正常，其他执行元件压力正常，则表明此执行元件有问题。

（4）系统中有关阀、阀板存在缝隙，形成泄漏，也会使系统压力下降。

维修方法如下。

（1）检修或更换液压泵。

（2）检修或更换溢流阀。

（3）检修或更换液压缸或液压电动机。

（4）检修或更换有关阀、阀板。

3）“系统压力居高不下，且调节无效”故障诊断与维修

此故障的原因一般是溢流阀失灵。当溢流阀主阀阀芯在关闭位置上被卡死或锈蚀时，必然会出现系统压力上升且无法调节的症状。当溢流阀的先导阀油路被堵死时，控制压力剧增，系统压力也会突然升高。

维修方法：清洗、检修或更换溢流阀。

4）“系统压力波动”故障诊断与维修

此故障原因如下。

（1）液压油内混入了空气，系统压力较高时气泡破裂，引起系统压力波动。

（2）液压泵磨损，引起系统压力波动；导轨安装及润滑不良，引起负载不均，进而引起压力波动。

（3）溢流阀磨损，内泄漏严重。

（4）溢流阀内混入异物，其内部状态不确定，引起压力不稳定。

维修方法如下。

（1）排净系统中的空气。

（2）检修或更换液压泵。

（3）重新安装导轨，加强润滑。

（4）检修或更换溢流阀。

5）“卸荷失控”故障诊断与维修

对于通过溢流阀卸荷的液压系统，“卸荷失控”故障的主要症状是卸荷压力不为零，引起这类故障的原因是：溢流阀主弹簧预压缩量太大，弹簧过长或主阀芯卡滞等。

维修方法：检修或更换溢流阀。

3. 液压系统温升故障诊断与维修

一般情况下，液压系统的正常工作温度为 40～60 ℃，超过 60 ℃就会给液压系统带来不利影响。

1）造成液压系统过热故障的原因

液压系统在使用过程中经常出现过热现象。通过分析，造成过热的原因主要有以下几个方面。

（1）液压系统设计不合理。

① 液压系统油箱容量设计太小，散热面积不够，而且又没有设计安装冷却装置，或者虽有冷却装置但其容量过小。

② 选用的阀类元件规格过小，造成通过阀的油液流速过高而压力损失增大导致发热，如溢流阀规格选择过小，差动回路中仅按泵流量选择换向阀的规格，便会出现这种情况。

③ 按快进速度选择液压泵容量的定量泵供油系统，在工作时会有大部分多余的流量在高压（工作压力）下从溢流阀溢流而发热。

④ 系统中未设计卸荷回路，停止工作时液压泵不卸荷，泵的全部流量在高压下溢流，产生溢流损失发热，导致升温。

⑤ 液压系统背压过高。如在采用电液换向阀的回路中，为保证换向的可靠性，阀不工作时（中位）也要保证系统一定的背压，如果系统流量大，则这些流量会以控制压力从溢流阀溢流，造成升温。

⑥ 系统管路太细太长、弯曲多、截面变化频繁等，局部压力损失和沿程压力损失大，系统效率低。

（2）加工制造质量差。液压元件加工精度及装配质量不良，相对运动件间的机械摩擦损失大；相配件的配合间隙太大，内、外泄漏量大，造成容积损失大，温升快。

（3）系统磨损严重。液压系统中的很多主要元件都是靠间隙密封的，如齿轮泵的齿轮与泵体，齿轮与侧板，柱塞泵、电动机的缸体与配油盘，缸体孔与柱塞，换向阀的阀杆与阀体，其他阀的滑阀与阀套、阀体等处都是靠间隙密封的。一旦这些液压件磨损增加，就会引起内泄漏增加，致使温度升高，从而使液压油的黏度下降，因此又会导致内泄漏增加，造成油温的进一步升高。

（4）系统用油不当。液压油是维持系统正常工作的重要介质，保持液压油良好的品质是保证系统传动性能和效率的关键。如果误用黏度过高或过低的液压油，都会使液压油过早变质，造成运动副磨损而引起发热。

（5）系统调试不当。系统压力是用安全阀来限定的，安全阀压力调得过高或过低，都会引起系统发热的增加。如安全阀限定压力过低，当外载荷加大时，液压缸便不能克服外负荷而处于滞止状态。这时安全阀开启，大量油液经安全阀流回油箱；反之，当安全阀限定压力过高，将使液压油流经安全阀的流速加快，流量增加，系统产生的热量就会增加。

另外，制造和使用过程中，如果系统调节不当，尤其是阀类元件调整不到位，阀杆的开度达不到设定值，也会导致系统温度升高。

（6）操作使用不当。使用不当主要表现在操作时动作过快过猛，使系统产生液压冲击。如操作时经常使液压缸运动到极限位置而换向迟缓，或者使阀杆挡位经常处于半开状态而产生节流，或者系统过载，使过载阀长期处于开启状态，启闭特性与要求的不相符，或者压力损失超标等因素都会引起系统过热。

（7）液压系统散热不足。

① 液压系统散热器和油箱被灰尘、油泥或其他污染物覆盖而未清除，就会形成保温层，使传热系数降低或散热面积减小而影响整个系统的散热。

② 排风扇转速太低风量不足。

③ 液压油路堵塞（如回油路及冷却器由于污染物、杂质堵塞，引起背压增高，旁路阀被打开，液压油不经冷却器而直接流向油箱），引起系统散热不足。

④ 连续在温度过高的环境工作较长时间，液压系统温度会升高；或者工作环境与原来设备的使用环境温度相差太大，也会引起系统的散热不足。

2）液压系统过热故障维修方法

为保证液压系统的正常工作，必须将系统温度控制在正常范围内。当液压系统出现过热现象时，必须先查明原因，再有针对性地采取正确的措施。

（1）按液压系统使用说明书的要求选用液压油，保证液压油的清洁度，避免滤网堵塞，同时应定期检查油位，保证液压油油量充足。

（2）定期检修易损元件，避免因元件磨损严重而造成泄漏。液压泵、电动机、各配合间隙处等都会因磨损而泄漏，容积效率降低也会加速系统温升。应定期进行检修及时更换损坏元件，减少容积损耗，防止泄漏。

（3）严格按照使用说明书要求调整系统压力，避免压力过高，确保安全阀、过载阀等在正常状态下工作。

（4）定期清洗散热器和油箱表面，保持其清洁以利于散热。

（5）合理操作使用设备，操作中避免动作过快过猛，尽量不使阀杆处于半开状态，避免大量高压液压油长时间溢流，减少节流发热。

（6）定期检查动力源的转速及风扇皮带的松紧程度，使风扇保持足够的转速和充足的散热能力。

（7）注意液压系统的实际使用环境温度应与其设计允许使用环境温度相符合。

（8）对因设计不合理引起的系统过热问题，应通过技术革新改造或修改设计等手段对系统进行完善。

4. 速度失控故障诊断与维修

液压系统的速度失控主要表现为爬行、速度不可调、速度不稳定、速度慢等。

1）“爬行”故障诊断与维修

爬行是液压系统在低速运转时产生的时断时续的运动现象，它是液压系统较常见的问题。引起这种故障的原因如下。

（1）油内混入了空气，引起执行元件动作迟缓，反应滞后。

（2）压力调得过低、调不高、漂移下降，同时负载加上各种阻力的总和与液压力大致相当，执行元件表现为似动非动。

（3）系统内压力与流量过大的波动引起执行元件运动不均。

（4）液压系统磨损严重，工作压力增高则引起内泄漏显著增大，执行元件在未带负载时运动速度正常，一旦带负载，速度立即下降。

（5）导轨与液压缸运动方向不平行，或导轨拉毛，润滑条件差，阻力大，使液压缸运动困难且不稳定。

（6）电路失常也会引起执行元件运动状态不良。

维修方法如下。

（1）排除液压油中的空气。

（2）将系统压力调到合适的值。

（3）使系统内压力与流量过大的波动在合理范围。

（4）检修或更换过度磨损的元件。

（5）检修导轨和液压缸。

（6）检修相关电路。

2）“速度不可调”故障诊断与维修

“速度不可调”故障的原因是节流阀或调速阀故障。

维修方法：检修或更换节流阀或调速阀。

3）“速度不稳定”故障诊断与维修

故障原因如下。

（1）液压系统混入空气后，在高压下气体受压缩，当负载解除之后系统压力下降，压缩气体急速膨胀，使液压执行元件速度剧增。

（2）节流阀的节流口有一个低速稳定性的问题，这与节流口结构形式、液压油污染等相关。

（3）温度的变化引起泄漏量的变化，致使供给负载的流量变化，这与温度变化引起系统压力变化的情形相似。

维修方法如下。

（1）排净系统中的空气。

（2）更换合适的节流阀。

（3）加强系统散热。

4）“速度慢”故障诊断与维修

故障原因如下。

（1）液压泵磨损，容积效率下降。

（2）换向阀磨损，产生内泄漏。

（3）溢流阀调节压力过低，使大量的油经溢流阀流回油箱。

（4）执行元件磨损，产生内泄漏。

（5）系统中存在未被发现的泄漏口。

（6）串联在回路中的节流阀或调速阀未充分打开。

（7）油路不畅通。

（8）系统的负载过大。

维修方法如下。

（1）检修或更换液压泵。

（2）检修或更换换向阀。

（3）将溢流阀压力调到合适的值。

（4）检修或更换磨损过度的执行元件。

（5）堵住泄漏口。

（6）充分打开串联在回路中的节流阀或调速阀。

（7）畅通油路。

（8）将系统的负载减到合理的范围内。

5. 液压系统中压力冲击故障诊断与维修

液压冲击现象是常见的故障之一。在液压传动系统中，由于很快换向或阀口的突然开启或关闭等原因，系统内液体的压力在某一瞬间会突然发生波动。

1）液压冲击产生的原因

（1）阀门骤然关闭或开启。当液体在管道中流动时，如果阀门骤然关闭，液体流速将随之骤然降低到零，在这一瞬间液体的动能转换为压力能，使液体压力突然升高，并形成压力冲击波。反之，当阀门骤然开启时，则会出现压力降低。

（2）执行器的惯性力。高速运转的液压执行器的惯性力也会引起系统中的液压冲击，如工业机械手、液压挖掘机转台的回转电动机在制动和换向时，因排油管突然关闭，但回转机构由于惯性还在继续转动，将会产生压力急剧升高的液压冲击。

（3）元件反应动作不灵敏。液压系统中某些元件反应动作不灵敏，也可能造成液压冲击。例如，限压式变量液压泵，当压力升高时不能及时减小排量就会造成压力冲击，溢流阀不能迅速开启而造成过大压力超调等都会产生压力冲击。

2）液压冲击故障的排除

（1）尽可能延长阀门关闭和运动部件制动换向的时间。运动部件制动换向时间若能大于 0.2 s，冲击就大为减轻。在液压系统中采用换向时间可调的换向阀就可做到这一点。如采用电液换向阀或换向阀采用带锥度台肩的阀芯，可控制主阀芯的移动速度，从而控制换向时间。

（2）正确设计阀口。限制管道流速及运动部件速度，使运动部件制动时速度变化比较均匀。如在机床液压传动系统中，通常将管道流速限制在 4.5 m/s 以下，液压缸驱动的运动部件速度一般不宜超过 10 m/min 等。或者在滑阀完全关闭前减慢液体的流速，如改进换向阀阀芯控制边的结构，即在阀芯的棱边上开长方形或 V 形直槽，或做成锥形节流锥面，较之直角形控制边，液压冲击大为减少；在外圆磨床上，对先导换向阀采取预制动，然后主换向阀快跳至中间位置，工作台油缸左右腔瞬时进压力油（主阀为 P 形），这样可使工作台无冲击地平稳停止。闭式循环走行回路换向阀可采用 H 形，这样当换向阀快跳后处于中间位置时，电动机的两腔互通且通油箱，可减少制动时的冲击压力。

（3）适当加大管道直径，尽量缩短管道长度。加大管道直径不仅可以降低流速，而且可以减小压力冲击波速度值。缩短管道长度的目的是减小压力冲击波的传播时间，必要时还可在冲击区附近设置卸荷阀和安装蓄能器等缓冲装置来达到此目的。蓄能器不但缩短了压力波传播的距离，减小了相应的传播时间，还能吸收冲击压力。

（4）在液压缸端部设置缓冲装置。控制液压缸端部的排油速度（如单向节流阀），使液压缸运动到缸端停止时，平稳无冲击。在某些精度要求不高的工作机械上，也可以使液压缸两腔油路在换向阀回到中位时瞬时互通。

（5）采用软管。增加系统的弹性，以减少压力冲击。

液压系统的压力冲击故障的原因及维修方法如表 3.2 所示。

表 3.2 液压系统冲击常见故障与维修方法

故障现象	故障原因	维修方法
液流换向时产生冲击	液流速度过快，运动部件运动速度变化不均匀	可使换向阀阀芯按控制边切制成 2°～5°的锥角（其原边长视密封边长而定）或开轴向三角缓冲槽
节流缓冲装置失灵产生冲击	液压缸缓冲装置中的钢球与阀座封油不良，端盖处纸垫损坏，活塞的锁紧螺母产生松动，活塞与缸体孔配合间隙过大	调换钢球，研磨阀座接合处，更换新纸垫，旋紧螺母或重新制作活塞（与缸体孔配合间隙为 0.03 mm）
	液压缸缓冲活塞端的缓冲柱塞上设有三角槽，油液经三角槽回油时进行缓冲，当缓冲柱塞外缘与端盖内孔磨损而配合间隙过大时，三角节流槽将不起缓冲作用	根据端盖内孔尺寸重新做活塞及缓冲柱塞；或将此缓冲柱塞磨圆后，表面镀一层硬铬，再根据端盖内孔尺寸调节配合间隙
	液压缸缓冲缸端体外节流阀中节流螺母松动或调整不当	紧固螺母或重新调整
	液动换向阀两端设有单向节流阀（阻尼器），此单向节流阀中节流阀调整不当或单向阀密封不良	拧紧节流阀调节螺钉，适当增大缓冲阻尼，若仍有冲击，可判断为单向阀密封存在问题，再检查单向阀及其阀座密封问题
液压系统内存在大量空气	换向阀内空气时而被压缩，时而被释放，造成液压冲击	检查空气进入处，采取防止措施，排出系统内存在的空气

6. 液压缸的爬行故障诊断与维修

在液压系统中，爬行是一种比较常见的故障。它是发生在液压缸或液压电动机低速运转时出现的时断时续的速度不均匀的运动现象，表现为活塞杆或电动机转子突跳与停止的交替运动，压力表指针不稳定而摆动。

1）液压缸别劲引起爬行故障原因与维修

（1）故障原因。

液压缸在运动中，除推动载荷运动所必须克服的阻力外，还必须克服液压缸本身内摩擦力。如果内摩擦阻力过大，则说明液压缸存在别劲现象。由于液压缸运动时别劲，所以最易出现振动并呈爬行现象。

（2）故障诊断与维修。

① 装配不当。不给液压缸加载，测定其最低工作阻力，如果阻力过高，则说明有别劲现象。这种别劲现象的出现往往是由于液压缸装配不当引起的，因此装配液压缸的过程中，应严格执行装配工艺要求，保证活塞、活塞杆运动时不受变力、扭力作用，保证密封件阻力大小适宜及条件良好等各项要求。

② 载荷的反作用力使液压缸发生歪斜。这种因载荷作用力而导致液压缸别劲，一般在液压缸推动载荷运动时才表现出来。例如，带地脚的液压缸由于地脚刚性不足，在推动载荷运动时，在载荷反作用力作用下，引起地脚挠性变形，从而使液压缸发生歪斜并出现别劲现象。因此，液压缸安装时，除了应有足够的位置精度外，还应有足够的刚性。

2）密封圈引起的爬行故障原因与维修

液压缸产生爬行现象受密封圈的影响很大。一般情况下，应首先检查活塞杆支承密封圈和活塞密封圈是否压得太紧。当液压缸运动速度低于 5 mm/s 出现爬行用其他方法解决无效时，应在密封圈的选择上加以注意。为了消除爬行现象，密封圈必须具备的基本条件为密封材料的动摩擦阻力与静摩擦阻力之差要小；在密封结构上阻力应尽量小，刚性要大，受到拉伸作用后，伸张量要小，理想的密封材料应具有负的阻力特性，即滑动速度增大时，阻力也增大。如用皮革和聚四乙烯材料制作的密封圈，适用于液压缸的低速运动；只含丁腈橡胶的 V 形密封圈，不适用于低速运动

3）液压元件磨损引起的爬行故障原因与维修

（1）泵内零件磨损。由于磨损使间隙增大，引起液压泵输出流量和压力不足或波动。运动件低速运动时，由于运动件的阻力变化，而液压泵不能提供压力变化则必然出现爬行现象。

（2）阀类元件及液压缸磨损。由于磨损间隙变大，使高压腔与低压腔互通，引起压力不足，在外界摩擦阻力变化的情况下，低速运动时也必然出现爬行现象。元件磨损问题分正常磨损与非正常磨损两类。正常磨损可以修复或更换零件；对非正常磨损，一定要找出原因，采取相应措施。

4）工作介质污染引起的爬行故障原因与维修

（1）故障原因。

加速液压油性能的劣化。油液中水和空气及其热能是油液氧化的主要条件，而油液性金属微粒对油的氧化起催化作用。此外油液中的水和悬浮气泡显著降低了运动副间的油膜强度，使润滑性降低，加速氧化变质，产生气蚀，使液压元件加速损坏，导致液压系统出现振动爬行。

（2）故障诊断与排除。

① 减少外来的污染。液压传动系统的管路和油箱等在装配前必须严格清洗，用机械的方法除去残渣和表面氧化物，然后进行酸洗。液压传动系统在组装后要进行全面清洗，最好用系统工作时使用的油液清洗，特别是液压伺服系统最好要经过几次清洗来保证清洁。油箱气孔要加空气滤清器，给油箱加油要用滤油车，对于外露件应装防尘密封，并经常检查，定期更换。液压传动系统的维修，液压元件的更换、拆卸应在无尘区进行。

② 滤除系统产生的杂质。应在系统的相应部位安装适当精度的过滤器，并且要定期检查、清洗或更换滤芯。

③ 控制液压油的工作温度。液压油的工作温度过高会加速其氧化变质，产生各种生成物，缩短其使用期限，所以要限制油液的最高使用温度。

④ 定期检查更换液压油。应根据液压设备使用说明书的要求和维护保养规程的有关规定，定期检查更换液压油，更换液压油时要清洗油箱，冲洗系统管道及液压元件。

7. 系统泄漏故障诊断与维修

系统泄漏分为内漏和外漏，根据泄漏程度分为油膜刮漏、渗漏、滴漏、喷漏等多种表现形式。油膜刮漏发生在相对运动部件之间，如回转体的滑动副、往复运动副；渗漏发生在端盖阀板接合处；滴漏多发生在管接头等处；喷漏多发生在管子破裂、漏装密封处。

故障原因如下。

（1）密封件质量不好、装配不正确、破损，使用时间久老化变质，与工作介质不相容等原因造成密封失效。

（2）相对运动副磨损使间隙增大、内漏增大，或者配合面拉伤产生内、外漏。

（3）油温太高。

（4）系统使用压力过高。

（5）密封部位尺寸设计不正确、加工精度不良、装配不好产生内、外漏。

维修方法如下。

（1）更换质量好的密封件。

（2）调整相对运动副间隙，使它们的配合间隙在正常范围内。

（3）加强冷却，使油温维持在合适的温度。

（4）调节系统压力至正常压力。

（5）重新设计、制造和装配密封件。

8. 动作失控故障诊断与维修

液压系统执行元件的动作失控主要表现在不能按设定的程序开始动作与结束动作，出现意外动作及动作不平稳等现象。

1）不能按设定的程序开始动作故障诊断与维修

该故障是由于换向阀没有正常开启造成的，故障原因如下。

（1）换向阀阀芯卡死。

（2）换向阀顶杆弯曲。

（3）换向阀电磁铁烧坏。

（4）电线松脱。

（5）控制继电器失灵，电信号不能正常传递，以及电路方面的其他原因使电信号中断。

（6）操作不当。有的开关与按钮没有处在正确的位置便会切断控制信号。

（7）串联在回路中的节流阀、调速阀卡死，无法实现正常动作，油液通道中任何一处出现意外堵塞，便不能正常启动。

（8）由于其他原因，液压动力源不能由泄卸状态转入工作状态，也不能正常推动执行

元件运动。

（9）负载部分出现故障，无法推动的情况也是偶尔出现的。

维修方法如下。

（1）检修或更换换向阀。

（2）检修或更换换向阀顶杆。

（3）检修或更换换向阀电磁铁。

（4）重新连接好松脱的电线。

（5）检修或更换有问题的继电器。

（6）正确操作系统中的开关与按钮。

（7）检修或更换节流阀或调速阀。

（8）查明原因，使液压动力源正常由泄卸状态转入工作状态。

（9）查明原因，排除负载部分出现的故障。

2）不能按设定的秩序结束动作故障诊断与维修

该故障是由于换向阀没有正常关闭引起的，故障原因如下。

（1）换向阀阀芯卡死，不能复位。

（2）换向阀弹簧折断，阀芯不能复位。

（3）换向阀的电信号没有及时消失。

维修方法如下。

（1）检修换向阀的阀芯。

（2）更换换向阀弹簧。

（3）检修换向阀电磁铁。

3）出现意外动作故障诊断与维修

该故障主要是由换向阀故障和电信故障引起的，故障原因如下。

（1）换向阀阀芯装反。

（2）换向阀严重磨损。

（3）换向阀的电信号错误。

维修方法如下。

（1）按正确方向重装阀芯。

（2）更换换向阀。

（3）检修换向阀电路。

3.2 液压元件的故障诊断与维修

3.2.1 齿轮泵的故障诊断与维修

1. 齿轮泵的结构与工作原理

国产 CB-B 型齿轮泵的结构如图 3.4 所示。它是分离三片式（三片是指端盖 1、端盖 5 和泵体 4）的结构。泵体内的一对齿轮 3 分别用键固定在主轴 7、从动轴 9 上，主轴 7 由电动机

驱动旋转。

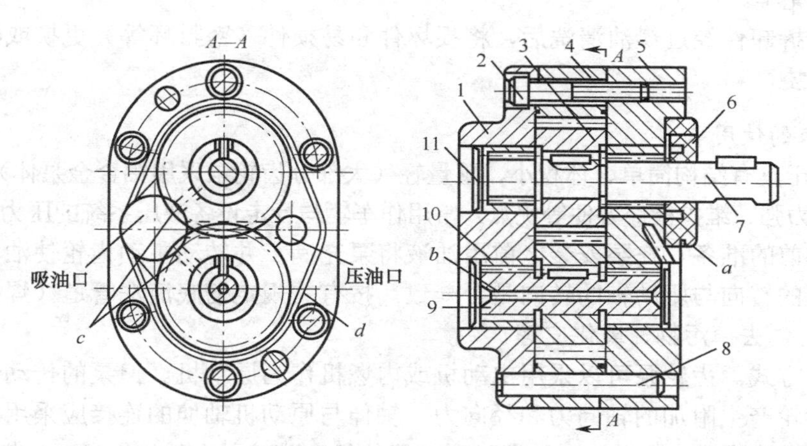

1、5—端盖；2—螺钉；3—齿轮；4—泵体；6—密封圈；7—主轴；8—定位销；9—从动轴；10—轴承；11—堵头

图 3.4　国产 CB-B 型齿轮泵的结构图

如图 3.5 所示为齿轮泵工作原理图。当齿轮泵的两个齿轮按图示方向旋转时，下方吸油腔由于相互啮合的轮齿逐渐脱开，密封工作容积逐渐增大，形成部分真空，油箱中的油液在外界大气压力的作用下，经吸油管进入吸油腔，将齿间槽充满。随着齿轮旋转，油液被带到上方压油腔，由于相互啮合的齿轮逐渐啮合，压油腔容积不断减小，油液便被挤出去，输送到压力管路中。在齿轮泵的工作过程中，只要两齿轮的旋转方向不变，其吸、压油腔的位置也就确定不变。啮合点处的齿面接触线一直分隔着高、低压两腔并起着配油作用，因此在齿轮泵中不需要设置专门的配流机构，这是它与其他类型容积式液压泵的不同之处。

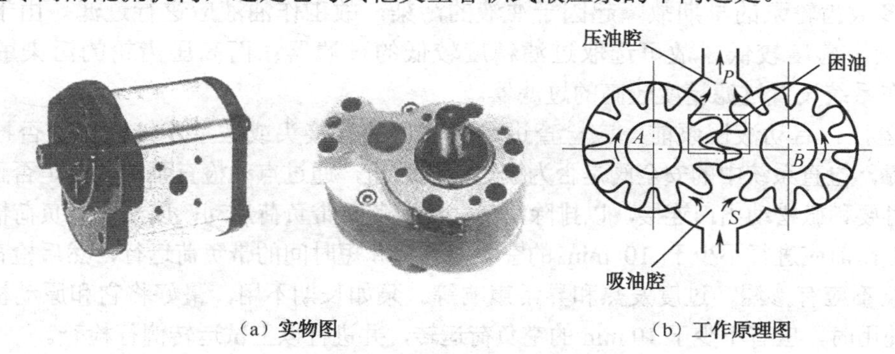

（a）实物图　　（b）工作原理图

图 3.5　齿轮泵工作原理图

2. 齿轮泵的拆装与使用事项

1）齿轮泵的拆装

齿轮泵的正确拆装是齿轮泵故障诊断与维修的基础。齿轮泵的拆装步骤如下。

（1）用内六角扳手拧松 6 个内六角螺钉，用拔销器拔出两个销钉。

（2）把后盖取下，然后取下滚针轴承，放置在事先准备的煤油里。

（3）取下泵体，并用外圆弹簧卡钳把长轴和短轴上的两件弹簧挡圈取出。

（4）把前盖放平（用两块平行垫块放在前盖下面以此躲开长轴顶在案子平面上），用手锤和铜棒轻轻将长轴和短轴敲出，然后将两个齿轮和长、短轴分别取出，再把密封环拆

去，拆卸过程完毕。

（5）所有拆卸件经过煤油清洗后，将损坏件和易损件（密封环等）更换或维修后按逆向顺序完成组装。

2）齿轮泵的使用事项

齿轮泵由于具有结构简单、体积小、重量轻（大部分齿轮泵采用铝合金泵体）、自吸能力强、抗污染能力强、维护检修方便等优点，常用作车辆与行走设备液压系统的压力能源。

（1）安装前的准备。在泵安装之前用油液将泵充满，并转动主动齿轮使油液进入各配合面。检查泵的转向与驱动轴的转向是否一致。按有关规定彻底清洗管道（焊接管道必须酸洗后再冲洗），去掉污物、氧化皮等。

（2）驱动方式。齿轮泵可以采用电动机或内燃机作为原动机。但泵的传动装置不能对齿轮泵主动齿轮产生附加的轴向力和径向力。轴伸与原动机轴伸的连接应采用浮动连接，推荐采用弹性联轴器和十字滑块联轴器。联轴器的径向跳动不大于 0.1 mm，在受到结构限制而采用花键轴直接插入原动机传动轴内花键孔进行驱动时，内花键和花键轴的径向间隙、键的侧向间隙都不小于 0.15 mm，以适应浮动传递转矩、不产生附加径向内力的要求。一般不采用带轮和驱动齿轮直接驱动齿轮泵，若确因结构限制、非用不可的话，应加径向支承，或选用端盖带径向支承轴承的液压泵产品。

（3）吸油高度。泵的吸油高度应尽可能小。泵的自吸能力因排量不同而异，一般要求不低于 16 kPa。通常要求泵的吸油高度不大于 0.5 m，在进油管较长的管路系统中应加大进油管径，以免流动阻力太大，造成吸油不畅，影响泵的工作性能。

（4）油液的选用与过滤。工作油液应严格按照泵的产品样本规定选用，以延长泵的使用寿命。多数齿轮泵的早期故障起因于油液的污染，故工作油液应进行过滤。由于低压齿轮泵的污染敏感度较低，故可选取过滤精度较低的过滤器；而高压齿轮的污染敏感度较高，故应在系统设置过滤精度较高的过滤器。

（5）运行。启动液压泵前，应检查进、出油口的管接头或法兰连接螺钉是否拧紧，密封是否可靠，检查系统中的安全阀是否为调定的压力值，通过点动检查泵的转向是否正确。第一次运行时要稍微松动出口连接，以排除空气。应避免泵带负荷启动，以及在有负荷情况下停车。泵在工作前应进行不少于 10 min 的空负荷运行和短时间的带负荷运行，然后检查泵的工作情况，泵不应有渗漏、过度发热和异常声响等。泵如长期不用，最好将它和原动机分离保管。再度使用时，应有不少于 10 min 的空负荷运转，并进行以上试运转例行检查。

3. 齿轮泵的常见故障与维修

随着使用时间的增长，齿轮泵的容积效率会下降，严重时将不能正常工作，其主要原因是齿轮、传动轴等运转零件与其他相互接触零件的相对滑动造成的表面磨损所致。齿轮泵的磨损部位主要有传动轴与轴套（或滚针轴承）、泵壳内腔与齿轮外表面、齿轮端面与泵盖等。当齿轮泵磨损后其主要技术指标达不到要求时，应将其拆卸查清磨损部位及程度，采取相应办法予以修复。

齿轮泵常见故障、产生原因与维修方法如表 3.3 所示。

表 3.3　齿轮泵的常见故障、产生原因与维修方法

故障现象	产生原因	维修方法
液压泵旋转不灵活或咬死	轴向间隙及径向间隙过小	修配有关零件，调整间隙
	装配不良，CB 型盖板与轴的同心度不好，滚针套质量太差	根据要求重新进行装配
	泵和电动机的联轴器同轴度不好	调整使同轴度不超过 0.1 mm
	油液中杂质被吸入泵体内	严防周围杂物及冷却水等物进入油池，保持油液洁净
油泵漏油	O 形密封圈或油封损坏	更换损坏零件
	端面间隙补偿装置失灵	修整或更换
	泵体内回油孔堵塞	清洗回油孔泵体
油温上升过快	油箱容积太小或油冷却器冷却效果太差	增加油箱容积，改进冷却装置
	油泵零件损坏	更换损坏零件
	油液黏度过高	选用合适的油液
噪声大	吸油管接头、泵体与盖板结合面、堵头和密封圈等处密封不良，有空气被吸入	用涂脂法查找泄漏处。更换密封圈，用环氧树脂粘接剂涂敷堵头配合面再压进，用密封胶涂敷管接头并拧紧，修磨泵体与盖板结合面保证平面度不超过 0.005 mm
	齿轮齿形精度太低	配研或更换齿轮
	端面间隙过小	配研齿轮、泵体和盖板端面，保证端面间隙
	轮内孔与端面不垂直，盖板上两孔轴线不平行，泵体两端面不平行	拆检，修磨或更换有关元件
	两盖板端面修磨后，两个困油卸荷槽距离增大，产生困油现象	修整困油卸荷槽，保证两槽距离
	装配不良，如主轴转一周有时轻有时重	拆检，装配调整
	滚针轴承等零件损坏	拆检，更换受损零件
	泵轴与电动机轴等零件损坏	调整联轴器，使同轴度误差小于ϕ0.1 mm
	出现空穴现象	检查吸油管、油箱、过滤器、油位及油液黏度等，排除空穴现象
堵头或密封被冲掉	堵头将泄漏管道堵塞	将堵头取出涂敷上环氧树脂粘接剂后重新压进
	密封圈与盖板配合过松	检查，更换密封圈
	泵体装反	纠正装配方向
	泄漏通道被堵塞	清洗泄漏通道
吸不上油，无油液输出	电动机转向不对	将电动机电源连线某两相交换一下
	电动机轴或泵轴上漏装了传动键	补装传动键
	齿轮与泵轴之间漏装了连接键	补装连接键
	油管路密封圈漏装或破损	补装密封圈

续表

故障现象	产生原因	维修方法
吸不上油，无油液输出	油滤油器或吸油管因油箱油液不够而裸露在油面之上，吸不上油	应往油箱中加油至规定高度
	装配时轴向间隙过大	调整间隙
	泵的转速过高或过低	泵的转速应调整至允许范围
泵虽上油，但输出油量不足，压力也升不到标定值	电动机转速不够	电动机转速应达标
	选用的液压油黏度过高或过低	合理选用液压油
	进油滤油器堵塞	清洗滤油器
	前后盖板或侧盖板端面严重拉伤产生的内泄漏太大	用平磨磨平前后盖板或侧盖板端面
	对于采用浮动轴套或浮动侧板式齿轮泵，浮动轴套或浮动侧板端面拉伤或磨损	修磨浮动轴套或浮动侧板端面
	油温太高，液压油黏度降低；内泄增大使输出油量减少	查明原因，采取相应措施，对中、高泵，应检查密封圈

齿轮泵的主要零件维修方法如下。

（1）齿面磨损时的处理办法。齿轮油泵都是单向旋转的，因而齿面都是单面磨损。可将齿面磨损的齿轮用油石去掉毛刺，清洗干净，调换齿轮啮合方位，使原来不啮合的齿面进行啮合，可恢复油泵的工作性能。

（2）端面维修。齿轮端面由于与轴承座或前后盖相对转动而磨损，轻时会起线，可用研磨方法将起线毛刺痕迹研去并抛光；磨损严重时，应将齿轮放在平面磨床上进行修磨。应注意：两个齿轮必须同时放在平面磨床上进行修磨，目的是保证两个齿轮的厚度差在 0.005 mm 范围内；同时必须保证端面与齿轮孔轴线的垂直度及两端面的平行度均在 0.005 mm 范围内，修磨后用油石将锐边倒钝，切不可倒角，只要做到无毛刺、飞边即可。

（3）泵轴（长、短轴）的修复。泵轴的磨损位置，主要是与滚针轴承接触的外表面（采用滚针轴承结构、端面间隙为固定值的齿轮泵）或者与浮动轴套配合的外表面（采用浮动轴套结构、端面间隙自动补偿的齿轮泵）。当泵轴轻微磨损时，可采用抛光修复，同时更换滚针轴承或轴套。当磨损严重且配合间隙严重超标时，不仅要更换滚针轴承或轴套，而且主动轴也应使用镀铬或堆焊法加大直径，然后再磨削到标准尺寸，或者重新加工更换新轴。

（4）轴承座圈维修。轴承座圈的磨损一般是在与齿轮接触的内孔处。端面磨损或拉毛起线时，可将 4 个轴承座圈放在平面磨床上，以不与齿轮接触的那一端面为基准，一次性将拉毛端面磨平，其精度应保证在 0.01 mm范围内。轴承座圈一般磨损较小，若磨损严重，可研磨，或适当加大孔径并重新选配滚针，或更换轴承座圈。

（5）泵体的维修。泵体磨损一般发生在吸油腔，对泵体是对称的齿轮泵，即将泵体翻转 180°，使吸油腔变成压油腔以恢复其工作能力。对于非对称结构的泵体，可采用电镀青铜合金或电刷镀的方法修复，也可以用镶铜套法修复。

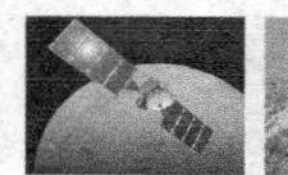

3.2.2　叶片泵的故障诊断与维修

1. 叶片泵的结构与工作原理

如图 3.6 所示为 YB1 型叶片泵的结构与工作原理图。它主要由传动轴、定子、转子、叶片、泵体、泵盖等组成。其定子、转子、叶片和配流盘可以先组装成一个整体部件，再装入前后盖中。定子内表面近似椭圆，转子和定子同心安装，两个吸油区和两个压油区对称布置，吸油区与压油区受到均衡液压力作用。转子旋转时，叶片靠离心力和根部液压油作用伸出，紧贴在定子的内表面上，叶片之间和转子的外圆柱面、定子内表面及前后配油盘形成了一个个密封的工作容腔。转子每转一周，便完成两次吸油和压油过程。

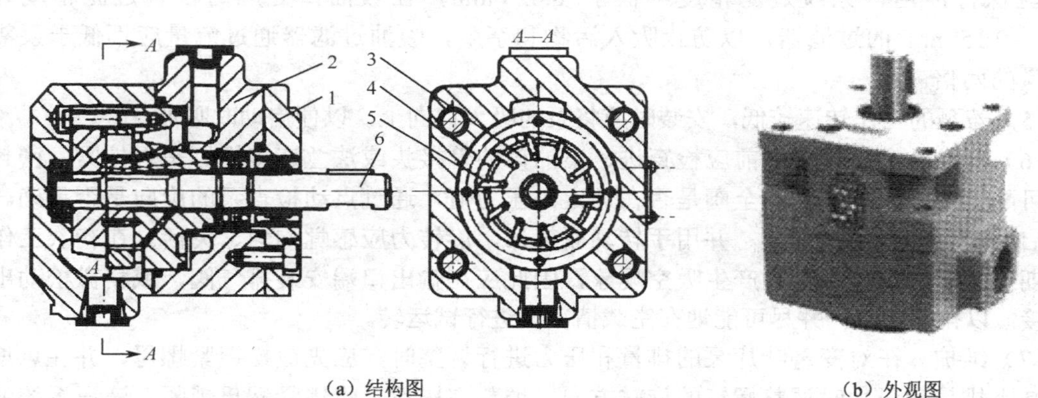

（a）结构图　　（b）外观图

1—泵盖；2—泵体；3—转子；4—定子；5—叶片；6—传动轴

图 3.6　YB1 型叶片泵的结构与工作原理图

2. 叶片泵的拆装与使用事项

1）叶片泵的拆装

（1）松开紧固螺栓，分解左右泵体。

（2）拆下传动轴，分解泵芯组件。

（3）松开紧固螺栓，拆下左右配流盘，取出转子及叶片，进一步分解其他组件。

（4）清洗、检验。

2）叶片泵的使用事项

叶片泵的主要优点是流量均匀、运转平稳、噪声低、结构紧凑。叶片泵在液压系统中应用很广，多用于固定安装的液压设备和船舶上。双作用高压定量叶片泵也可用于行走机械中。一般金属切削机床的液压系统的功率不大（20 kW 以下），工作压力中等（常用 7 MPa），而要求所使用的液压泵输出流量平稳，噪声低和寿命长。利用低压大排量泵和高压小排量泵构成的双联叶片泵，由于经叠加切换可得到三种不同的流量，故十分适用于快速进退及工作进给速度相差悬殊的加工设备。新型高性能的双作用定量叶片泵不仅可以用于固定安装的液压设备上，也可以取代外啮合齿轮泵用于行走机械液压系统。

使用事项如下所述。

（1）安装前的准备。按有关规定彻底清洗管道（焊接管道必须酸洗后再冲洗），去掉污迹、氧化皮等。

（2）驱动方式。叶片泵可以采用电动机或内燃机作为原动机，但泵的传动装置不应对叶片泵的传动轴产生附加的轴向力和径向力。泵的传动轴和原动机输出轴的同轴度应控制在 0.1 mm 以内，尽可能采用柔性联轴器，以避免泵轴的传动轴承受弯矩及轴向载荷。传动轴转向应符合产品要求。

（3）吸油高度。通常要求泵的吸油高度不大于 0.5 m，在吸油管较长的管路系统中应加大吸油管径，以免流动阻力太大，造成吸油不畅影响泵的工作性能。

（4）油液的选用与过滤。工作油液应严格按照泵的产品样本规定进行选用，以延长泵的使用寿命。比较适宜的是抗磨液压油，黏度范围为 17～38 mm^2/s（推荐使用 24 mm^2/s）。油液应保持清洁，系统过滤精度不低于 0.025 mm，在吸油口处应另设置过滤精度为 0.070～0.15 mm 的过滤器，以防止吸入污物和杂质，吸油过滤器通过流量应不低于泵额定流量的两倍。

（5）若泵的工作转速较低，安装时应将泵的吸入口向上，以便启动时吸油。

（6）启动。启动液压泵前应检查进、出油口的管接头或法兰连接螺钉是否拧紧，密封是否可靠；检查系统中的安全阀是否在调定的压力值，通过点动检查泵的旋向是否正确。初次启动最好向泵里注满油，并用手转动联轴器，旋转力应感觉均匀、灵活。在初次工作或长期停车后再启动时，会产生吸空现象，因此应在输出口端安装排气阀，或稍微松动出口连接，以排除空气，并尽可能地在空载情况下进行试运转。

（7）维护。在对变量叶片泵的排量和压力进行调整时，应先放松锁紧螺母，并注意增大或减小排量和压力时调整螺钉的旋转方向，调整完毕后，将锁紧螺母锁紧。液压系统的安全阀调压值不能过高，一般应不大于泵额定压力的 1.25 倍。应避免泵在过高或过低温度下连续运转，必要时应通过设置热交换器（冷却器和加热器）来调节油温。保持正常的油箱液位高度，及时进行补油。按要求定期更换液压油。应经常检查和清洗滤油器，以保证泵能通畅地吸入油液。泵工作一段时间后，因为振动可能引起安装螺钉或进、出油口法兰螺钉松动，所以要注意检查，并拧紧防止松动。

3. 叶片泵的常见故障与维修

叶片泵的常见故障、产生原因及维修方法如表 3.4 所示。

表 3.4 叶片泵的常见故障、产生原因及维修方法

故障现象	产生原因	维修方法
泵不出油或泵输出油，但出油量不够	泵的旋转方向不对	改变电动机转向
	泵的转速不够	提高转速
	吸油管路或滤油器堵塞	疏通管路，清洗滤油器
	油箱液面过低	补油至油标线
	液压油黏度过大	更换合适的液压油
	配油盘端面过度磨损	修磨或更换配油盘
	叶片与定子内表面接触不良	修磨或更换叶片
	叶片卡死	修磨或更换叶片
	螺钉松动	按规定拧紧螺钉
	溢流阀失灵	调整或拆检该阀

续表

故障现象	产生原因	维修方法
泵的噪声大，振动也大	吸油高度太大，油箱液面低	降低吸油高度，补充液压油
	泵与联轴器不同轴或松动	重装联轴器
	吸油管路或滤油器堵塞	疏通管路，清洗滤油器
	油管连接处密封不严	固紧连接件
	液压油黏度过大	更换合适的液压油
	个别叶片运动不灵活或装反	研磨或重装叶片
	定子吸油区内表面磨损	抛光定子内表面
泵异常发热，油温过高	环境温度过高	加强散热
	液压油黏度过大	更换合适的液压油
	油箱散热差	改进散热条件
	电动机与泵轴不同轴	重装电动机与泵轴
	油箱容积不够	更换合适的油箱
	配油盘端面过度磨损	修磨或更换配油盘
	叶片与定子内表面过度磨损	修磨或更换配油盘和定子
容积效率低、压力提不高	个别叶片在转子槽内移动不灵活甚至卡住	检查间隙（0.01～0.02 mm），排除空穴现象
	叶片装反	纠正装配方向
	定子内表面与叶片顶部接触不良	修磨工作面（或更换叶片）
	叶片与叶片槽配合间隙过大	根据转子叶片槽单配叶片，保证配合间隙
	配油盘端面磨损	修磨配油盘端面（或更换配油盘）
	油液黏度过大或过小	按说明书选用液压油
	电动机转速太低	检查转速，排除故障
	吸油口密封不严，有空气进入	涂脂法检查，卸下吸油管接头，进行清洗，涂抹密封胶，装好拧紧
	出现空穴现象	检查吸油管、油箱、过滤器、油位、油液黏度，排除空穴现象
外泄漏	油封不合格或未装好	更换或重装密封圈
	密封圈损坏	更换密封圈
	泵内零件间磨损，间隙过大	更换或重新研配零件
	组装螺钉过松	拧紧螺钉
压力升不上去	泵不上油或流量不足	重新调节至所需流量
	溢流阀调整压力太低或出现故障	重新调试溢流阀压力或修复溢流阀
	系统中有泄漏	检查系统、修补泄漏点
	吸入管道漏气	检查各连接处，并予以密封、紧固
	叶片装反	重新安装
	变量泵压力调节不当	重新调节至所需压力

叶片泵的主要零件维修方法如下。

1）定子的维修

叶片泵工作时，叶片在底部液压油压力和离心力的作用下，以较大的压力压向定子内表面，使定子内表面产生磨损。相比较而言，处于吸油区一侧的定子内表面磨损较严重。对于双作用叶片泵，当定子内表面磨损拉伤较轻时，可用金相砂纸剖光后再用；若磨损严重，应在专用定子磨床上修磨。也可将定子翻转 180°，调换定子吸油腔与油腔的位置，并在定位销孔的对称位置上另加工新的定位销孔继续使用。对于变量泵，其定子内表面为圆柱面，可用卡盘软爪夹在车床上或磨床上进行抛光修复。定子内表面也可以用刷镀的方法修复磨损部位。

2）配流盘、侧板的维修

配流盘、侧板多是端面磨损与拉伤，原则上只要端面拉伤总深度不太大（如小于 0.8 mm），都可以用平面磨床磨去拉伤沟痕，经抛光后装配再用。但需注意两个问题：一是端面磨去一定尺寸后，泵体孔的深度也要磨去相应尺寸，否则轴向装配间隙将增大，所以一定要参照装配图，保证轴向尺寸链的关系；二是端面经修磨后，卸荷三角槽尺寸将变短（甚至变无），如不修长，对消除困油现象不利。所以，配油盘端面修磨后，应用三角锉或铣加工的方法适当修长卸荷三角槽的尺寸，但不能修得太长，以免造成运转过程中的压油腔与吸油腔相通，使泵的输出流量减少。经修复后的配流盘与转子接触平面的平行度保证在 0.01 mm 的范围以内，端面与内孔的垂直度（配流盘）在 0.01 mm 范围以内，端面的平面度为 0.05 mm。抛光最好不用金相砂纸，应用氧化铬抛光。如果配油盘端面只是轻度拉伤，可先用细油石砂修磨，然后用氧化铬抛光。

3）转子的维修

转子的磨损部位是两端面和叶片槽。转子端面磨损不严重时，可用油石将拉毛处修光，或用研磨的方法修复。磨损严重时可用心轴定位在外圆磨床上修磨。修复后要求两端面的平行度不大于 0.008 mm，表面粗糙度 $Ra \leqslant 0.16$ μm，端面与孔的垂直度不大于 0.01 mm。转子端面修磨后，应将叶片宽度与转子配磨，以保证叶片宽度比转子宽度小 0.005 mm。叶片槽因叶片滑动频繁，磨损较严重，但各槽磨损量不一致。为了保证各叶片与叶片槽的配合间隙基本相同，需用专用磨床修磨叶片槽，再单配叶片，以保证其配合间隙在 0.013～0.018 mm 范围内。

4）叶片的维修

叶片磨损部位是叶片与定子内表面接触的顶部、叶片与配流盘接触的两侧面、叶片与转子叶片槽接触的表面，磨损最严重的是叶片与定子内表面接触的顶部。

3.2.3 液压缸的故障诊断与维修

1. 液压缸的结构及工作原理

如图 3.7 所示为一个双作用单杆活塞液压缸的结构图。此缸是工程机械中的常用缸，它的主要零件是缸底2、活塞8、缸筒 11、活塞杆12、导向套13 和端盖15。此缸结构上的特点是活塞和活塞杆用卡环连接，因而拆装方便；活塞上的支承环 9 由聚四氟乙烯等耐磨材料制成，摩擦力也较小；导向套可使活塞杆在轴向运动中不致歪斜，从而保护了密封件；缸

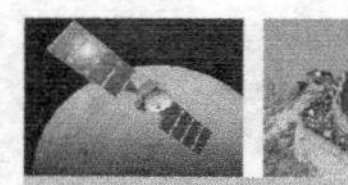

的两端均有缝隙式缓冲装置，可减少活塞在运动到端部时的冲击和噪声。此类缸的工作压力为 12～15 MPa。

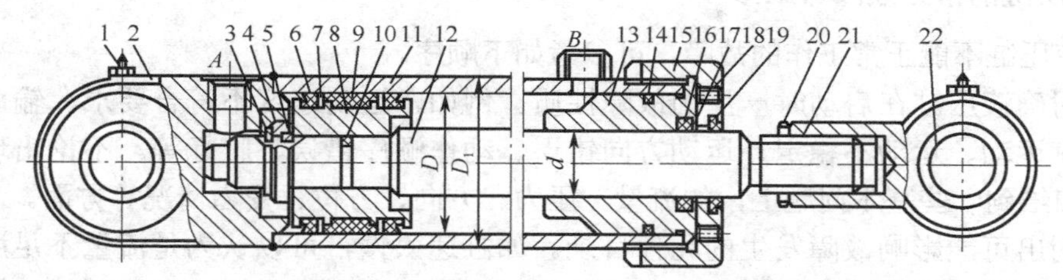

1—螺钉；2—缸底；3—弹簧卡圈；4—挡环；5—卡环（由 2 个半圆组成）；6—密封圈；7—挡圈；8—活塞；9—支承环；10—活塞与活塞杆之间的密封圈；11—缸筒；12—活塞杆；13—导向套；14—导向套和缸筒之间的密封圈；15—端盖

图 3.7　双作用单杆活塞液压缸的结构图

2. 液压缸的拆装与注意事项

1）液压缸的拆装

（1）用勾扳子把耳轴的锁母松开，把活塞杆退出耳轴。

（2）用勾扳子松开缸盖并退出。

（3）活塞杆连同活塞、导向套一同退出。

（4）用外圆弹簧卡钳把活塞杆上的弹簧卡子拆下，取下套环和卡键就可以把活塞取下。

（5）检查密封圈是否能使用，若不能使用及时更换。

（6）所有拆卸件经过煤油清洗后，将损坏件和易损件（密封环等）更换后按逆向顺序完成组装。

2）液压缸的拆装注意事项

从设备上拆下液压缸时应注意的问题如下所述。

（1）拆卸液压缸之前，应使液压回路卸压；否则，当拧松与油缸相连接的接头时，回路中的高压油就会迅速喷出。液压回路卸压时应先拧松溢流阀等处的手轮或调压螺钉，使压力油卸荷，然后切断电源或动力源，使液压装置停止运转。

（2）拆卸时应防止损伤活塞杆顶端螺纹、油口螺纹和活塞杆表面、缸套内壁等。为了防止活塞杆等细长件弯曲或变形，放置时应用垫木支承均衡。

拆卸液压缸时应注意的问题如下。

（1）液压缸的拆卸要在干净、清洁的环境下进行，防止被周围的灰尘、杂质等污物污染。拆卸后的零件要做防尘保护（如拆卸后的零件可用塑料布盖好，禁止用棉布及其他工业布覆盖）。

（2）拆卸前要放掉油缸两腔的油液。

（3）拆卸时要按顺序进行。由于各种液压缸结构形式不尽相同，拆卸顺序也稍有不同。一般应先拆卸缸盖，最后拆卸活塞与活塞杆。在拆卸液压缸的缸盖时，对于内卡键式连接的卡键或弹性挡圈，要使用专用工具，禁止使用扁铲；对于法兰式端盖必须用螺钉顶出，不允许锤击或硬撬。在活塞和活塞杆难以抽出时，不要强行打出，要查明原因再进行拆卸。

（4）拆卸后要认真检查，以确定哪些零件可以继续使用，哪些零件需要维修。

3. 液压缸的常见故障与维修

排除液压缸不能正常工作的故障，可参考如下顺序。

（1）明确液压缸在启动时产生的故障性质。例如，运动速度不符合要求、输出的力不合适、没有运动、运动不稳定、运动方向错误、动作顺序错误、爬行等。不论出现哪种故障，都可归结到一些基本问题上，如流量、压力、方向、方位、受力情况等方面。

（2）列出可能影响故障发生的元件目录。如缸速太慢，可以认为是流量不足所致，此时应列出对缸的流量造成影响的元件目录，然后分析是否为流量阀堵塞或不畅、缸本身泄漏、压力控制阀泄漏过大等，有重点地进行检查试验，对不合适的元件进行维修或更换。

（3）如有关元件均无问题，各油段的液压参数也基本正常，则应进一步检查液压缸自身的因素。

液压缸的常见故障、产生原因及维修方法如表 3.5 所示。

表 3.5 液压缸的常见故障、产生原因及维修方法

<table>
<tr><th>故障现象</th><th colspan="2">原因分析</th><th>维修方法</th></tr>
<tr><td rowspan="5">活塞杆不能动作</td><td rowspan="3">压力不足</td><td>1. 油液未进入液压缸
① 换向阀未换向
② 系统未供油</td><td>① 检查换向阀未换向的原因并排除
② 检查液压泵和主要液压阀的原因并排除</td></tr>
<tr><td>2. 有油，但没有压力
① 系统有故障，主要是泵或溢流阀有故障
② 内部泄漏，活塞与活塞杆松脱，密封件损坏严重</td><td>① 更换泵或溢流阀，查出故障原因并排除
② 将活塞与活塞杆紧固牢靠，更换密封件</td></tr>
<tr><td>3. 压力达不到规定值
① 密封件老化、失效，唇口装反或有破损
② 活塞杆损坏
③ 系统调定压力过低
④ 压力调节阀有故障
⑤ 压力调速阀的流量过小，因液压缸内泄漏，当流量不足时会使压力不足</td><td>① 检查泵密封件，并正确安装
② 更换活塞杆
③ 重新调整压力，达到要求值
④ 检查原因并排除
⑤ 调速阀的通过流量必须大于液压缸的泄漏量</td></tr>
<tr><td rowspan="2">压力已达到要求，但仍不动作</td><td>1. 液压缸结构上的问题
① 活塞端面与缸筒端面紧贴在一起，工作面积不足，不能启动
② 具有缓冲装置的缸筒上单向回路被活塞堵住</td><td>① 端面上要加一条通路，使工作油液流向活塞的工作端面，缸筒的进出油口应与接触表面错开
② 检查原因并排除</td></tr>
<tr><td>2. 活塞杆移动别劲
① 缸筒与活塞，导向套与活塞杆的配合间隙过小
② 活塞杆与夹布胶木导向套之间的配合间隙过小
③ 液压缸装配不良（如活塞杆、活塞和缸盖之间同轴度差、液压缸与工作平台平行度差）</td><td>① 检查配合间隙，并配研到规定值
② 检查配合间隙，修配导向套孔，并达到要求的配合间隙
③ 重新装配和安装，更换不合格零件</td></tr>
</table>

续表

故障现象	原因分析		维修方法
活塞杆不能动作	压力已达到要求，但仍不动作	3．液压回路引起的原因主要是液压缸背腔油液未与油箱相通，回油路上的调速流口调节过小或换向阀未动作	检查原因并排除
达不到规定速度	内泄漏严重	1．密封件破损严重 2．油的黏度太低 3．油温过高	1．更换密封件 2．更换适宜黏度的液压油 3．检查原因并排除
	外载过大	1．设计错误，选用压力过低 2．工艺和使用错误，造成外载比预定值大	1．核算后更换元件，调大工作压力 2．按设备规定值使用
	活塞移动时别劲	1．加工精度差、缸筒孔锥度和圆度差 2．装配质量差 ① 活塞、活塞杆与缸盖之间同轴度差 ② 液压缸与工作平台平行度差 ③ 活塞杆与导向套配合间隙小	1．检查零件尺寸，更换无法修复的零件 2．排除方法 ① 按要求重新装配 ② 按要求重新装配 ③ 检查配合间隙，修配导向套孔，并达到要求的配合间隙
	脏污进入滑动部位	1．油液过脏 2．防尘圈破损 3．装配时未清洗干净或带入脏物	1．过滤或更换油液 2．更换防尘圈 3．拆开清洗，装配时要注意清洁
	活塞在端部行程速度急剧下降	1．缓冲节流阀的节流口调节过小，在进入缓冲行程时，活塞可能停止或速度急剧下降 2．固定式缓冲装置中节流孔直径过小 3．缸盖上固定式缓冲节流环与缓冲柱塞之间的间隙小	1．缓冲节流阀的开口度要调节适宜，并能起缓冲作用 2．适当加大节流孔直径 3．适当加大间隙
	活塞移动到中途速度较慢或停止	1．缸壁内径加工精度差，表面粗糙，使内卸量增大 2．缸壁发生胀大，当活塞通过增大部位时，内卸量增大	1．修复或更换缸筒 2．更换缸筒
液压缸爬行	液压缸活塞杆运动别劲	1．液压缸结构上的问题 ① 活塞端面与缸筒端面紧贴在一起，工作面积不足，不能启动 ② 具有缓冲装置的缸筒上单向回路被活塞堵住	① 端面上要加一条通路，使工作油液流向活塞的工作端面，缸筒的进出油口应与接触表面错开 ② 检查原因并排除
		2．活塞杆移动别劲 ① 缸筒与活塞，导向套与活塞杆的配合间隙过小 ② 活塞杆与夹布胶木导向套之间的配合间隙过小 ③液压缸装配不良（如活塞杆、活塞和缸盖之间同轴度差、液压缸与工作平台平行度差）	① 检查配合间隙，并配研到规定值 ② 检查配合间隙，修配导向套孔，并达到要求的配合间隙 ③ 重新装配和安装，更换不合格零件

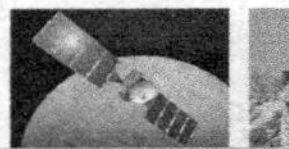

续表

故障现象	原因分析		维修方法
液压缸爬行	液压缸活塞杆运动别劲	3. 液压回路引起的原因主要是液压缸背压腔油液未与油箱相通，回油路上的调速流口调节过小或换向阀未动作	检查原因并排除
	缸内进入空气	1. 新液压缸、维修后的液压缸或设备停工时间过长的缸，缸内有空气或液压缸管道中排气不净 2. 缸内部形成负压，从外部吸入空气 3. 从液压缸到换向阀之间的管道容积比液压缸内容积大得多，液压缸工作时，这段管道上油液未排完，所以空气也很难排完 4. 泵吸入空气 5. 油液中混入空气	1. 空载大行程往复运动，直到把空气排完 2. 先用油脂封住结合面和接头处，若吸入空气情况有好转，则将螺钉及接头紧固 3. 可在靠近液压缸管道的最高处加排气阀，活塞在全行程情况下运动多次，把空气排完后，再把排气阀关闭 4. 拧紧泵的吸油管接头 5. 液压缸排气阀放气或换油（油质本身欠佳）
缓冲装置故障	缓冲作用过度	1. 缓冲节流阀的节流开口过小 2. 缓冲柱塞别劲（如柱塞头与缓冲间隙太小，活塞倾斜或偏心） 3. 在斜柱塞头与缓冲环之间有脏物 4. 固定式缓冲装置柱塞头与衬套之间间隙太小	1. 将节流口调节到合适位置并紧固 2. 拆开清洗，适当加大间隙，应更换不合格零件 3. 修去毛刺并清洗干净 4. 适当加大间隙
	失去缓冲作用	1. 缓冲节流阀处于全开状态 2. 惯性能量大 3. 缓冲节流阀不能调节 4. 单向阀处于全开状态或单向阀阀座封不严 5. 塞上的密封件破损，当缓冲腔压力高时，工作液体从此腔流入工作压力腔，故活塞不减速 6. 柱塞头或衬套内表面上有伤痕 7. 镶在缸盖上的缓冲环脱落 8. 缓冲柱塞锥面长度与角度不对	1. 调节到合适位置并紧固 2. 应设计合适的缓冲机构 3. 修复或更换 4. 检查尺寸，更换锥阀芯和钢球，更换弹簧，并配研修复 5. 更换密封件 6. 修复或更换 7. 修复或更换新缓冲环 8. 修正
	缓冲行程出现爬行	1. 加工不良，如缸盖、活塞端面不合要求，在全长上活塞与缸筒间隙不均匀，缸盖与缸筒不同轴，缸筒内径与缸盖中心线偏大，活塞与螺母端面垂直度不合要求，活塞杆弯曲等 2. 装配不良，如缓冲柱塞头与缓冲环相配合的孔有偏心或倾斜等	1. 仔细检查每个零件，不合格零件不许使用 2. 重新装配，确保质量
有泄漏	装配不良	1. 液压缸装配时端盖装偏，活塞杆与缸筒定心不良，使活塞杆伸出困难，加速密封件磨损 2. 液压缸与工作台导轨面平行度差，使活塞杆伸出困难，加速密封件磨损 3. 密封件安装差错（如密封件划伤、密封唇装反、唇口破损或轴倒角尺寸不对、装错或漏装） 4. 密封件压盖未装好 ① 压盖安装有偏差 ② 紧固螺钉受力不均 ③ 紧固螺钉过长，使压盖不能压紧	1. 拆开检查，重新装配 2. 拆开检查，重新安装，并更换密封件 3. 更换并重新安装密封件 4. 排除方法 ① 重新安装 ② 拧紧螺钉并使之受力均匀 ③ 按螺孔深度合理选配螺钉长度

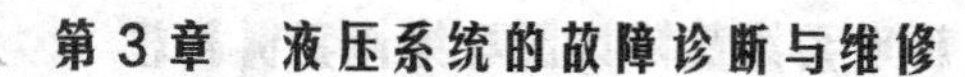

续表

故障现象	原因分析		维修方法
有泄漏	密封件质量不佳	1. 保管期太长，自然老化失效 2. 保管不良，变形或损坏 3. 材料性能差，不耐油或胶料与油液相容性差 4. 制品质量差，尺寸不对，公差不合要求	更换密封件
	活塞杆和加工质量差	1. 活塞杆表面粗糙，活塞杆头上的倒角不符合要求或未倒角 2. 沟槽尺寸及精度不合要求 ① 设计图样有错误 ② 沟槽尺寸加工不符合标准 ③ 沟槽精度差，毛刺多	1.表面粗糙度应为 Ra=0.2 μm，并按要求倒角 2. 排除方法 ① 按有关标准设计沟槽 ② 检查尺寸，并修正到要求尺寸 ③ 修正并去毛刺
	油的黏度过低	1. 用错了油品 2. 油液中渗有乳化液	更换合适的油液
	油温过高	1. 液压缸进油口阻力太大 2. 周围环境温度太高 3. 泵或冷却器有故障	1. 检查进油口是否通畅 2. 采取隔热措施 3. 检查原因并排除
	高频振动	1. 紧固螺钉松动 2. 管接头松动 3. 安装位置变动	1. 应定期紧固螺钉 2. 应定期紧固管接头 3. 应定期紧固安装螺钉
	活塞杆拉伤	1. 防尘圈老化、失效 2. 防尘圈内侵入砂粒、切屑等污物	1. 更换防尘圈 2. 清洗或更换防尘圈，修复活塞杆表面拉伤处

液压缸的主要零件维修方法如下。

（1）缸筒的维修。缸筒的常见损伤是内表面拉伤与磨损，缸筒损伤的修复方法有多种，如强力珩磨技术、表面粘涂技术、电刷镀、电弧喷涂（大直径液压缸）、电焊堆焊技术（大直径液压缸）、钎焊（软金属材料）技术、嵌套技术等，每种修复方法都不是万能的，应视具体情况，选用合理的修复方法。以下介绍强力珩磨技术和表面粘涂技术。

① 强力珩磨技术。这种修复方法适用于缸筒出现微量变形和较浅的拉痕，可以修复比原公差相差 2.5 倍以内的缸筒。采用强力珩磨机对尺寸或形状公差超差的部位进行研磨，使缸筒整体尺寸、形状公差和表面粗糙度满足要求。

② 表面粘涂技术。当缸筒内表面磨损较重，出现较深的拉痕时，可以采用表面粘涂技术，这种技术快捷有效，而且费用很低。修复时先用丙酮溶液清洗缸筒内表面，晾干后在拉痕处涂上一层修补剂（乐泰 602 胶或 TG205 胶），用特制的工具将修补剂刮平，待胶与缸筒壁黏结在一起后再涂上一层修补剂（厚度以高出缸筒 2 mm 为宜），而后用力上下来回将修补剂修刮平整，使其稍微高出缸筒内表面，并尽量做到均匀、光滑，固化后再用细砂纸打磨内表面，使缸筒内径一致。

（2）活塞杆的维修。活塞杆为了防锈、耐磨，一般其表面应进行镀硬铬处理。常见的损伤形式是磨损、拉痕、镀层脱落及弯曲等。活塞杆是经过精密加工的零件，尽量不要采用堆焊方法修复，因为堆焊会使活塞杆变形，并且还可能损伤其他完好的工作面。如

果活塞杆弯曲，校直达到要求即可。如果活塞杆磨损、拉痕、镀层脱落，可以磨去镀层，重新镀铬，再进行表面加工。对于局部拉痕的损伤，也可以采用电刷镀技术进行修复。

3.2.4 液压电动机的故障诊断与维修

1. 液压电动机的结构与工作原理

如图 3.8 所示为双作用叶片电动机的典型结构，主要有如下特点：叶片径向放置，其顶端两边对称倒角，以适应正、反转的要求；叶片底部装有燕式弹簧，使叶片顶部始终与定子内表面紧密接触，以防止电动机启动时（离心力尚未建立）高低压腔串通；电动机壳体内装有梭阀（两个串联的单向阀），使电动机进、出油口（正、反转）油流动方向改变时，叶片底部都通高压油，保证叶片与定子内表面紧密接触。

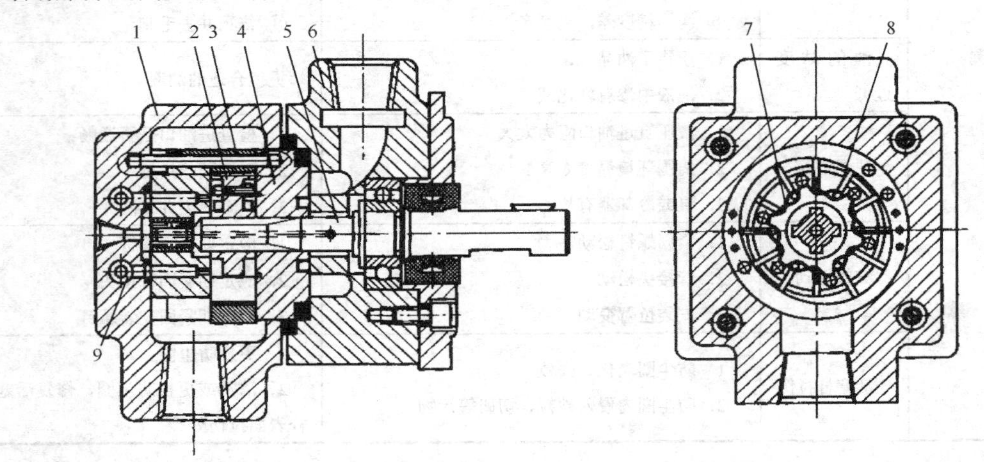

1—壳体；2—转子；3—定子；4—配流盘；5—传动轴；6—前盖；

7—燕式弹簧；8—叶片；9—单向阀

图 3.8 双作用叶片电动机的典型结构

叶片电动机具有结构紧凑、体积小、惯性小、噪声低、脉动率小、使用寿命长、低速性能较好等优点，但由于这类电动机的输出扭矩较小，抗污染能力较差，所以多用于需要高速低扭矩的固定机械设备的液压系统中。例如，橡胶塑料机械、轻工机械、金属切削机床等机械设备的回转工作台，自动线和自动机床的夹紧和运输机构，以及对惯性要求小的各种液压伺服系统。叶片电动机不适宜在工作环境恶劣的行走机械设备中使用。

2. 液压电动机的常见故障与维修

液压电动机的常见故障、产生原因及维修方法如表 3.6 所示。

表 3.6 液压电动机的常见故障、产生原因及维修方法

故障现象	原因分析	维修方法
液压电动机壳体温升不正常	油温太高	检查系统各元件有无不正常故障，加强油液冷却，对于制动器液压电动机，如果负载压力不足以开制动器（负载压力小于制动器打开压力），应在回油管路上加背压

续表

故障现象	原因分析	维修方法
液压电动机壳体温升不正常	旋入电动机壳体泄油孔的接头太长，造成与转子相摩擦	检查泄油接头长度
	连接电动机输出轴同心度严重超差或输出轴太长，同电动机、转子后退与后盖相摩擦	拆下电动机，检查与电动机连接的输出轴
	液压电动机效率低	拆检液压电动机，维修或换新的
液压电动机入口压力表有极不正常的颤动	油中有空气	排除油中产生空气的原因，可观察油箱回油处有无泡沫
	液压电动机有异常	拆检液压电动机
转速过低和扭矩小	液压泵供油量不足	分析液压泵供油不足的原因并排除
	液压泵输出油压不足	分析液压泵压力不足的原因并排除
	液压电动机自身原因，结合面的连接螺栓没有拧紧或密封不良引起泄漏	拧紧结合面的连接螺栓，检查并更换封圈
	液压电动机自身原因，内部零件磨损，泄漏严重	检查磨损部位，维修或更换损坏的零件
	轴向柱塞液压电动机的弹簧疲劳，导致缸体配流盘贴合面泄漏增大	检查或更换支承弹簧
噪声大	联轴器不同心	校正联轴器
	液压油液污染	更换清洁的液压油
	管路连接松动，有空气侵入液压电动机内部	检查并紧固各连接处、检查并更换损坏的密封件
	液压油黏度过大	更换黏度较小的液压油
	轴向柱塞电动机的柱塞与缸孔磨损严重，间隙增大	维修缸孔，重配柱塞
	叶片电动机中，叶片的两侧或顶部磨损	修复或更换叶片
	叶片电动机的叶片与定子接触不良，引起冲击现象	检查叶片、定子及叶片底部的弹簧，维修或更换
	叶片电动机的定子磨损	修复或更换定子；若叶片底部的弹簧刚度太大，则应更换刚度较小的弹簧
电动机内泄漏严重	齿轮电动机的轴向间隙过大	检查调整轴向间隙
	叶片电动机的配流盘磨损严重或轴向间隙过大	检查配流盘的磨损情况并修复，调整轴向间隙
	柱塞电动机的缸体与配流盘磨损严重	修复配流盘及缸体端面
	柱塞电动机的缸体与柱塞磨损严重，导致配合间隙过大	修磨缸孔、重配柱塞
	油液温升过高、黏度低	检查温控组件并调节；无温控组件的更换液压油
电动机外泄漏严重	轴端密封装置损坏	检查并更换密封圈
	端盖处的密封装置损坏	检查并更换密封圈

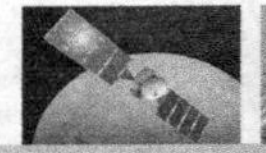

续表

故障现象	原因分析	维修方法
电动机外泄漏严重	结合面有污物或连接螺栓未拧紧	清除污物、拧紧螺栓
	管接头松动、密封不严	检查并拧紧管接头
电动机转速过高	驱动液压泵的原动机转速过高，导致供油流量大	更换或调整
	变量泵的流量设定过大	调节变量泵使其流量合理
	流量控制阀的通流面积调节过大	调节流量控制阀使其通流面积合理

3.2.5 方向控制阀的故障诊断与维修

1. 单向阀的故障诊断与维修

1）普通单向阀

（1）普通单向阀的结构与工作原理。

管式直通单向阀如图 3.9 所示，其作用是只允许油液向一个方向流动，而不能反向流动。单向阀由阀芯（锥阀或球阀）、阀体和弹簧等基本元件组成。当液压油由压缩弹簧的方向进入时，油压力顶开阀芯油液自由流动；反之，当液压油从另外一端流入时，油压力和弹簧力将阀芯压紧在阀座上，油液不能通过。单向阀均采用锥阀式结构，这有利于保证良好的反向密封性能。单向阀开启压力一般为 0.035～0.05 MPa。单向阀也可以用作背压阀，将软弹簧更换成合适的硬弹簧，就成为压力阀。作为背压阀使用时，常安装在液压系统的回油路中，用以产生 0.2～0.6 MPa 的背压力。

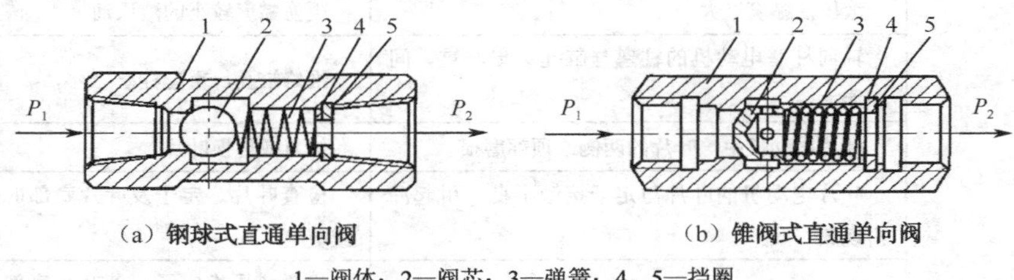

（a）钢球式直通单向阀　　（b）锥阀式直通单向阀

1—阀体；2—阀芯；3—弹簧；4，5—挡圈

图 3.9　管式直通单向阀

（2）单向阀的拆装。

单向阀的拆装比较简单，拧下螺钉，取出阀芯与弹簧。安装时应该注意阀芯和阀体的配合间隙是否在 0.008～0.015 mm 的范围内。如果阀芯已经锈蚀、拉毛或被污物堵塞，则需清洗，并用金相砂纸抛光阀芯外圆表面。此外，要检查密封元件是否工作可靠、弹簧弹力是否合适。

在液压系统中，单向阀的应用很广泛，常用在液压泵的端口，防止液压油倒流；也用于隔开油路之间的联系，防止油路互相干扰；还可以作为背压阀或旁通阀。

在选用单向阀时，除了根据需要合理选择开启压力外，还应特别注意，工作时通过单向阀的流量要与额定流量相匹配，因为当通过单向阀的流量比额定流量小很多时，单向阀有时会产生振动，流量越小开启压力越高，油液中含气量越多越容易产生振动；安装时认清进出口方向，不能装错，以免影响系统的正常工作，特别是在泵的出口安装单向阀时更应注意，若单向阀进、出口装反，可能会损坏液压泵或烧坏电动机。

普通单向阀的常见故障、产生原因及维修方法如表 3.7 所示。

表 3.7　普通单向阀的常见故障、产生原因及维修方法

故障现象	故障原因	维修方法
发生异常声音	油的流量超过允许值	更换流量大的阀
	与其他阀共振	可略微改变阀的稳定压力，也可调试弹簧的强弱
	在卸压单向阀中，用于立式大液压缸等回路，没有卸压装置	补充卸压装置回路
阀与阀座有严重泄漏	阀座锥面密封不好	重新研配
	滑阀或阀座拉毛	重新研配
	阀座碎裂	更换并研配阀座
单向阀失效	阀体孔变形，使滑阀在阀体内咬住	修研阀体孔
	滑阀配合时有毛刺，使滑阀不能正常工作	维修，去毛刺
	滑阀变形胀大，使滑阀在阀体内咬住	修研滑阀外径
结合处渗漏	螺钉或管螺纹未拧紧	拧紧螺钉或管螺纹

2）液控单向阀

液控单向阀的结构与工作原理如图 3.10 所示。

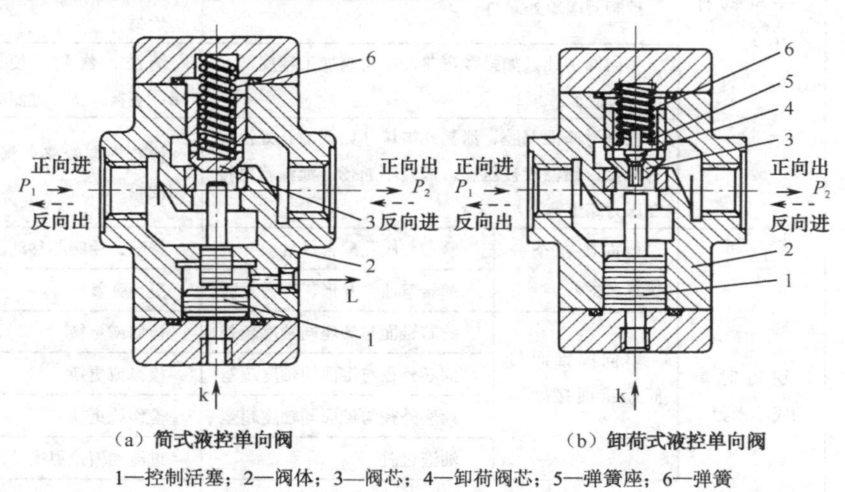

（a）筒式液控单向阀　　（b）卸荷式液控单向阀

1—控制活塞；2—阀体；3—阀芯；4—卸荷阀芯；5—弹簧座；6—弹簧

图 3.10　液控单向阀的结构与工作原理

液控单向阀有带卸荷阀芯的卸荷式和不带卸荷阀芯的筒式两种。图 3.10（a）是筒式液控单向阀，当控制活塞上移时，直接将阀芯推开，这种作用方式会使高压封闭回路内油液压力突然释放，从而产生很大的冲击压力，并伴随很大的释压噪声。图 3.10（b）是卸荷式液控单向阀，当控制活塞上移时，先将卸荷阀芯顶开，使主油路腔压力卸荷后，再将主阀

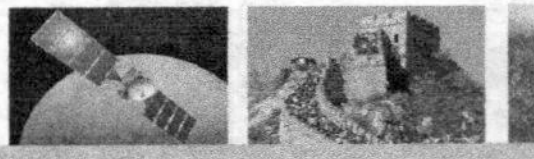

芯推开，实现油液反向流动，从而使控制压力减小，同时可减小液压冲击和释压噪声。

液控单向阀的应用场合如下。

用两个液控单向阀组成“液压锁”，对液压缸进行闭锁，使液压缸停止在任何位置；作为保压阀，使系统在规定的时间内保持一定压力；作为充液阀，利用油缸的负压将其吸开，从油箱吸油、对油缸进行充液；作为立式液压缸的支承阀，将液控单向阀接于立式液压缸的下腔，防止因系统泄漏造成柱塞（或活塞）下滑，还可以使液流实现正、反两个方向的流动。

液控单向阀的使用注意事项如下。

应保证控制压力足够大，能使液控单向阀正常反向开启；应根据液控单向阀在系统中的作用、安装位置，以及液流反向开启时出油腔的液流阻力（背压）大小，合理选择液控单向阀的结构形式；用两个液控单向阀或一个双向液控单向阀实现液压缸锁紧的回路；工作时系统流量应与液控单向阀的额定流量相匹配；认清主油口的正、反方向，以及控制油口和卸油口，以免装错。

液控单向阀的常见故障、产生原因及维修方法如表 3.8 所示。

表 3.8　液控单向阀的常见故障、产生原因及维修方法

<table>
<tr><th>故障现象</th><th colspan="3">故障原因</th><th>维修方法</th></tr>
<tr><td rowspan="6">油液不逆流</td><td rowspan="6">单向阀打不开</td><td colspan="2">控制压力过低</td><td>提高控制压力，使之达到要求</td></tr>
<tr><td colspan="2">控制管路接头漏油严重，管道弯曲或被压扁使油不通畅</td><td>紧固接头，消除漏油或更换油管</td></tr>
<tr><td colspan="2">控制阀芯卡死（如加工精度低，油液过脏）</td><td>清洗修配，使阀芯灵活</td></tr>
<tr><td colspan="2">控制阀端盖处漏油</td><td>紧固端盖螺栓，并保证拧紧力矩均匀</td></tr>
<tr><td colspan="2">单向阀卡死（如弹簧弯曲，单向阀加工精度低，油液过脏）</td><td>清洗、修配，使阀芯移动灵活；更换弹簧；过滤或更换油液</td></tr>
<tr><td colspan="2">控制滑阀泄漏腔、泄漏孔被堵（如泄漏孔处泄漏管未接，泄漏管被压扁，泄漏不通畅，泄漏管错接在压力路上）</td><td>检查泄漏管路，泄漏管应单独回油箱</td></tr>
<tr><td rowspan="8">逆方向不密封，有泄漏</td><td rowspan="8">逆流时单向阀不密封</td><td rowspan="2">单向阀在全开位置上卡死</td><td>阀芯与阀孔配合过紧</td><td>修配，使阀芯移动灵活</td></tr>
<tr><td>弹簧弯曲、变形、弹力太弱</td><td>更换弹簧</td></tr>
<tr><td rowspan="4">单向阀锥面与阀座锥面接触不均匀</td><td>阀芯锥面与阀座同轴度超差</td><td>检修或更换</td></tr>
<tr><td>阀芯外径与锥面同轴度超差</td><td>检修或更换</td></tr>
<tr><td>阀座外径与锥面同轴度超差</td><td>检修或更换</td></tr>
<tr><td>油液过脏</td><td>过滤油液或更换</td></tr>
<tr><td colspan="2">控制阀芯在顶出位置上卡死</td><td>修配，使达到移动灵活</td></tr>
<tr><td colspan="2">预控锥阀接触不良</td><td>检查原因并排除</td></tr>
<tr><td rowspan="2">噪声</td><td>阀选用错误</td><td colspan="2">通过阀的流量超过允许值</td><td>更换适宜的规格</td></tr>
<tr><td>共振</td><td colspan="2">和其他阀发生共振</td><td>更换弹簧，消除共振</td></tr>
</table>

2. 换向阀的故障诊断与维修

1）电磁换向阀

电磁换向阀的结构与工作原理如图 3.11 所示。电磁换向阀是利用电磁铁吸合所产生的推力，推动阀芯移动，从而实现液流的通断及流动方向的变换。如图 3.11（a）所示是二位三通电磁换向阀结构图。当电磁铁断电时，阀芯被弹簧推向左端（常态位），使 P 口与 A 口接通，B 口关断；当电磁铁通电时，铁芯通过推杆将阀芯推向右端，使 P 口与 B 口接通，A 口关断。如图 3.11（b）所示是三位四通电磁换向阀结构图。当两端电磁铁均断电时，阀芯处于中位，P、A、B、T 口互不相通；当左端电磁铁通电时，推杆将阀芯推向右端，使 P 口与 B 口接通、A 口与 T 口接通；当右端电磁铁得电时，阀芯被推向左端，使 P 口与 A 口接通、B 口与 T 口接通。电磁换向阀由于电磁铁额定吸力的限制，阀芯直径不能做得太大，其公称直径一般不超过 10 mm，适用于流量不大的场合。当流量较大时应采用液动或电液动换向阀。电磁换向阀按电源类型可分为交流型和直流型两种。交流型电磁铁吸力大，启动性能好，换向时间短（为 0.01～0.03 s），但换向时冲击力大，当阀芯卡住吸不动时，电磁线圈易烧坏。直流电磁铁换向较慢（一般为 0.05～0.08 s），换向冲击力小，寿命长，但启动时吸合力小，需直流电源。另外，根据衔铁工作腔是否有油液，又可将电磁换向阀分为干式和湿式。干式不允许压力油流入磁路、线圈等部分；湿式允许压力油流入电磁铁的空套内。干式为了防止压力油进入电磁铁中，阀的回流压力不能太高。湿式吸声小，冷却润滑好，温升低，寿命长，应用广泛。

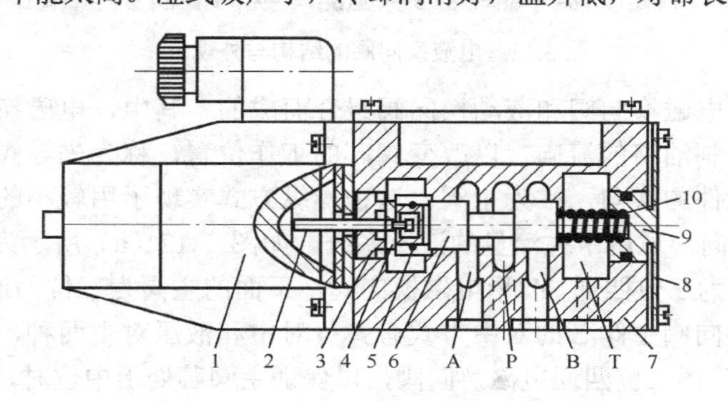

（a）二位三通电磁换向阀结构图

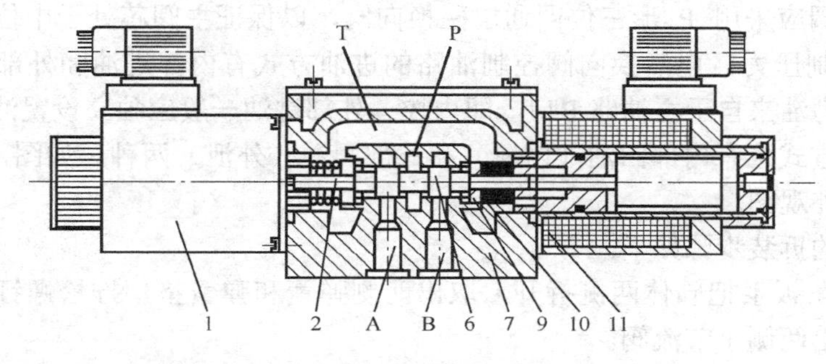

（b）三位四通电磁换向阀结构图

1—电磁铁；2—推杆；3—密封圈；4—弹簧座；5—支承弹簧；6—阀芯；7—阀体；

8—后盖；9—复位弹簧座；10—弹簧；11—挡块

图 3.11 电磁换向阀的结构与工作原理

电磁换向阀的拆装步骤如下。

（1）首先把机床的电源切断，把电磁换向阀的电部分（接线柱）拆掉。

（2）用螺丝刀（十字形）拆卸电磁换向阀，拆卸两侧挡板。

（3）取出两端的弹簧后，取出电磁换向阀的阀芯。

2）电液换向阀

电液换向阀的结构和外观如图 3.12 所示。

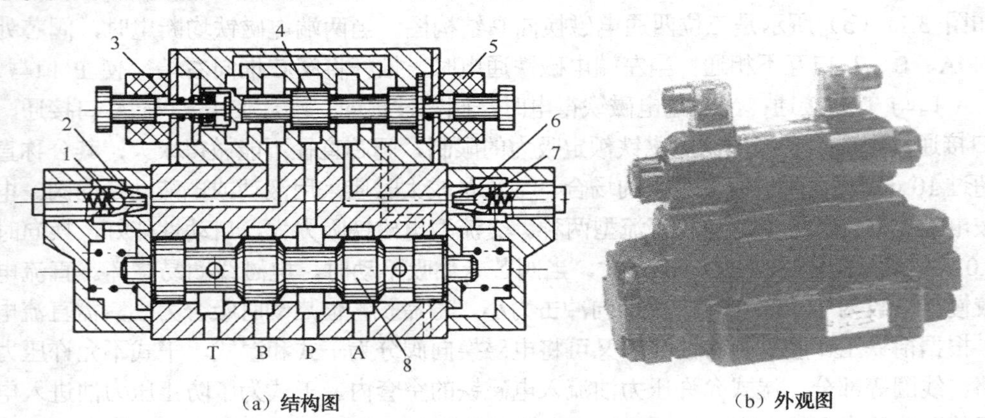

（a）结构图　　（b）外观图

1，7—单向阀；2，6—节流阀；3，5—电磁铁；4—先导阀阀芯；8—主阀阀芯

图 3.12　电液换向阀的结构与外观

电液换向阀是由电磁换向阀和液动换向阀组合而成的。其中，电磁换向阀用来改变通到液动换向阀两端控制油路的流向，以改变阀芯的工作位置，称为先导阀。液动换向阀用来控制系统中执行元件的换向，称为主阀。这种操纵方式实现了用较小的电磁铁吸力来控制主油路大流量的换向，适用于大流量的液压系统。如图 3.12（a）所示为电液换向阀的结构图，上面的先导阀为三位四通 Y 形电磁换向阀，下面的主阀为三位四通 O 形液动换向阀。三位四通电液换向阀主阀芯的对中方式有弹簧对中和液压对中两种，当采用弹簧对中时，先导阀应采用 Y 形三位四通电磁换向阀，以保证主阀芯处于中位时，其两端控制油腔的油液始终与油箱接通，处于零压状态，使主阀芯只在弹簧力作用下很好对中。当采用液压对中时，先导阀应采用 P 形三位四通电磁换向阀，以保证主阀芯处于中位时，其两端控制油腔始终有控制压力。电液换向阀控制油路的进油方式有内部进油和外部进油。内部进油控制油路的压力油来自于主油路 P 口，即内控。外部进油一般应独立设置油源，即外控。控制油路的回油方式也有内部回油（内泄）和外部回油（外泄）两种。如图 3.12（b）所示为电液换向阀的外观图。

电液换向阀的拆装步骤如下。

（1）用内六角扳手把阀体两侧拆开，取出两侧弹簧和弹簧垫，拧松螺钉取出两侧小弹簧和小滚珠，取出两侧小节流阀。

（2）取出主阀芯，用内六角扳手拧松电磁换向阀，使电磁换向阀和液动换向阀分离。

（3）用煤油清洗所有拆卸件，更换损坏件和易损件（密封环等），再按逆向顺序完成组装过程。组装换向阀时除了要检查密封元件是否可靠、弹簧弹力是否合适之外，特别要检查配合间隙。配合间隙不当是换向阀出现机械故障的一个重要原因。当阀芯直径小于

20 mm 时，配合间隙应为 0.008～0.015 mm；当阀芯直径大于 20 mm 时，配合间隙应为 0.015～0.025 mm。电磁控制的换向阀还要注意检查电磁铁的工作情况，对于液控换向阀还要注意控制油路的连接和通畅，防止使用中出现电气故障和液控系统故障。

换向阀的使用注意事项如下。

（1）操纵方式。操纵方式应适应系统的要求，同时还应考虑操纵的方便性和系统的自动化水平。

（2）换向阀的压力和流量应满足下列要求。

① 应使系统的工作压力和流量小于阀的额定压力和额定流量，否则会出现动作异常。

② 当系统的流量超过电磁换向阀的额定流量时，应选用电液换向阀和液动换向阀。

③ 滑阀机能。不同的滑阀机能可满足系统的不同要求，有些滑阀机能虽然相同，但过渡机能不同，也会影响执行元件的动作，应正确选择。

④ 换向精度和平稳性。当工作腔 A 口和 B 口都封堵时，换向易产生冲击，但换向精度高；反之，当 A 口和 B 口都与 T 口相通时，换向过程中执行元件不易制动，换向精度低，但液压冲击小。

⑤ 启动平稳性。不同的中位机能启动性能不同，当阀在中位时，若液压缸某腔与油箱相通，则启动时因没有油液起缓冲作用，启动不太平稳。

⑥ 连接方式。液压阀广泛应用的连接方式是板式连接。

电磁（液）换向阀的常见故障、产生原因及维修方法如表 3.9 所示。

表 3.9 电磁（液）换向阀的常见故障、产生原因及维修方法

故障现象	原因分析		维修方法
主阀芯不动作	电磁铁故障	电磁铁线圈烧坏	检查原因，进行维修或更换
		电磁铁推动力不足或漏磁	检查原因，进行维修或更换
		电气线路出现故障	消除故障
		电磁铁未加上控制信号	检查后加上控制信号
		电磁铁铁芯卡死	检查或更换
	先导电磁铁故障	阀芯与阀体孔卡死（如零件几何精度差，阀芯与阀孔配合过紧，油液过脏）	维修配合间隙达到要求，使阀芯移动灵活；过滤或更换油液
		弹簧弯曲，使滑阀卡死	更换弹簧
	主阀芯卡死	阀芯与阀体几何精度差	维修配研间隙使之达到要求
		阀芯与阀体孔配合太紧	维修配研间隙使之达到要求
		阀芯表面不合格	修去毛刺，冲洗干净
	液控系统故障	控制油路无油	检查原因并排除
		控制油路被堵塞	检查清洗，使控制油路畅通
		阀端盖处漏油	拧紧端盖螺钉
		滑阀排油腔一端节流阀调节得过小或被堵死	清洗节流阀并调整合适
	油液变化	油液过脏使阀芯卡死	过滤或更换油液

续表

故障现象	原因分析		维修方法
主阀芯不动作	油液变化	油温升高，使零件产生热变形，导致卡死现象	检查油温过高原因并排除
		油温过高，油液中产生胶质，黏住阀芯表面而卡死	清洗，消除高温
		油液黏度太高，使阀芯移动困难而卡住	更换适宜的油液
	安装不良	安装螺钉拧紧力矩不均匀	重新紧固螺钉，使之受力均匀
		阀体上连接的管子别劲	重新安装
	复位弹簧不符合要求	弹簧力过大，弹簧弯曲、变形，导致阀芯卡死	更换适宜的弹簧
阀芯换向后通过的流量不足	开口量不足	电磁阀中推杆过短	更换适宜长度的推杆
		阀芯与阀体几何精度差，间隙太小，移动时有卡死现象，不到位	配研达到要求
		弹簧太弱，推力不足，使阀芯行程达不到终端	更换适宜弹力的弹簧
压力降过大	使用参数选择不当	实际通过流量大于额定流量	应在额定范围内使用
液控换向阀的阀芯换向速度不易调节	可调装置故障	单向阀封闭性差	维修或更换
		节流阀加工精度差，调节不出最小流量	更换节流阀
		排油腔阀盖处漏油	更换密封件，拧紧螺钉
		针形节流阀调节性能差	改用三角槽节流阀
电磁铁过热或线圈烧坏	电磁铁故障	线圈绝缘不好	更换
		电磁铁铁芯不合适，吸不住	更换
		电压太低或不稳定	电压的变化值应在额定电压的10%以内
		电极焊接不好	重新焊接
	负荷变化	换向压力超过规定	降低压力
		换向流量超过规定	更换规格合适的电液换向阀
电磁铁吸力不够		回油口背压过高	调整背压使其在规定值内
冲击与振动	装配不良	电磁铁铁芯与阀芯轴线同轴度超差	重新装配，保证有良好的同轴度
	装配不良	推杆过长	修磨推杆到适宜长度
		电磁铁铁芯与阀芯轴线同轴度超差	清除污物，重新装配达到要求
	换向冲击	大通径电磁换向阀因电磁铁规格、吸合速度快而产生冲击大	需要采用大通径换向阀时，应选用电液换向阀
		液动换向阀因控制流量过大、阀芯移动速度太快而产生冲击	调小节流阀节流口，减慢阀芯移动速度
		单向节流阀中的单向阀钢球漏装或钢球破碎，造成无阻尼作用	检修单向节流阀
	振动	固定电磁铁的螺钉松动	紧固螺钉，并加垫圈

3.2.6　溢流阀的故障诊断与维修

1. 直动式溢流阀的结构与工作原理

直动式溢流阀是依靠作用在阀芯上主油路的油液压力，直接与作用在阀芯上的弹簧力相平衡来控制阀芯启闭的溢流阀。直动式溢流阀的阀口形式有滑阀式、锥阀式和球阀式三种。图 3.13（a）是滑阀式阀口形式的直动式溢流阀结构图。它主要由螺塞 1、阀芯 2、阀体 3、上盖 4、锁紧螺母 5、调压弹簧 6、调节螺母 7、调节杆 8 等组成。溢流阀的泄油方式有内泄和外泄之分。如图 3.13（a）所示，L 口封堵时，阀芯上端的油液将通过 e 口与 T 口相通，这种泄油方式为内泄。内泄时回油口 T 的背压直接作用于阀芯上端面，弹簧平衡的是进出口压差。当将 e 口堵住，L 口打开并用油管直接接回油箱时，这种泄油方式称外泄。

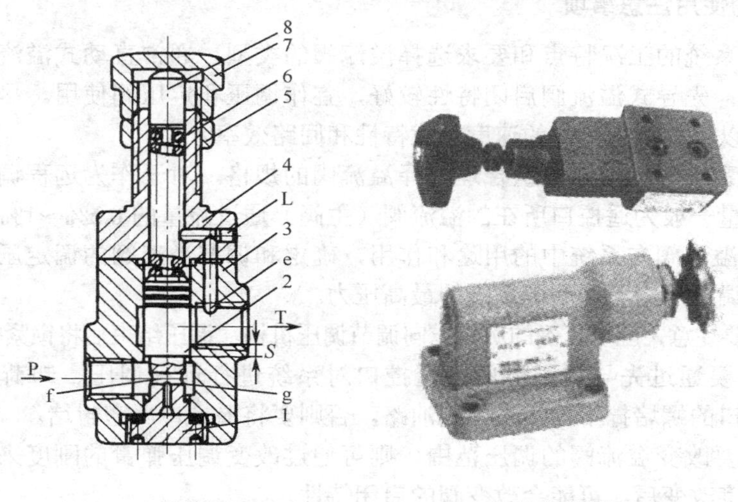

（a）结构图　　（b）板式连接外观图

1—螺塞；2—阀芯；3—阀体；4—上盖；5—锁紧螺母；

6—调压弹簧；7—调节螺母；8—调节杆

图 3.13　直动式溢流阀的结构与外观图

2. 溢流阀的主要用途

（1）调压和稳压。如在由定量泵构成的液压源中，用以调节泵的出口压力，保持该压力恒定。

（2）限压。如用作安全阀，当系统正常工作时，溢流阀处于关闭状态，仅在系统压力大于其调定压力时才开启溢流，对系统起过载保护作用。

溢流阀的特征：阀与负载相并联，溢流口接回油箱，采用进口压力负反馈。

3. 溢流阀的拆装

1）阀体部分拆卸

（1）用虎钳夹住阀体，带螺纹堵头朝上方（注意，不能让钳口损坏配合面）。

（2）用勾扳子拆装螺纹堵头（注意，别让弹簧蹦出），取出主阀芯和弹簧。

2）溢流阀的装配

（1）用煤油仔细清洗所有拆卸件，更换损坏件和易损件（密封环等）以后，按逆向顺

序组装。

（2）主阀芯在阀体内应该移动灵活，不能有阻滞现象，配合间隙一般在0.015～0.025 mm之间。

（3）主阀芯、先导阀芯与它们的阀体之间应该有良好的密封。

（4）装配以后应该进行压力调整试验。

在溢流阀组装过程中要特别注意的是，应保证阀芯运动灵活，拆开后要用金相砂纸打磨阀芯外圆表面，去除锈蚀、毛刺等。滑阀阻尼孔要清洗干净，防止堵塞，滑阀不能移动，弹簧软硬要合适，不允许有裂纹或者弯曲，液控口要加装螺塞，拧紧密封防止泄漏，密封件和结合处的纸垫位置要正确；各连接处的螺钉要牢固。

4. 溢流阀的使用注意事项

（1）应根据系统的工况特点和要求选择溢流阀的类型。通常直动式溢流阀响应较快，宜作安全阀使用；先导式溢流阀启闭特性较好，宜作调压和定压阀使用。尽量选用启闭特性好的溢流阀，以提高执行元件的速度负载特性和回路效率。

（2）应根据系统的压力和流量合理选择溢流阀的规格，对于作为远程调压阀使用的溢流阀，其通过流量一般为遥控口所在的溢流阀（主阀）通过流量的0.5%～1%。

（3）应根据溢流阀在系统中的用途和作用，确定和调节溢流阀的调定压力。当作为安全阀使用时，其调定压力不得高于系统的最高压力。

（4）调压时要注意，应以正确的旋转方向调节调压机构，调压结束后将锁紧螺母锁紧。

（5）如果需要通过先导式溢流阀的遥控口对系统进行远程调压、卸荷或多级压力控制，则应将遥控口的螺堵拧下，接入控制油路，否则要将遥控口严密封堵。

（6）如果需要改变溢流阀的调压范围，则可通过改变调压弹簧的刚度来实现，但同时应注意，弹簧刚度改变后，可能会改变阀的启闭特性。

（7）溢流阀作为卸荷阀使用时，其回油口应直接接油箱，以减少背压。

（8）电磁溢流阀的电压、电流及接线形式必须正确。

（9）阀的安装连接要正确，接口密封要严密，外部泄油口要直接接油箱。

5. 溢流阀的常见故障与维修

溢流阀的常见故障、产生原因及维修方法如表3.10所示。

表3.10　溢流阀的常见故障、产生原因及维修方法

故障现象	故障原因	维修方法
调压时，压力升得很慢，甚至一点也调不上去	主阀阀芯上有毛刺，或阀芯与阀体孔的间隙内卡有污物	修磨阀芯
	阀芯与阀座接触处纵向拉伤有划痕，接触线处磨损有凹坑	清洗与换油，修磨阀芯
	先导阀锥阀与阀座接触处纵向拉伤有划痕，接触线处磨损有凹坑	清洗与换油，修磨阀芯
	先导阀锥阀与阀座接触处有污物	清洗与换油

续表

故障现象	故障原因	维修方法
调压时，压力虽然可上升，但上升不到公称压力	液压泵故障	检修或更换液压泵
	油温过高，内部泄漏量大	加强冷却，消除泄漏
	调压弹簧折断或错装	更换调压弹簧
	主阀阀芯与主阀阀体孔的配合过松，拉伤出现沟槽，或使用后磨损	更换主阀阀芯
	主阀阀芯卡死	去毛刺，清洗
	污物颗粒部分堵塞主阀阀芯阻尼孔、旁通孔和先导阀阀座阻尼孔	用ϕ1 mm 钢丝穿通阻尼孔
压力波动大	系统中进入空气	排净系统中的空气
	压油不清洁，阻尼孔不通畅	更换液压油，穿通并清洗阻尼孔
	弹簧弯曲或弹簧刚度太低	更换弹簧
	锥阀与锥阀座接触不良或磨损	更换锥阀
	主阀阀芯表面拉伤或弯曲	修磨或更换阀芯
调压时，压力调不下来	错装成刚性太大的调压弹簧	更换弹簧
	调节杆外径太大或因毛刺污物卡住阀盖孔，不能随松开的调压手柄而后退，所调压力下不来或调压失效	检查调节杆外径尺寸
	先导阀阀座阻尼孔被封死，压力调不下来，调压失效	用ϕ1 mm 钢丝穿通阻尼孔
	因调节杆密封沟槽太浅，O 形圈外径又太粗，卡住调节杆不随松开的调压螺钉移动	更换合适的 O 形圈
振动与噪声大，伴有冲击	系统中进入空气	排净系统中的空气
	进、出油口接反	纠正进、出油口位置
	调压弹簧折断	更换调压弹簧
	先导阀阀座阻尼孔被封死	用ϕ1 mm 钢丝穿通阻尼孔
	滑阀上阻尼孔堵塞	疏通滑阀上的阻尼孔
	主阀弹簧太软、变形	更换主阀弹簧

3.2.7 减压阀的故障诊断与维修

1. 直动式减压阀的结构及工作原理

如图 3.14 所示，进口压力 P_1 经减压后变为 P_2，阀芯在原始位置时，进、出口畅通，阀处于常开状态。它的控制压力引自出口，当出口压力 P_2 增大到调定压力时，阀芯处于上升的临界状态，当 P_2 继续增大时，阀芯上移，关小阀口，液阻增大，压降增大，使出口压力减小。反之，当出口压力 P_2 减小时，阀芯下移，阀口开大，液阻减小，压降减小，使出口压力回升。在上述过程中，若忽略摩擦力、阀芯重力和稳态液动力，则阀芯上只有下部的液动力（等于出口压力），和上部的弹簧力（约等于调定压力）相平衡，可维持出口压力基本为调定压力不变。

减压阀主要用于降低并稳定系统中某一支路的油液压力，常用于夹紧、控制、润滑等

油路中。

减压阀的特征：阀与负载相串联，调压弹簧腔有外接泄油口，采用出口压力负反馈。

2. 减压阀（顺序阀）拆装

（1）滑阀应移动灵活，防止出现卡死现象。

（2）阻尼孔应疏通良好。

（3）弹簧软硬应合适，不可断裂或弯曲。

（4）阀体和滑阀要清洗干净，泄漏通道要畅通。

（5）密封件不能有老化或损坏现象，确保密封效果，紧固各连接处的螺钉。

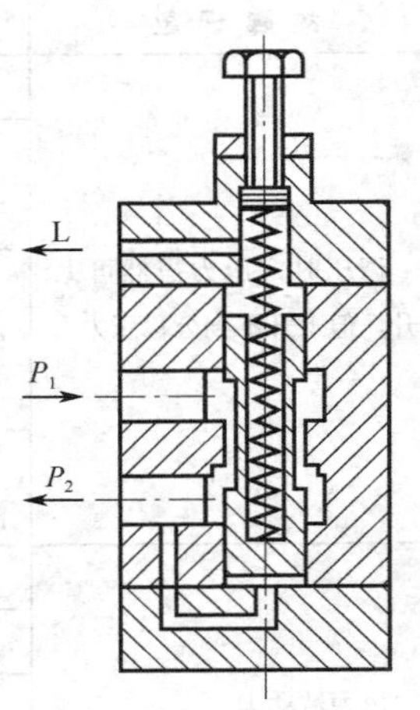

图 3.14　直动式减压阀

3. 减压阀的选择与使用注意事项

（1）应根据系统的工况特点和要求选择减压阀的类型，并注意减压阀启闭特性的变化趋势与溢流阀相反（通过减压阀的流量增大时出口压力有所减小）。另外，应注意减压阀的泄油量较其他阀多，始终有油液从先导阀流出（有时多达 1 L/min 以上），从而影响液压泵容量的选择。

（2）应根据系统的压力和流量合理选择减压阀的规格。

（3）应根据减压阀在系统中的用途和作用确定和调节出口压力，必须注意减压阀的设定压力与执行元件负载压力的关系。

（4）调压时要注意，应以正确的旋转方向调节调压机构，调压结束后将锁紧螺母锁紧。

（5）如果需要通过先导式减压阀的遥控口对系统进行多级减压控制，则应将遥控口的螺堵拧下，接入控制油路；否则会将遥控口严密封堵。

（6）阀的安装连接要正确，接口密封要严密，减压阀的泄油口必须独立接回油箱。

4. 减压阀的常见故障与维修

减压阀的常见故障、产生原因及维修方法如表 3.11 所示。

表 3.11　减压阀的常见故障、产生原因及维修方法

故障现象	故障原因	维修方法
不起减压作用	有的动式减压阀将顶盖方向装错，使回油孔堵塞	重新装配顶盖，将顶盖上的回油孔与阀体上的回油孔对准
	滑阀与阀体孔的制造精度差、滑阀被卡住	研配滑阀与阀体孔，使之移动灵活无阻滞
	滑阀上的阻尼小孔被堵塞	清洗并疏通滑阀上的阻尼孔
	调压弹簧太硬或发生弯曲被卡住	更换软硬、长度合适的弹簧
	钢球或锥阀与阀座孔配合不良	更换钢球或修磨锥阀，并研配阀座孔
	泄漏通道被堵塞，滑阀不能移动	清洗滑阀和阀体，使泄漏通道畅通
压力不稳定	滑阀与阀体配合间隙过小，滑阀移动不灵活	修磨滑阀并研磨滑阀孔，使配合间隙符合要求
	滑阀弹簧太软，产生变形或在阀芯中被卡住，使滑阀移动困难	更换软硬合适的弹簧

续表

故障现象	故障原因	维修方法
压力不稳定	滑阀阻尼孔时通时阻塞	更换液压油，清洗并疏通滑阀上的阻尼孔
	锥阀与锥阀座接触不良，如锥阀磨损、有伤痕，锥阀、阀座孔不圆	修磨锥阀，并研磨阀座孔，使之配合良好
	锥阀调压弹簧变形	更换调压弹簧
	液压系统内进入空气	排除液压系统内空气
泄漏严重	滑阀磨损后与阀体孔配合间隙太大	重制滑阀，与阀体孔配磨，使其间隙达到规定值
	密封件老化或磨损	更换密封件
	锥阀与阀座孔接触不良或磨损严重	修磨锥阀，研磨阀体孔，使其配合紧密
	各连接处螺钉松动或拧紧力不均匀	紧固各连接处螺钉

3.2.8 顺序阀的故障诊断与维修

1. 直动式顺序阀的结构及工作原理

如图 3.15 所示为直动式顺序阀的工作原理图。一次油液压力 P_1，通过阀体 4 和下端盖 7 的孔道引入到小活塞 6 的下腔。工作时泵输出的压力油液先克服缸 I 的负载，驱动缸运动。缸 I 负载增加时，P_1 也增加，当 P_1 增加到使小柱塞底部的液压作用力大于弹簧力时，阀芯上移，阀口全开，使 P_1（P_1 对应缸 I）和 P_2（P_2 对应缸 II）接通，驱动缸 II 运动，从而控制缸 I 和缸 II 按顺序动作。图示状态为内控式，若将下端盖旋转 90°，拆下螺堵 K，并与外部油源连接，就是外控式，此时泄油口 L 必须单独接回油箱。外控式阀口的开启与否与一次压力 P_1 无关，仅取决于外部控制压力的大小。

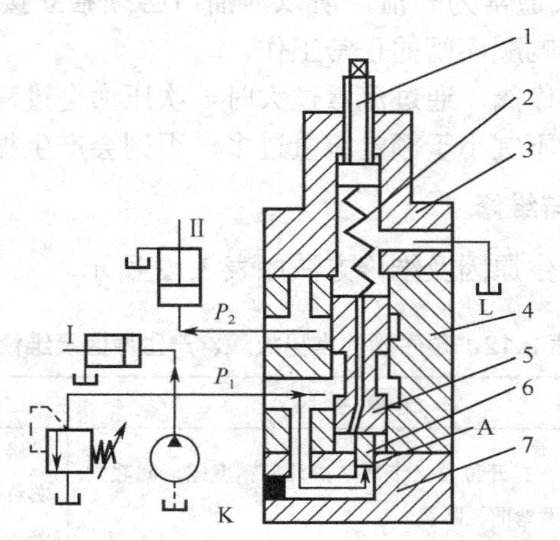

1—调节螺钉；2—调压弹簧；3—上端盖；4—阀体；5—阀芯；6—小活塞；7—下端盖

图 3.15 直动式顺序阀的工作原理图

如图 3.16 所示为直动式顺序阀的结构与外观图。由于采用了控制油液压力来克服阀芯弹簧力，直接推动阀芯移动，使弹簧刚度增大，从而增大了调偏差，因此，它只适用于压力小于 8 MPa 的场合。图中主阀芯下端设置的小活塞就是为了减少弹簧刚度，尽管如此，

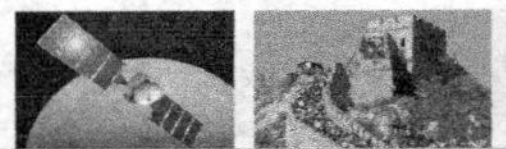

弹簧刚度还是比较大。

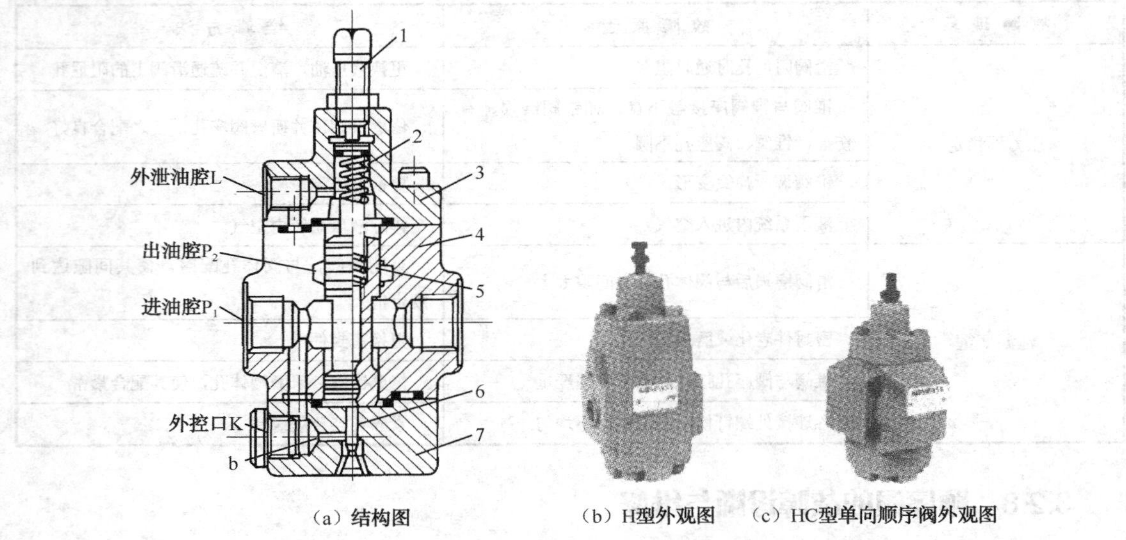

（a）结构图　　（b）H型外观图　　（c）HC型单向顺序阀外观图

图 3.16　直动式顺序阀的结构与外观图

顺序阀是利用油液压力作为控制信号控制油路通断。顺序阀也有直动式和先导式之分；根据控制压力来源不同，它还有内控式和外控式之分。通过改变控制方式、泄油方式及二次油路的连接方式，顺序阀还可用作背压阀、卸荷阀和平衡阀等。

2. 顺序阀的使用注意事项

（1）应根据系统的工况特点和要求选择顺序阀的控制方式，即是内控还是外控。

（2）所选用的顺序阀开启压力不能过低，否则会因泄漏导致执行元件误动作。

（3）顺序阀的泄油方式通常为外泄，所以泄油口必须独立接回油箱，并注意泄油回路不能有过高的背压，以免影响顺序阀的正常工作。

（4）启闭特性太差的顺序阀，通过流量过大时一次压力会过高，导致系统效率降低。

（5）顺序阀的通过流量不宜小于额定流量过多，否则会产生振动或其他不稳定现象。

3. 顺序阀的常见故障与维修

顺序阀的常见故障、产生原因及维修方法如表 3.12 所示。

表 3.12　顺序阀的常见故障、产生原因及维修方法

故障现象	故障原因	维修方法
始终出油，导致不起顺序作用	阀芯在打开位置上卡死（如几何精度差，间隙太小，弹簧弯曲、断裂）	维修，使配合间隙达到要求，并使阀芯移动灵活；检查油质，过滤或更换油液；更换弹簧
	单向阀在打开位置上卡死（如几何精度差，间隙太小，弹簧弯曲、断裂，油液太脏）	维修，使配合间隙达到要求，并使单向阀芯移动灵活；检查油质，过滤或更换油液；更换弹簧
	单向阀密封不良（如几何精度差）	维修，使单向阀密封良好
	调压弹簧断裂	更换弹簧

续表

故障现象	故障原因	维修方法
始终出油，导致不起顺序作用	调压弹簧漏装	补装弹簧
	未装锥阀或钢球	补装
	锥阀或钢球碎裂	更换
不出油，导致不起顺序作用	阀芯在关闭位置上卡死（如几何精度低，弹簧弯曲，油液脏）	维修，使滑阀移动灵活，更换弹簧，过滤或更换油液
	锥阀芯在关闭位置上卡死	维修，使滑阀移动灵活，过滤或更换油液
	控制油液流动不畅通（如阻尼孔堵死，或遥控管道被压扁堵死）	清洗或更换管道，过滤或更换油液
	遥控压力不足，或下端盖结合处漏油严重	提高控制压力，拧紧螺钉并使之受力均匀

3.2.9　压力继电器的故障诊断与维修

1．压力继电器的结构及工作原理

如图 3.17 所示，压力继电器是利用液压力来启闭电气触点的液压电气转换元件。它在油液压力达到调定压力时发出电信号，控制电气元件动作，实现液压系统的自动控制，或起安全保护作用。压力继电器由压力位移转换部件和微动开关两部分组成。按结构和工作原理分类，压力继电器可分柱塞式、弹簧管式、膜片式和波纹管式 4 种，其中，柱塞式压力继电器最常用。如图 3.17 所示是柱塞式压力继电器的结构与外观图。当油液压力达到压力继电器的调定压力时，作用在柱塞 1 上的油液压力通过顶杆 2 的推动，合上微动开关 4，发出电信号。图中 L 为泄油口，改变弹簧的预压缩量，就可以调节压力继电器的调定压力。

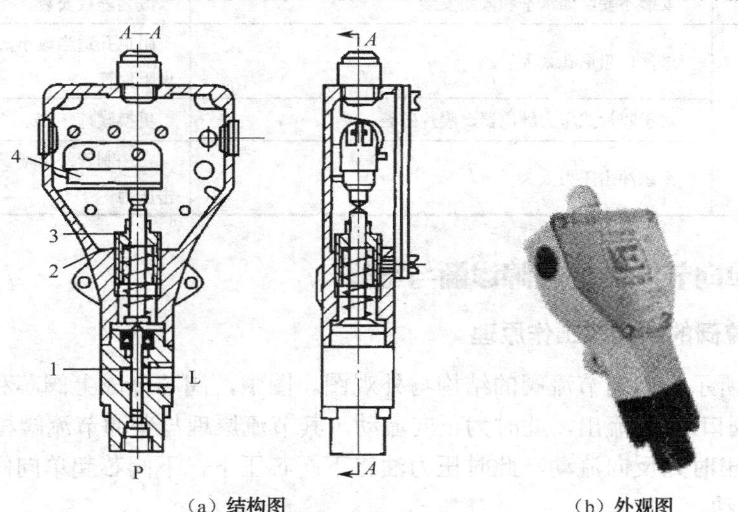

（a）结构图　　（b）外观图

1—柱塞；2—顶杆；3—调节螺钉；4—微动开关

图 3.17　柱塞式压力继电器的结构与外观图

压力继电器常用于控制泵的启闭或卸荷、执行元件的动作顺序，系统的安全保护和连锁等功能。

2. 压力继电器的使用注意事项

（1）根据具体用途和系统压力选择适当结构形式的压力继电器，为了保证压力继电器的动作灵敏，避免低压系统选用高压压力继电器。

（2）为了补偿液压泵的压力脉动，对于压力继电器的连接管，建议采用微型软管（内径 2 mm，长度至少 1 m）。

（3）按照所要求的电源形式和具体要求对压力继电器中的微动开关进行接线。

（4）调压完毕后，应锁定或固定其位置，以免受振动后调定压力发生变化。

3. 压力继电器的常见故障与维修

压力继电器的常见故障、产生原因及维修方法如表 3.13 所示。

表 3.13 压力继电器的常见故障、产生原因及维修方法

故障现象	故障原因	维修方法
压力继电器失灵	微动开关损坏，不发信号	更换微动开关
	微动开关发信号，但调节弹簧失灵、压力-位移机构卡阻、压力传感元件（如膜片、弹簧管、波纹管等）失灵	更换弹簧；清洗压力-位移机构；检修、更换压力传感元件
灵敏度太差	对于膜片式压力继电器，杠杆柱销处摩擦力过大，或钢球与柱塞接触处摩擦力过大	重新装配，使动作灵敏
	微动开关接触行程太长	合理调整位置
	接触螺钉、杠杆等调节不当	合理调整螺钉和杠杆位置
	阀芯（柱塞）卡阻，移动不灵活	清洗、维修，使之灵活
	安装不妥，如水平和倾斜安装	改为垂直安装
发信号太快	进油口阻尼孔太大	阻尼孔适当改小，或在控制管路上增设阻尼管
	对于膜片式压力继电器，膜片碎裂	更换膜片
	系统冲击压力太大	在控制管路上增设阻尼管，以减弱冲击压力

3.2.10 单向节流阀的故障诊断与维修

1. 单向节流阀的结构及工作原理

如图 3.18 所示为单向节流阀的结构与外观图。图中，阀芯分成上阀芯和下阀芯。油液从 P_1 进入，经阀口从 P_2 流出，此时为正向流动，其节流原理与普通节流阀相同；油液从 P_2 进入，从 P_1 流出时为反向流动，此时压力油将下阀芯压下，下阀芯起单向阀作用，可实现油液反向自由流动。

适用场合：由于节流阀没有压力和温度补偿装置，不能补偿由于负载或油液黏度变化所引起的执行元件速度的不稳定，所以一般只适用于负载变化不大和速度稳定性要求不高的液压系统。另外，节流阀还可以用于执行元件的缓冲或多缸互不干扰回路中的限流等。

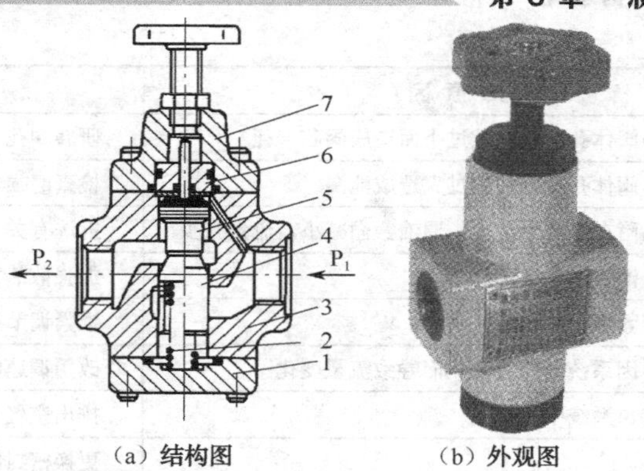

（a）结构图　　（b）外观图

1—底座；2—复位弹簧；3—阀体；4—下阀芯；5—上阀芯；6—导套；7—顶盖

图 3.18　单向节流阀的结构与外观图

2. 节流阀的拆装步骤

（1）用内六角扳手拧开并取下底盖，取出弹簧和阀芯，所有密封件不能丢失。

（2）用内六角扳手拧开并取下顶盖。

（3）按拆卸的逆向顺序完成阀的装配。阀体上的节流口要清洗干净。阀芯用手往上推，要轻松，手感没有梗阻现象。

组装流量控制阀的过程中，除了要注意阀体和阀芯的配合间隙要合适、弹簧软硬要合适、密封可靠及连接紧固等问题外，特别要注意阀体和阀芯的清洗，节流阀的节流口不能有污物，以防节流口被堵塞。

3. 节流阀的使用注意事项

（1）有些产品的普通节流阀的进、出口可以任意对调，有的则不允许，安装使用时应根据产品说明书的要求正确接入系统中。

（2）节流阀不宜在较小的开度下工作，否则会因堵塞而引起执行元件爬行。

（3）行程节流阀和单向节流阀安装时，应用螺钉固定在行程挡块路径已加工的基面上，安装方向可以根据需要而定，挡块的倾角应参照产品说明书制作，不应过大。

（4）节流开度应根据执行元件的速度进行调节，调节完毕后予以锁紧。

4. 单向节流阀的常见故障与维修

节流阀的常见故障、产生原因及维修方法如表 3.14 所示。

表 3.14　节流阀的常见故障与维修方法

故障现象	故障原因	维修方法
流量调节作用失灵	节流口或阻尼小孔被严重堵塞，滑阀被卡住	拆洗滑阀，更换液压油，使滑阀运动灵活
	节流阀阀芯因污物、毛刺等卡住	拆洗滑阀，更换液压油，使滑阀运动灵活
	阀芯复位弹簧断裂或漏装	更换或补装弹簧
	在带单向阀装置的节流阀中，单向阀密封不良	研磨阀座

续表

故 障 现 象	故 障 原 因	维 修 方 法
流量调节作用失灵	节流滑阀与阀体孔配合间隙过小而造成阀芯卡死	研磨阀孔
	节流滑阀与阀体孔配合间隙过大造成泄漏	检查磨损、密封情况，更换阀芯
流量虽然可调，但调好的流量不稳定，从而使执行元件的速度不稳定	油中杂质黏附在节流口边上，通油截面减小，流量减少	拆洗有关零件，更换液压油
	油温升高，油液的黏度降低	加强散热
	调节手柄锁紧螺钉松动	锁紧调节手柄锁紧螺钉
	节流阀中，因系统负荷有变化而导致流量变化	改用调速阀
	阻尼孔堵塞，系统中有空气	排出空气，使阻尼孔畅通
	密封损坏	更换密封圈
	阀芯与阀体孔配合间隙过大而造成泄漏	检查磨损、密封情况，更换阀芯
外泄漏、内泄漏大	外泄漏主要发生在调节手柄部位、工艺螺塞、阀安装面等处，主要原因是O形密封圈永久变形、破损、漏装等	更换O形密封圈
	内泄漏的主要原因是节流阀阀芯与阀体孔配合间隙过大、使用过程中的严重磨损及阀芯与阀体孔拉有沟槽，另外还有油温过高等	保证阀芯与阀孔的公差，保证节流阀阀芯与阀体孔配合间隙，如果有严重磨损及阀芯与阀体孔拉有沟槽，则可用电刷镀或重新加工阀芯进行研磨

3.2.11 调速阀的故障诊断与维修

1. 调速阀的结构及工作原理

如图 3.19 所示为调速阀的结构与外观图。进口压力由 P_1 经减压阀减压后降为 P_m，压力 P_m 分成三路：第一路经 f 孔流入 d 腔，第二路经 e 孔流入 c 腔，第三路经节流阀阀口产生的压降减为 P_2。压力油（P_2）一方面从出口流入液压缸，另一方面经 a 孔进入 b 腔。调速阀之所以能使通过节流口的压力差保持不变，是由减压阀的自动补偿来完成的。若调速阀进口压力 P_1 已由溢流阀调定不变。当负载变化引起调速阀出口压力 P_2 增加时，减压阀上端 b 腔液压力增加，阀芯下移，减压阀口开度 h 增大，压降减小，使 P_m 增大，从而保证 $\Delta P=P_m-P_2$ 不变；当负载变化引起 P_2 减小时，b 腔液压力减小，减压阀芯上移，阀口开度 h 减小，压降增大，P_m 减小，又保证了ΔP 不变。如图 3.19 所示为先减压后节流的结构形式。调速阀也有先节流后减压的，两者的工作原理基本相同。有的调速阀在内部装设单向阀，当油液正向流动时起调速作用，反向流动时不起调速作用，油液可自由流动，称其为单向调速阀。

调速阀的应用与节流阀相似，主要用于节流调速回路，也可用于容积-节流调速回路。

2. 调速阀的选择与使用注意事项

（1）调速阀安装时进口与出口不能反接，否则压力补偿装置不起作用。

（2）在选用调速阀时应使其最小稳定流量小于执行元件所需的最小流量。

（3）当系统执行元件速度稳定性要求特别高时，或用于微量进给的情况下，应选用温度补偿调速阀。

（4）为了保证调速阀的正常工作，调速阀的工作压差应大于阀的最小压差ΔP_{min}，一般高压阀的ΔP_{min}为 1 MPa，低压阀的最小压差为 0.5 MPa。

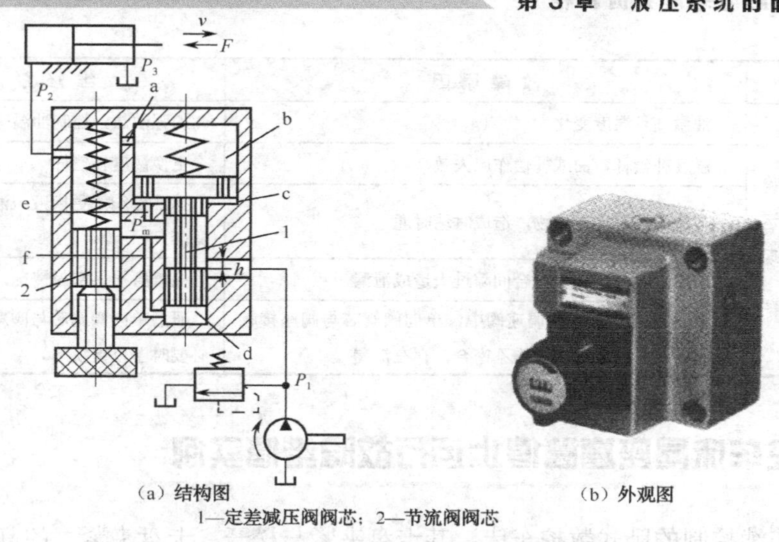

（a）结构图　　（b）外观图

1—定差减压阀阀芯；2—节流阀阀芯

图 3.19 调速阀的结构与外观图

（5）流量调节完毕后予以锁紧。

（6）在接近最小稳定流量下工作时，建议在调速阀的进口侧设置管路过滤器，以免堵塞而影响流量的稳定性。

3. 调速阀的常见故障与维修

调速阀的常见故障、产生原因及维修方法如表 3.15 所示。

表 3.15 调速阀的常见故障、产生原因及维修方法

故障现象	故障原因	维修方法
流量调节作用失灵	节流口或阻尼小孔被严重堵塞，滑阀被卡住	拆洗滑阀，更换液压油，使滑阀运动灵活
	节流阀阀芯因污物、毛刺等卡住	拆洗滑阀，更换液压油，使滑阀运动灵活
	阀芯复位弹簧断裂或漏装	更换或补装弹簧
	节流滑阀与阀体孔配合间隙过大造成泄漏	检查磨损、密封情况，修换阀芯
	调速阀进、出口接反了	纠正进、出口接法
	定差减压阀阀芯卡死在全闭或小开度位置	拆洗和去毛刺，使减压阀阀芯能灵活移动
	调速阀进口与出口压力差太小	按说明书调节压力
调速阀输出的流量不稳定，从而使执行元件的速度不稳定	定压差减压阀阀芯被污物卡住，动作不灵敏，失去压力补偿作用	拆洗定压差减压阀阀芯
	定压差减压阀阀芯与阀套配合间隙过小或大小不同心	研磨定压差减压阀阀芯
	定压差减压阀阀芯上的阻尼孔堵塞	畅通定压差减压阀阀芯上的阻尼孔
	节流滑阀与阀体孔配合间隙过大造成泄漏	检查磨损、密封情况，修换阀芯
	漏装了减压阀的弹簧，或弹簧折断、装错	补装或更换减压阀的弹簧
	在带单向阀装置的调速阀中，单向阀阀芯与阀座接触处有污物卡住或拉有沟槽不密合，存在泄漏	研磨单向阀阀芯与阀座，使之密合，必要时予以更换

续表

故障现象	故障原因	维修方法
最小稳定流量不稳定，执行元件低速运行速度不稳定，出现爬行抖动现象	油温高且温度变化大	加强散热，控制油温
	温度补偿杆弯曲或补偿作用失效	更换温度补偿杆
	节流阀阀芯因有污物，造成时堵时通	拆洗滑阀，更换液压油，使滑阀运动灵活
	节流滑阀与阀体孔配合间隙过大造成泄漏	检查磨损、密封情况，修换阀芯
	在带单向阀装置的调速阀中，单向阀阀芯与阀座接触处有污物卡住或拉有沟槽不密合，存在泄漏	研磨单向阀阀芯与阀座，使之密合，必要时予以更换

3.3 某数控车床尾座套筒停止运行故障维修实例

某两坐标连续控制的卧式数控车床，其卡盘夹紧与松开、卡盘夹紧力的高低压转换、回转刀架的松开与夹紧、刀架刀盘的正反转、尾座套筒的伸出与退回都是由液压系统驱动的。该液压系统由变量叶片泵供油，各电磁阀电磁铁的动作由数控系统的 PLC 控制实现。数控车床液压系统原理如图 3.20 所示。

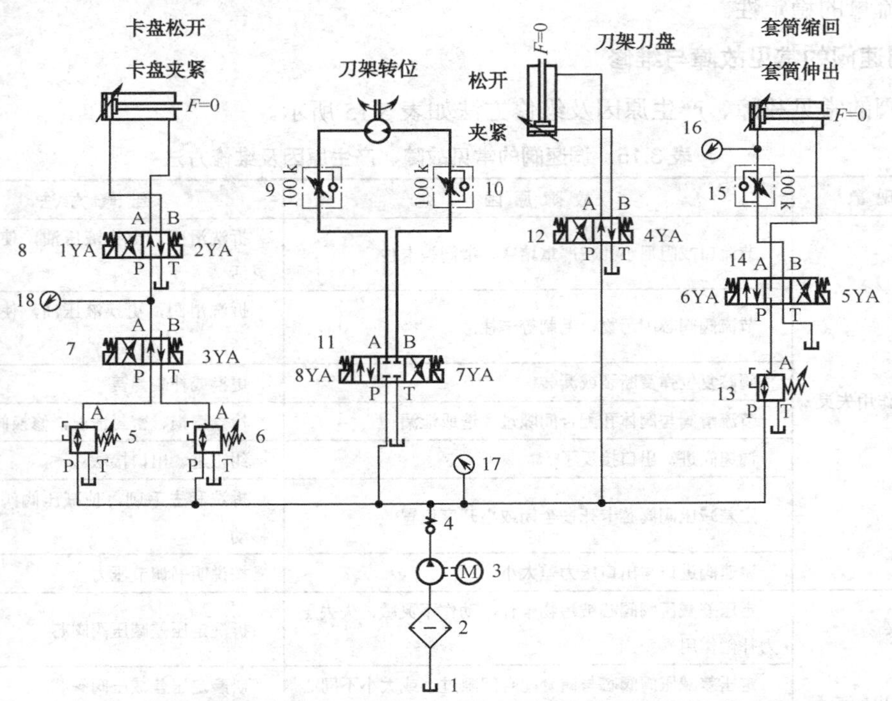

1—油箱；2—过滤器；3—液压泵；4—单向阀；5，6，13—减压阀；7，8，12—换向阀；

9，10，15—单向调速阀；11—三位四通换向阀；14—Y 形二位四通换向阀；16，17，18—压力表

图 3.20　数控车床液压系统原理

1. 故障现象

尾座套筒在工作中突然停止运行。

2. 故障分析

由如图 3.20 所示的数控车床液压系统原理可知尾座套筒的工作原理如下。

（1）当电磁铁 5YA 断电、6YA 通电时，套筒伸出。此时进油路为：油箱 1→过滤器 2→液压泵 3→单向阀 4→减压阀 13→换向阀 14（左位）→液压缸无杆腔。回油路为：液压缸有杆腔→单向调速阀 15→换向阀 14（左位）→油箱 1。套筒伸出时的工作预紧力大小通过减压阀 13 来调整，并由压力表 16 显示，伸出速度由调速阀 15 来控制。

（2）当电磁铁 5YA 通电、6YA 断电时，套筒退回。此时进油路为：油箱 1→过滤器 2→液压泵 3→单向阀 4→减压阀 13→换向阀 14（右位）→单向调速阀 15→液压缸有杆腔。回油路为：液压缸无杆腔→换向阀 14（右位）→油箱 1。

由尾座套筒的工作原理可以分析出故障原因有压力不足、泄漏、液压泵不供油或流量不足、液压缸活塞拉毛、磨损或密封圈损坏、液压阀断线或卡死。

3. 故障排除

针对以上的故障原因，按照前面叙述过的逻辑诊断方法进行一一排除。

（1）检查卡盘及回转刀架的运动，若运动正常，则排除液压泵故障原因，继续下面其他检查。若运动不正常，则检查系统管道、接头、元件处是否有泄漏，检查油箱若没问题，则检查过滤器、吸油管是否堵塞，油的黏度是否过高，泵是否调节不当或损坏。

（2）查看系统管道、接头、元件处是否有泄漏。

（3）检查油箱油位，查看是否在最低油位以上，过滤器、吸油管是否露出油面，回油管是否高出油面而使空气进入油箱。

（4）手动操纵换向阀 14，如果阀芯推不动，则说明是换向阀出了故障。如果换向阀可以换向，且液压缸动作了，说明电磁阀的电气线路出故障了。如果液压缸还不能动作，则进行下一步检查。

（5）手动操纵单向调速阀 15，将单向调速阀开口调大，若液压缸动作了，则说明单向调速阀出了堵塞故障；否则将单向调速阀旋钮调至最松，继续检查。

（6）调节减压阀 13，若液压缸动作了，则说明是减压阀堵塞或调节不当；否则将减压阀旋钮调至最松，继续检查。

（7）检查泵站压力。换向阀 14 处于中位，查看泵出口处压力表 17 的读数是否调至设定值，如果不是，则做下列检查：压力表开关是否打开了，压力表是否损坏；液压泵压力调节弹簧是否过松；吸油过滤器是否部分堵塞、容量是否不足，吸油管是否部分堵塞；泵是否损坏、是否有严重的内泄漏。然后再控制换向阀换向，如果液压缸动作了，且液压缸的运动速度满足工作要求，故障排除；如果速度不能满足要求，则需维修液压泵；如果在泵的压力值调高后液压缸仍不能动作，则进行下一步检查。

（8）将换向阀 14 切换至右位，查看压力表 16 的读数。如果读数与压力表 17 的读数不接近，则说明右边管路、单向调速阀 15 堵死；如果接近，则说明没有堵死。

（9）上述工作完成后仍不能排除故障，那么故障就可能出在液压缸。首先不要急于拆

卸液压缸，把换向阀打开到左位或右位，启动液压泵一段时间后，仔细摸一摸整个缸壁，查看是否有局部发热的地方。如果局部发热，则说明液压缸的活塞处密封损坏了，更换密封件。如果局部未发热，则进行下一步检查。拆开液压缸另一端的管接头，把它连接到一个三通管接头上，三通的另外两端分别接压力表与截止阀，换向阀 14 换向至左位，读压力表 16 的读数。如果读数与压力表17 的读数不接近，则说明管路堵死；如果接近，则说明没有堵死。如果管路无堵塞，则进行下一步。

（10）拆卸分解并检测液压缸。

经过一系列的检查，就可以确定故障原因与故障部位，最终排除故障。

复习思考题 3

1．液压系统故障诊断包括哪些基本内容？

2．简述液压系统故障诊断的基本步骤。

3．液压系统有哪些常见故障？试分析其产生原因及排除方法。

4．试述液压系统泄漏的故障原因及排除方法。

5．液压系统中的振动和噪声对设备有何影响？它们是怎样产生的？如何防止和排除？

6．试述液压系统油温升高的原因、后果及解决措施。

7．齿轮泵的常见故障有哪些？如何排除？主要零件怎样维修？

8．叶片泵的常见故障有哪些？如何排除？主要零件怎样维修？

9．试述液压缸的常见故障及排除方法。

10．试述液压缸产生爬行的原因及排除方法。

11．试述由节流阀的节流口堵塞造成的故障原因及维修方法。

12．换向阀的常见故障有哪些？

13．溢流阀的常见故障有哪些？

第4章

气压传动系统的故障诊断与维修

学习目标

理解气动系统故障诊断的步骤和方法，能规范、有效地对气动系统进行维护保养，掌握气源、压力阀、电磁换向阀的常见故障特点与维修方法，能根据气动系统原理图分析、判断、解决故障。

4.1 气动系统故障诊断技术与方法

1. 气动系统故障的诊断步骤

（1）熟悉性能和资料。

（2）现场调查、了解情况。

（3）归纳分析。

（4）排除故障。

（5）总结经验。

2. 气动系统故障的诊断方法

1）经验法

主要依靠实际经验，并借助简单的仪表，诊断故障发生的部位，找出故障原因的方法，称为经验法。经验法可按中医诊断病人的四字“望、闻、问、切”进行。

（1）望。例如，看执行元件的运动速度有无异常变化；各测压点的压力表显示的压力是否符合要求，有无大的波动；润滑油的品质和滴油量是否符合要求；冷凝水能否正常排出；换向阀排气口排出空气是否干净；电磁阀的指示灯显示是否正常；紧固螺钉及管接头有无松动；管道有无扭曲和压扁；有无明显振动存在；加工产品质量有无变化等。

（2）闻。包括耳闻和鼻闻。例如，气缸及换向阀换向时有无异常声音；系统停止工作但尚未泄压时，各处有无漏气，漏气声音大小及其每天的变化情况；电磁线圈和密封圈有无因过热而发出特殊气味等。

（3）问。即查阅气动系统的技术档案，了解系统的工作程序、运行要求及主要技术参数；查阅产品样本，了解每个元件的作用、结构、功能和性能；查阅维护检查记录，了解日常维护保养工作情况；访问现场操作人员，了解设备运行情况，了解故障发生前的征兆及故障发生时的状况；了解曾经出现过的故障及其排除方法。

（4）切。如触摸相对运动件外部的手感和温度，电磁线圈处的温升等。若触摸 2 s 后感到烫手，则应查明原因。气缸、管道等处有无振动感，气缸有无爬行感，各接头处及元件处有无漏气等。

经验法简单易行，但由于每个人的感觉、实际经验和判断能力的差异，诊断故障会存在一定的局限性。

2）推理分析法

推理分析法是一种将系统的故障从表面症状，用逻辑推理的方法从整体到局部逐级细化，从而推断出故障本质原因的分析方法。

推理分析法的原则如下。

（1）由易到难、由简到繁、由表及里、逐一分析，排除故障。

（2）优先查找故障率高的因素。

（3）优先检查发生故障前更换过的元件。

许多故障的现象是以执行元件动作不良的形式表现出来的。例如，由电磁阀控制的气

动顺序控制系统气缸不动作的故障，本质原因是气缸内压力不足、没有压力或产生的推力不足以推动负载，而可能产生此故障的原因有如下几种。

（1）电磁阀动作不良。

（2）控制回路有问题，控制信号没有输送出去，如行程开关有故障没有发出信号、计数器没有信号、继电器发生故障等或者气缸上所用的传感器没有安装到适当的位置。

（3）气缸故障，如活塞杆与端盖导向套灰尘混入会伤及气缸筒、活塞与缸筒卡死、密封失效、气缸上节流阀未打开等。

（4）管路故障，如减压阀调压不足、气路漏气、管路压力损失太大等。

（5）气源供气不足。

4.2 气压传动系统的维护

气压传动系统的维护可以分为日常性维护和定期维护。前者是指每天必须进行的维护工作，后者可以是每周、每月或每季度进行的维护工作。维护工作应记录在案，便于今后的故障诊断处理。

1. 日常性维护

日常性维护的主要任务是冷凝水排放系统的维护、润滑系统的维护和空压机系统的维护。

1）冷凝水排放系统的维护

压缩空气中的冷凝水会使管道和元件锈蚀，防止冷凝水侵入压缩空气的方法是及时排除系统各处积存的冷凝水。

冷凝水排放系统涉及从空压机、后冷却器、储气罐、管道系统，直到各处空气过滤器、干燥器、自动排水器等整个气动系统。在工作结束时，应当将各处冷凝水排放掉，以防当夜间温度低于 0 ℃时，冷凝水结冰。由于夜间管道内温度下降，会进一步析出冷凝水，因此在每天设备运转前，也应将冷凝水排出。应经常检查自动排水器、干燥器是否正常工作，定期清洗空气过滤器、自动排水器。

2）润滑系统的维护

气动系统中从控制元件到执行元件凡有相对运动的表面都需要润滑。如果润滑不足，会使摩擦阻力增大，导致气动元件动作不良，因密封面磨损而引起泄漏。

在气动装置运转时，应检查油雾器的滴油量是否符合要求，油色是否正常。如果发现油杯中油量没有减少，则应及时调整滴油量；若调节无效，则需检修或更换油雾器。

3）空压机系统的维护

空压机日常维护包括检查是否有异常声音和异常发热，润滑油位是否正常，空压机系统中的水冷式后冷却器供给的冷却水是否足够。

2. 定期维护

定期维护的主要内容是漏气检查和油雾器维护。

（1）检查系统各泄漏处。因泄漏引起的压缩空气损失会造成很大的经济损失。此项检

查至少应每月进行一次，任何存在泄漏的地方都应立即进行修补。漏气检查应在白天车间休息的空闲时间或下班后进行。这时，气动装置已停止工作，车间内噪声小，但管道内还有一定的空气压力，根据漏气的声音便可知何处存在泄漏。检查漏气时还应采用在各检查点涂肥皂液等办法，这样显示漏气的效果比听声音更灵敏。

（2）通过对换向阀排气口的检查，判断润滑油是合适度，空气中是否有冷凝水。如润滑不良，则检查油雾器滴油是否正常，安装位置是否恰当；如有大量冷凝水排出，则检查排出冷凝水的装置是否合适，过滤器的安装位置是否恰当。

（3）检查安全阀、紧急安全开关动作是否可靠。定期检修时必须确认它们动作的可靠性，以确保设备和人身安全。

（4）观察换向阀的动作是否可靠。检查阀芯或密封件是否磨损（如换向阀排气口关闭时仍有泄漏，往往是磨损的初期阶段），查明后更换。也可反复切换电磁阀，从切换声音判断其工作是否正常。

（5）反复开关换向阀观察气缸动作，判断活塞密封是否良好；检查活塞杆外露部分，观察活塞杆是否被划伤、腐蚀和存在偏磨；判断活塞杆与端盖内的导向套、密封圈的接触情况，压缩空气的处理质量，气缸是否存在横向载荷等；判断缸盖配合处是否有泄漏。

（6）对行程阀、行程开关及行程挡块都要定期检查安装的牢固程度，以免出现动作混乱。

（7）给油雾器补油时，应注意储油杯的减少情况，如果发现耗油量太少，则必须重新调整滴油量，调整后滴油量仍少或不滴油，则应检查所选油雾器的规格是否合适，油雾器进出口是否装反，油道是否堵塞，应将检查结果填写于周检记录表中。

每月或每季度的维护检查工作应比每日及每周的检查更仔细，但仅限于外部能检查的范围。每季度的维护工作如表 4.1 所示。

表 4.1　气动系统每季度的维护工作

元　件	维护内容
自动排水器	能否自动排水、手动操作装置是否正常工作
过滤器	过滤器两侧压力差是否超过允许压降
减压阀	旋转手柄、压力可否调节；当系统压力为零时，观察压力表的指针能否回零
压力表	观察各处压力表指示值是否在规定范围内
安全阀	使压力高于设定压力，观察安全阀能否溢流
压力开关	在最高和最低的设定压力点，观察压力开关能否正常接通和断开
换向阀的排气口	检查油雾喷出量，有无冷凝水排出，有无漏气
电磁阀	检查电磁线圈的温升，阀的切换动作是否正常
速度控制阀	调节节流阀开度，检查能否对气缸进行速度控制或对其他元件进行流量控制
气缸	检查气缸运动是否平稳，速度及循环周期有无明显变化，安装螺钉、螺母、拉杆有无松动，气缸安装架有无松动和异常变形，活塞杆连接有无松动，活塞杆部位有无漏气，活塞杆表面有无锈蚀、划伤和偏磨，端部是否出现冲击现象，行程中有无异常，磁性开关动作位置有无偏移
空压机	进口过滤器网眼有无堵塞
干燥器	冷凝压力有无变化，检查冷凝水排出口温度的变化情况

4.3　气源故障分析与排除

4.3.1　空气压缩机的故障分析与排除

1. 空气压缩机的结构与工作原理

气压传动系统中最常用的空气压缩机是往复活塞式空气压缩机，其结构和工作原理如图 4.1 所示。它由排气阀 1、气缸 2、活塞 3、活塞杆 4、十字头 5、滑道 6、连杆 7、曲柄 8、吸气阀 9、弹簧 10 等组成。当活塞向右运动时，气缸内活塞左腔的压力低于大气压力，吸气阀被打开，空气在大气压力作用下进入气缸内，这个过程称为吸气过程。当活塞向左移动时，吸气阀在气缸内压缩气体的作用下关闭，气缸内气体被压缩，这个过程称为压缩过程。当气缸内压力增高到略高于输气管内压力后，排气阀被打开，压缩空气进入输气管道，这个过程称为排气过程。活塞的往复运动是由电动机（内燃机）带动曲柄转动，通过连杆、十字头、活塞杆产生的。

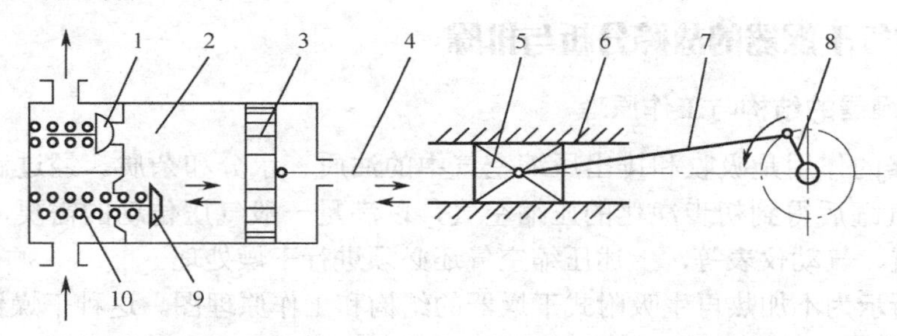

1—排气阀；2—气缸；3—活塞；4—活塞杆；5—十字头；6—滑道；7—连杆；8—曲柄；9—吸气阀；10—弹簧

图 4.1　往复活塞式空气压缩机的结构和工作原理图

2. 空气压缩机的常见故障与维修方法

空气压缩机的常见故障、产生原因及维修方法如表 4.2 所示。

表 4.2　往复式空气压缩机的常见故障、产生原因及维修方法

故障现象	故障原因	维修方法
启动不良	电压低	与供电部门联系解决
	熔断器熔断	测量电阻，更换熔断器
	电动机单相运转	检修或更换电动机
	排气单向阀泄漏	检修或更换排气单向阀
	泄流动作失灵	拆修
	压力开关失灵	检修或更换压力开关
	电磁继电器故障	检修或更换电磁继电器
	排气阀损坏	检修或更换排气阀
压缩不足	吸气过滤器阻塞	清洗或更换过滤器
	阀的动作失灵	检修或更换阀

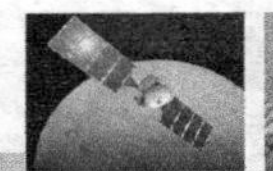

续表

故障现象	故障原因	维修方法
压缩不足	活塞环咬紧缸筒	更换活塞环
	气缸磨损	检修或更换气缸
	夹紧部分泄漏	固紧或更换密封
运转声音异常	阀损坏	检修或更换阀
	轴承磨损	更换轴承
	皮带打滑	调整张力
压缩机过热	冷却水不足、断水	保证冷却水量
	压缩机工作场地温度过高	注意通风换气
润滑油消耗过量	曲柄室漏油	更换密封件
	气缸磨损	检修或更换气缸
	压缩机倾斜	修正压缩机位置

4.3.2 空气干燥器的故障分析与排除

1. 空气干燥器的结构与工作原理

空气干燥器的作用是吸收和排出压缩空气中的油质、水分和杂质。经过后冷却器、油水分离器和储气罐后得到初步净化的压缩空气，以满足一般气压传动的需要，但如果用于精密的气动装置、气动仪表等，上述压缩空气还必须进行干燥处理。

如图 4.2 所示为不加热再生吸附式干燥器的结构和工作原理图。这种干燥器有两个填满吸附剂的容器 1、2，当空气从容器 1 的下部流到上部时，把吸附在吸附剂中的水分带走并放入大气。两容器定期交换工作（5～10 min）使吸附剂产生吸附和再生，这样可得到连续输出的干燥空气。

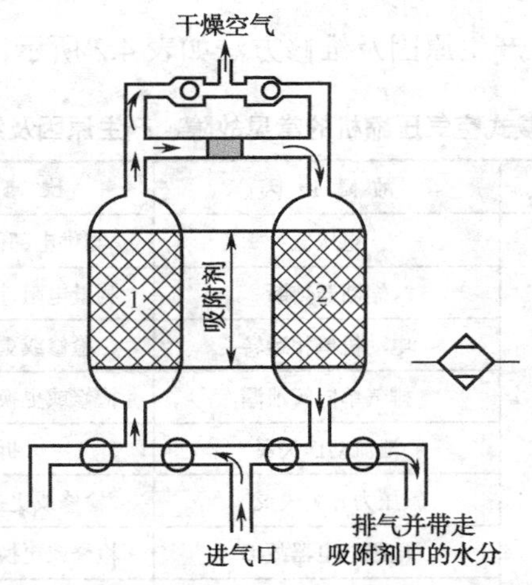

图 4.2　不加热再生吸附式干燥器的结构和工作原理图

2. 空气干燥器的常见故障与维修方法

空气干燥器的常见故障、产生原因及维修方法如表 4.3 所示。

表 4.3　空气干燥器的常见故障、产生原因及维修方法

故障现象	故障原因	维修方法
干燥器不启动	电源断电或熔断器断开	检查电源有无短路，更换熔断器
	控制开关失效	检修或更换开关
	电源电压过低	检查排除电源故障
	风扇电动机故障	更换电扇电动机
	压缩机卡住或电动机烧毁	检修压缩机或更换电动机
干燥器运转，但不制冷	制冷剂严重不足或过量	检查制冷剂有无泄漏，测高、低压力，按规定充灌制冷剂，如果制冷剂过多则放出
	蒸发器冻结	检查低压压力，若低于 0.2 MPa 会冻结
	蒸发器、冷凝器积灰太多	清除积灰
	风扇轴或传动带打滑	更换轴或传动带
	风冷却器积灰太多	清除积灰
干燥器运转，但制冷不足，干燥效果不好	电源电压不足	检查电源
	制冷剂不足、泄漏	补足制冷剂
	蒸发器冻结、制冷系统内混入其他气体	检查低压压力，重充制冷剂
	干燥器空气流量不匹配，进气温度过高，放置位置不当	正确选择干燥器实际量，降低进气温度，合理选择放置位置
噪声大	机件安装不紧或风扇松脱	坚固机件或风扇

4.3.3　空气过滤器的故障分析与排除

1. 空气过滤器的结构与工作原理

空气过滤器也称分水滤气器，它的主要作用是除去压缩空气中的固态杂质、水滴、油污等污染物。

如图 4.3 所示为空气过滤器的结构和工作原理图。这种空气过滤器由旋风叶子 1、滤芯

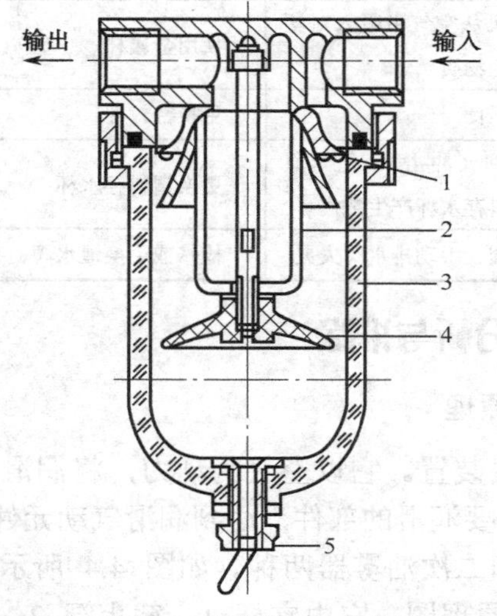

1—旋风叶子；2—滤芯；3—存水杯；4—挡水板；5—手动排水阀

图 4.3　空气过滤器的结构和工作原理图

2、存水杯 3、挡水板 4、手动排水阀 5 等组成。压缩空气从输入口进入后，被引入旋风叶子，旋风叶子上有很多呈一定角度的小缺口，使空气沿切线反向产生强烈的旋转，这样夹杂在气体中的较大水滴、油滴和灰尘便获得较大的离心力，与存水杯内壁碰撞，而从气体中分离出来，沉淀于存水杯中，然后气体通过中间的滤芯进一步过滤掉更加细微的杂质微粒，洁净的空气便从输出口输出。挡水板是防止气体漩涡将存水杯中积存的污水卷起而破坏过滤作用。为保证空气过滤器正常工作，必须及时将存水杯中的污水通过手动排水阀放掉。在某些人工排水不方便的场合，可采用自动排水式分水滤气器。

2. 空气过滤器的常见故障与维修方法

空气过滤器的常见故障、产生原因及维修方法如表 4.4 所示。

表 4.4 空气过滤器的常见故障、产生原因及维修方法

故障现象	故障原因	维修方法
压力过大	使用过细的滤芯	更换适当的滤芯
	滤清器的流量范围太小	换流量范围大的滤清器
	流量超过滤清器的容量	换大容量的滤清器
	滤清器滤芯网眼堵塞	用净化液清洗（必要时更换）滤芯
从输出端逸出冷凝水	未及时排出冷凝水	养成定期排水的习惯或安装自动排水器
	手动排水阀发生故障	维修（必要时更换）
	超过滤清器的流量范围	在适当流量范围内使用或者更换大容量的滤清器
输出端出现异物	滤清器滤芯破损	更换机芯
	滤芯密封不严	更换机芯的密封，紧固滤芯
	用有机溶剂清洗塑料件	用清洁的热水或煤油清洗
塑料存水杯破损	在有机溶剂的环境中使用	使用不受有机溶剂侵蚀的材料（如使用金属杯）
	空气压缩机输出某种焦油	更换空气压缩机的润滑油，使用无油压缩机
	压缩机从空气中吸入对塑料有害的物质	使用金属杯
漏气	密封不良	更换密封件
	因物理（冲击）、化学原因使塑料存水杯产生裂痕	更换塑料存水杯
	泄水阀、手动排水阀失灵	检修或更换泄水阀、手动排水阀

4.3.4 油雾器的故障分析与排除

1. 油雾器的结构与工作原理

油雾器是一种特殊的注油装置。它以空气为动力，将润滑油喷射成雾状并混合于压缩空气中，随着压缩空气进入需要润滑的部件，达到润滑气动元件的目的。

油雾器分为一次油雾器和二次油雾器两种。如图 4.4 所示为固定节流式普通型油雾器（一次油雾器）的结构和工作原理图，它由立杆 1、截止阀 2、油杯 3、吸油管 4、单向阀 5、油量调节针阀 6、视油器 7、油塞 8 等组成。当压缩空气由输入口进入油雾器后，绝大

部分经主管道输出，一小部分气流进入立杆上正对气流方向的小孔 a，经截止阀进入油杯上腔 c 中，使油面受压。而立杆上背对气流方向的 b 孔，由于其周围气流的高速流动，其压力低于气流压，这样，油面气压与 b 孔压力间存在压力差，润滑油在此压力差的作用下经吸油管、单向阀和油量调节针阀滴落到透明的视油器上，并顺着油路被主管道中的高速气流从 b 孔引射出来，雾化后随压缩空气一同输出。

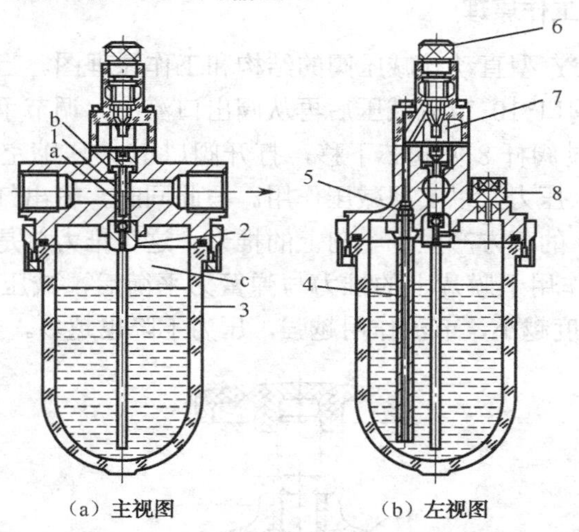

（a）主视图　　（b）左视图

1—立杆；2—截止阀；3—油杯；4—吸油管；5—单向阀；6—油量调节针阀；7—视油器；8—油塞

图 4.4　固定节流式普通型油雾器的结构和工作原理图

2. 油雾器的常见故障与维修方法

油雾器的常见故障、产生原因及维修方法如表 4.5 所示。

表 4.5　油雾器的常见故障、产生原因及维修方法

故障现象	故障原因	维修方法
油不能滴下	使用油的种类不对	更换正确的油品
	油雾器反向安装	改变安装方向
	油道堵塞	拆卸并清洗油道
	油面未加压	因通往油杯的空气通道堵塞，需拆卸维修
	因油质劣化流动性差	清洗后换新合适的油
	油量调节螺钉不良	拆卸并清洗油量调节螺钉
油杯未加压	通往油杯的空气通道堵塞	拆卸维修
	油杯大、油雾器使用频繁	加大通往油杯空气通孔，使用快速循环式油雾器
油滴数不能减少	油量调整螺钉失效	检修油量调整螺钉
空气向外泄漏	合成树脂罩壳龟裂	更换罩壳
	密封不良	更换密封圈
	滴油玻璃视窗破损	更换视窗
油杯破损	用有机溶剂清洗	更换油杯，使用金属杯或耐有机溶剂的油杯
	周围存在有机溶剂	与有机溶剂隔离

4.4 压力阀的故障分析与排除

4.4.1 调压阀的故障分析与排除

1. 调压阀的结构与工作原理

如图 4.5 所示为 QTY 型直动式减压阀的结构和工作原理图。当阀处于工作状态时，压缩空气从左端输入，经阀口 10 节流减压后再从阀出口流出。调节手柄 1 和压缩弹簧 2、3 推动膜片 5 下凹，并通过阀杆 8 使阀芯下移，打开阀口 10，压缩空气通过阀口节流作用，使输出空气压力低于输入压力，以实现减压作用。与此同时，输出气流的一部分由阻尼孔 7 进入膜片室 6，在膜片 5 的下方产生一个向上的推力，这个推力总是企图把阀口开度关小，使其输出压力下降。当作用于膜片上的推力与弹簧力平衡后，减压阀的输出压力便保持在一定范围内。阀口 10 开度越小，节流作用越强，压力下降也越多。

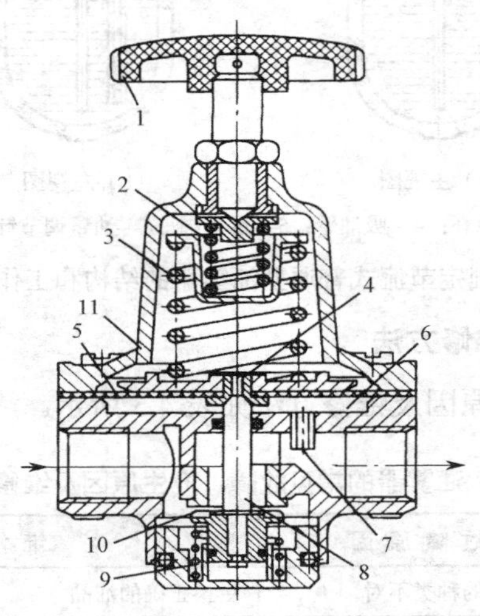

1—手柄；2，3—调压弹簧；4—溢流口；5—膜片；6—膜片室；

7—阻尼孔；8—阀杆；9—复位弹簧；10—阀口；11—排气孔

图 4.5 QTY 型直动式减压阀的结构和工作原理图

输入压力发生波动时，如输入压力瞬时升高，经阀口 10 后的输出压力也随之升高，使膜片室 6 内的压力也升高，破坏了原来力的平衡，使膜片 5 向上移动，有少量气体经溢流口 4、排气孔 11 排出。在膜片 5 上移的同时，因复位弹簧 9 的作用，输出压力下降，直到新的平衡建立为止。重新平衡后的输出压力又基本上恢复至原值。反之，输出压力瞬时下降，膜片 5 下移，进气口开度增大，节流作用减小，输出压力又基本上回升至原值。

调节手柄 1 使调压弹簧 2、3 恢复自由状态，输出压力降至零，阀芯在复位弹簧 9 的作用下关闭进气阀口，这样，减压阀便处于截止状态，无气流输出。

2. 调压阀的常见故障与维修方法

调压阀的常见故障、产生原因及维修方法如表 4.6 所示。

表 4.6　调压阀的常见故障、产生原因及维修方法

故障现象	故障原因	维修方法
平衡状态下，空气从溢流口溢出	进气阀和溢流阀座有尘埃	取下清洗
	阀杆顶端和溢流阀座之间密封漏气	更换密封圈
	阀杆顶端和溢流阀之间研配质量不好	重新研配或更换
	膜片破裂	更换膜片
压力调不高	调压弹簧断裂	更换弹簧
	膜片破裂	更换膜片
	膜片有效受压面积与调压弹簧设计不合理	重新加工设计
调压时压力爬行，升高缓慢	过滤网堵塞	拆下清洗
	下部密封圈阻力过大	更换密封圈
出口压力发生激烈波动或不均匀变化	阀杆或进气阀芯上的 O 形密封圈表面损伤	更换 O 形密封圈
	进气阀芯与阀座之间导向接触不好	整修或更换阀芯

4.4.2　安全阀的故障分析与排除

1. 安全阀的结构与工作原理

安全阀的作用是当气动系统的压力上升到调定值时，与大气相通以保持系统压力的调定值。如图 4.6 所示为直动式溢流阀的结构和工作原理图。系统中气体压力在调定范围内时，作用在活塞 3 上的压力小于弹簧 2 的压力，活塞处于关闭状态（见图 4.6（a））。当系统压力升高，作用在活塞上的压力大于弹簧的预定压力时，活塞向上移动，阀门开启排气（见图 4.6（b）），直到系统压力降到调定范围以下时，活塞才重新关闭。开启压力的大小与弹簧的预压量有关。

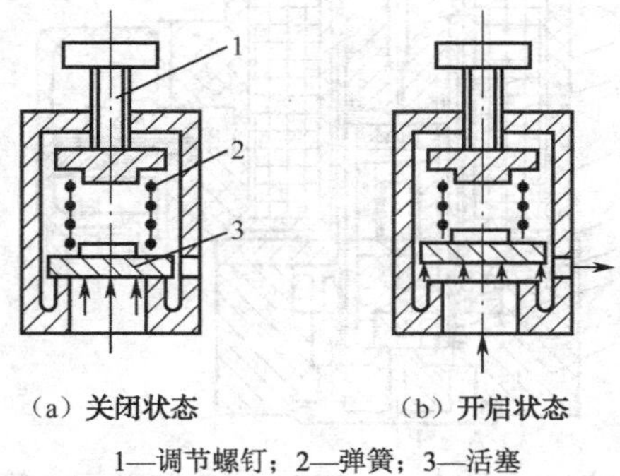

（a）关闭状态　（b）开启状态

1—调节螺钉；2—弹簧；3—活塞

图 4.6　直动式溢流阀的结构和工作原理图

2. 安全阀的常见故障与维修方法

安全阀的常见故障、产生原因及维修方法如表 4.7 所示。

表 4.7 安全阀的常见故障、产生原因及维修方法

故障现象	故障原因	维修方法
安全阀不能换向	润滑不良，滑动阻力和摩擦力大	改善润滑
	密封圈压缩量大或膨胀变形	适当减小密封圈的压缩量，改进配方
	尘埃或油污等被卡在滑动部分或阀座上	清除尘埃或油污
	弹簧卡住或损坏	重新装配或更换弹簧
	控制活塞面积偏小，操作力不够	增大活塞面积和操作力
安全阀泄漏	密封圈压缩量过小或有损伤	适当增大压缩量或更换受损坏的密封件
	阀杆或阀座有损伤	更换阀杆或阀座
	铸件有缩孔	更换铸件
安全阀产生振动	压力低	提高先导操作压力
	电压低	提高电源电压或改变线圈参数

4.5 电磁换向阀的故障分析与排除

1. 电磁换向阀的结构与工作原理

如图 4.7 所示为二位三通直动式电磁换向阀的结构和工作原理图。图示为阀处于关闭状态的情形，动铁芯在弹簧力作用下，使铁芯上的密封垫与阀座保持良好的密封，此时 P 口与 A 口不通，A 口与 O 口相通，阀没有输出。当电磁铁通电时，动铁芯受电磁力作用向上运动，于是 P 口与 A 口相通，排气口封闭，阀有输出。

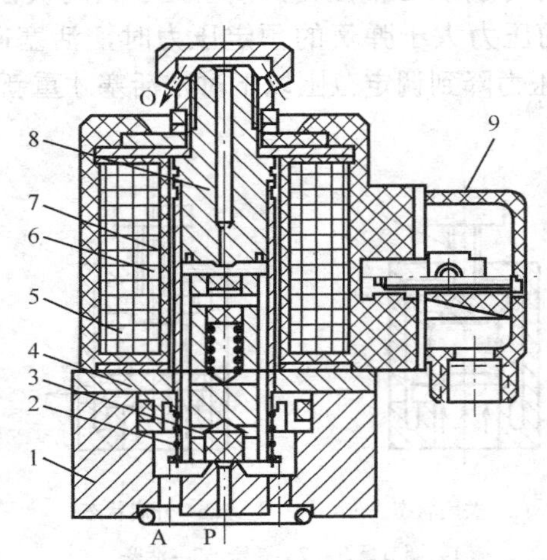

1—阀体；2—复位弹簧；3—动铁芯；4—连接板；5—线圈；6—隔磁套管；7—分磁环；8—静铁芯；9—连接盒

图 4.7 二位三通直动式电磁换向阀的结构和工作原理图

2. 电磁换向阀的常见故障与维修方法

电磁换向阀的常见故障、产生原因及维修方法如表 4.8 所示。

表 4.8 电磁换向阀的常见故障、产生原因及维修方法

故障现象	故障原因	维修方法
动铁芯不动作（无声）或动作时间过长	电源未接通	接通电源
	接线断了或误接线	重新正确接线
	电气线路的继电器有故障	更换继电器
	电压低，电磁吸力不足	应在允许使用电压范围内工作
	污染物卡住动铁芯	清洗、更换损伤零件，并检查气源处理状况是否合乎要求
	动铁芯被焦油状污染物粘连	
	动铁芯锈蚀	
	弹簧破损	
	密封件损伤、泡胀	
	环境温度过低，阀芯冻结	
	锁定式手动操作按钮忘记解锁	
动铁芯不能复位	弹簧破损	清洗、更换损伤零件，并检查气源处理状况是否合乎要求
	污染物卡住动铁芯	
	动铁芯被焦油状污染物粘连	
	复位电压低	复位电压不得低于漏电压，必要时应更换电磁阀
	漏电压过大	
线圈有过热现象或发生烧毁	流体温度过高、环境温度过高（包括日晒）	改用高温线圈
	工作频度过高	改用高频阀
	交流线圈的动铁芯被卡住	清洗，改善气源品质
	接错电源或误接线	正确接线
	瞬时电压过高，击穿线圈的绝缘材料，造成短路	电磁线圈电路与电源电路隔离，设过电压保护回路
	电压过低，吸力减小，交流电磁线圈通过的电流过大	使用电压不得低于额定电压的 10%～15%
	继电器触点接触不良	更换继电器
	直动式双电控阀两个电磁铁同时通电	应设互锁电路
	直动式交流线圈铁芯剩磁大	更换铁芯材料或更换电磁阀
交流电磁线圈有蜂鸣声	电磁铁的吸合面不平、有污染物、生锈，不能完全被吸合或动铁芯被固定	修平、清除污染物、除锈、更换
	分磁环损坏	更换分磁环
	使用电压过低，吸力不足（换新阀也一样）	应在允许使用电压范围内
	固定电磁铁的螺钉松动	紧固螺钉
	直动式双电控阀同时通电	设互锁电路
	电压低	提高电源电压或改变线圈参数

4.6 流量阀的故障分析与排除

1. 流量阀的结构与工作原理

如图 4.8 所示为流量阀的结构和工作原理图，它是由单向阀和节流阀组合而成的流量阀，常用作气缸的速度控制阀，其节流阀阀口为针型结构，当气流从 A 口流入时，顶开单向阀，气流从 O 口流出；当气流从 P 口流入时，单向阀关闭，气流经节流口流向 P 口。

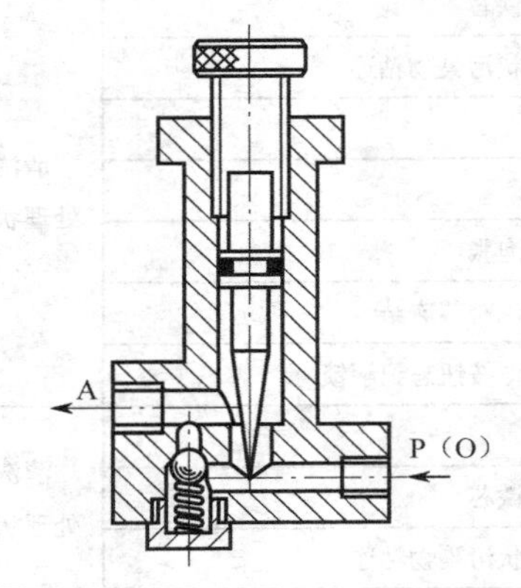

图 4.8 流量阀的结构和工作原理图

2. 流量阀的常见故障与维修方法

流量阀的常见故障、产生原因及维修方法如表 4.9 所示。

表 4.9 流量阀的常见故障、产生原因及维修方法

故障现象	故障原因	维修方法
气缸虽然能动，但运动不圆滑	流量阀的安装方向不对	按规定方向重新安装
	气缸运动途中负载有变动	减少气缸的负载率
	气缸用于超过低速极限	低速极限为 50 mm/s，超过此极限宜用气液缸或气液转换器
气缸运动速度慢	与元件、配管相比，流量阀的有效截流面积过小	更换合适的流量阀
微调困难	节流阀缝隙有尘埃进入	拆卸通路并清洗
	选择了比规定大得多的流量阀	按规定选用流量阀
产生振动	流量阀中单向阀的开启压力接近气源压力，导致单向阀振动	改变单向阀的开启压力

4.7 气缸的故障分析与排除

1. 气缸的结构与工作原理

如图 4.9 所示为普通型单活塞杆式双作用气缸结构和工作原理图。气缸由活塞分成两个腔，即无杆腔和有杆腔，当压缩空气进入无杆腔时，压缩空气作用在活塞右端面上的力克

服各种反向作用力，推动活塞前进，有杆腔内的空气排入大气，使活塞杆伸出；当压缩空气进入有杆腔时，压缩空气作用在活塞左端面上的力克服各种反向作用力，推动活塞向右运动，无杆腔内的空气排入大气，使活塞杆退回。气缸的无杆腔和有杆腔交替进气和排气，使活塞杆伸出和退回，气缸实现往复运动。

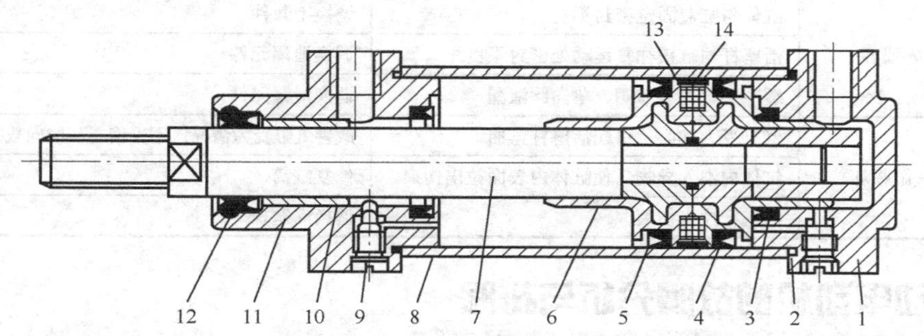

1—后缸盖；2—密封圈；3—缓冲密封圈；4—活塞密封圈；5—活塞；6—缓冲柱塞；7—活塞杆；
8—缸筒；9—缓冲节流阀；10—导向套；11—前缸盖；12—防尘密封圈；13—磁铁；14—导向环

图 4.9　普通型单活塞杆式双作用气缸结构和工作原理图

2. 气缸的常见故障与维修方法

气缸的常见故障、产生原因及维修方法如表 4.10 所示。

表 4.10　气缸的常见故障、产生原因及维修方法

故障现象	故障原因	维修方法
输出力不足	压力不足	检查压力是否正常
	活塞密封圈磨损	更换密封圈
不能动作	缸内气压达不到规定值	调节压力到规定值
	缸内气源压力符合规定，但仍不能动作	负载太大或活塞与缸筒卡住，拆下清洗
气缸工作速度达不到要求	负载比规定值大	减小负载到规定值
	气缸内泄漏严重	排除泄漏
	气缸活塞杆动作阻力增大	调整活塞杆，减小阻力
	缸筒缸径可能变化	整修缸筒
产生爬行	供气压力和流量不足	调整供气压力和流量
	润滑油供应不足	改善润滑
	进气节流量过大	改进气节流为排气节流
	负载变化过大	使负载恒定
缓冲速度过度	缓冲调节阀流量过小	改善调节阀性能
	缓冲柱塞有问题	维修缓冲柱塞
	缓冲单向阀未开	修复单向阀
失去缓冲作用	缓冲调节阀全开	调节缓冲调节阀
	缓冲单向阀全开	调整单向阀
	惯性力过大	调整负载，改善惯性力

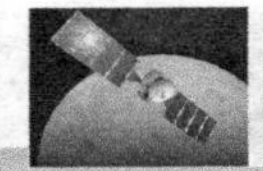

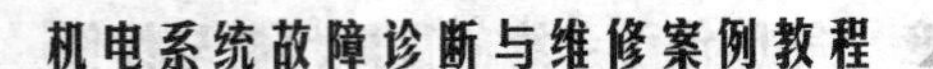

续表

故障现象	故障原因	维修方法
内泄漏	活塞密封件损坏，活塞两边相互窜气	调换密封件
	活塞与活塞杆连接处螺母松动	拧紧螺母
外泄漏	缸体与缸盖固定密封不良	调换密封件
	活塞杆与缸盖往复运动处密封不良	调换泄漏元件
	缓冲装置处调节阀、单向阀泄漏	调换泄漏元件
气缸损坏	气缸受力偏心，引起活塞杆弯曲	改善气缸受力情况，不受偏心和横向载荷
	缸体内混入异物，使缸体内表面拉出伤痕	修复缸筒
	活塞杆拉出伤痕	调换活塞杆

4.8 气动电动机的故障分析与排除

1. 叶片式气动电动机的结构与工作原理

气动电动机是将压缩空气的压力转换为旋转运动的机械能装置。如图 4.10 所示为叶片式气动电动机的结构和工作原理图。它的主要结构和工作原理与液压叶片电动机相似，由转子、定子、叶片及壳体组成。转子上径向装有 3～10 个叶片，转子偏心安装在定子内，转子两侧有前后盖板（图 4.10 中未画出），叶片在转子的槽内可径向滑动，叶片底部通有压缩空气，转子转动是靠离心力和叶片底部气压将叶片紧压在定子内表面上的。定子内有半圆形的切沟，用于提供压缩空气及排出废气。

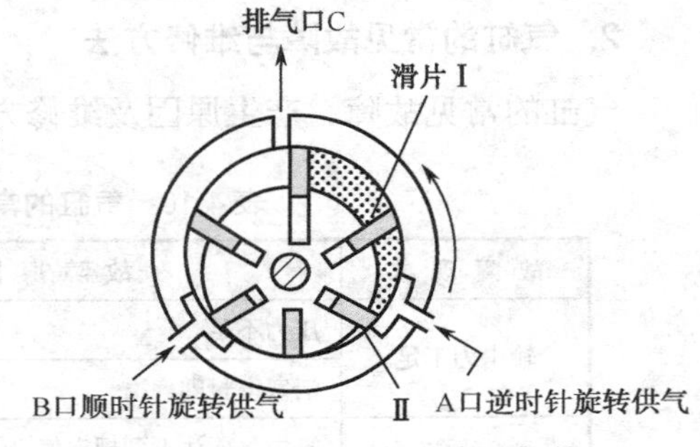

图 4.10　叶片式气动电动机的结构和工作原理图

当压缩空气从 A 口进入定子腔内，一部分进入叶片底部，将叶片推出，使叶片在气压推力和离心力综合作用下抵在定子内壁上；另一部分进入密封工作腔作用在叶片的外伸部分，产生力矩。由于叶片外伸面积不相等，因此转子受到不平衡力矩而逆时针旋转。做功后的气体从排气口 C 排出，而定子腔内残留气体则从 B 口排出。改变压缩空气输入进气口（B 口进气），电动机则反向旋转。

2. 叶片式气动电动机的常见故障与维修方法

叶片式气动电动机的常见故障、产生原因及维修方法如表 4.11 所示。

表 4.11　叶片式气动电动机的常见故障、产生原因及维修方法

故障现象	故障原因	维修方法
叶片严重磨损	空气中混入了杂质	清除杂质
	长期使用造成严重磨损	更换叶片
	断油或供油不足	检查供油器，保证润滑
前后气缸盖磨损严重	轴承磨损，转子轴向窜动	更换轴承
	衬套选择不当	更换衬套

续表

故障现象	故障原因	维修方法
定子内孔有纵向波浪槽	长期使用	更换定子
	杂质混入了配合面	清除杂质或更换定子
叶片折断	转子叶片槽喇叭口太大	更换转子
叶片卡死	叶片槽间隙不当或变形	更换叶片

4.9　接料小车气动系统故障维修实例

1. 工作原理

如图4.11所示为某公司大型关键设备35MN挤压机的接料小车（后简称为“小车”）气动系统图。小车的动作程序如表4.12所示。

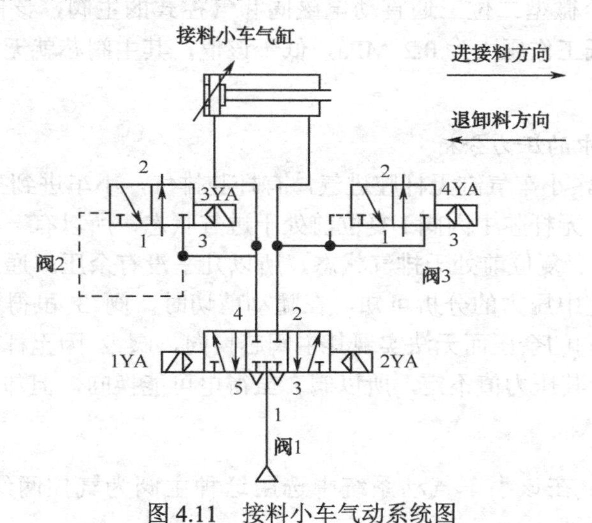

图4.11　接料小车气动系统图

表4.12　小车的动作程序

动　作	1YA	2YA	3YA	4YA
小车进接料	+	−	−	−
随动剪切	−	−	+	+
小车退卸料	−	+	−	−

1YA 得电，小车进至接料位置；1YA 失电，小车停下等待接挤出的物料，物料到位后，小车上的液压剪开始剪料，此时设计者的原意是让3YA、4YA得电，使阀2、阀3换向后处于自由进排气状态，这样可使在小车剪切物料的同时，挤压物料的程序不停止，对提高该挤压工序产品成品率及最终成品率均有积极的作用，这是该挤压机接料小车气动系统设计的一大特点——随动剪切。但在调试中发现，小车在随动剪切过程中未按预计的程序运行。

2. 故障现象及分析

1）故障现象

（1）阀 3 在随动剪切时得电后不换向。

（2）阀 2 在随动剪切时虽得电换向，但动作不可靠。

由于该系统看起来很简单，所以在一开始的调试中并未重视，只是按常规去处理，认为是新系统、元件不洁所致。虽拆下多次检查清理，但故障仍未解决。通过对阀 2、阀 3 进行简单的试验，发现阀 2、阀 3 本身无问题，重新安装后故障依旧。针对小车动作程序各过程及阀 2、阀 3 的工作原理进行深入分析后，得出这是一个由设计选型不合理引起的故障。

2）阀 2、阀 3 的工作原理分析

该系统所用的阀 2、阀 3 为 80200 系列二位三通电磁换向阀（德国海隆公司基型），它是一个两级阀，即一个微型二位三通直动电磁阀和气控式的主阀，该阀对工作压力的要求为 0.2～1.0 MPa，最低工作压力为 0.2 MPa，低于该值，其主阀芯就无法保证可靠的换向及复位。

3）小车气缸两腔中的压力分析

阀 1 的 1YA 得电，小车气缸无杆腔进气，有杆腔排气，小车进到接料位置后，1YA 失电，阀 1 复位。这时，无杆腔中因阀 1 复位前处于进气状态，所以有一定的余压（压力大小不定），有杆腔中因阀 1 复位前处于排气状态，所以几乎没有余压。通过上述对阀 2、阀 3 工作原理及小车气缸腔中压力的分析可知，在随动剪切时，阀 3 虽得电却因所在的有杆腔中没有足以使阀 2 换向的余压而无法实现其主阀芯换向，阀 2 因无杆腔中有一定的余压而可能实现换向，但由于其压力值不定，所以阀 3 虽得电可能换向，但却不可靠。

3. 问题的解决

从以上分析来看，在该小车气动系统中选用这种主阀为气控两级式的元件是不合适的，解决方法有以下两种。

1）换用直动式的元件

把原来阀 2、阀 3 改换为 23ZVD-L15（常闭型）即可。但因原阀 2、阀 3 的工作电压为直流 24 V，该阀的工作电压为交流 220 V，所以需增加中间继电器。

2）改进小车气动系统

选用一只 K35K2-15 的气控滑阀代替阀 2、阀 3，利用阀 2、阀 3 中的一只作为其先导控制阀（需把原来的常闭型改装成常通型），具体系统图如图 4.12 所示，虽然此法管路更改稍烦琐，但从随动剪切的效果及可靠性方面来分析优于方法 1，另增加两只单向节流阀来调整小车速度。

目前，国内外气动元件生产商提供的电磁换向阀多数为先导级加主级两级式的元件，为保证其正常工作，一般都有一个工作压力范围，设计选用或现场处理问题时，应结合生产工艺特点、元件性能进行综合分析。

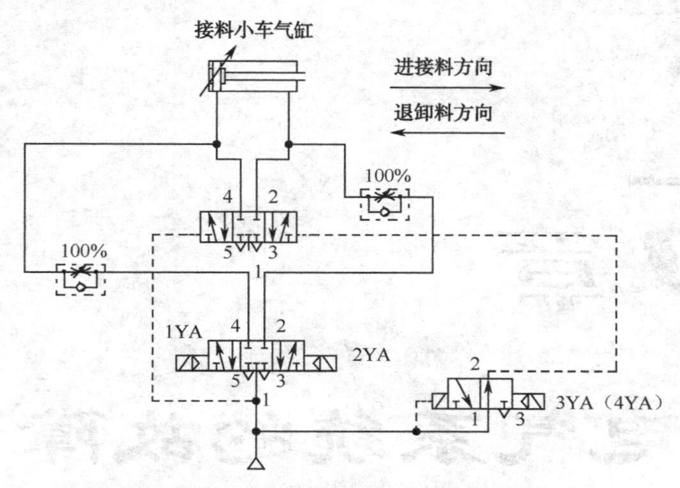

图 4.12　改进后的小车气动系统图

复习思考题 4

1. 气动系统故障诊断方法有哪些？
2. 简述气压传动系统的维护工作包括的内容。
3. 气源系统包括哪几部分？有哪些常见故障？请分别简述。
4. 调压阀的常见故障有哪些？
5. 安全阀的常见故障有哪些？
6. 电磁换向阀的常见故障有哪些？
7. 气动电动机的常见故障有哪些，如何排除？
8. 气缸的常见故障有哪些？如何排除？主要零件怎样维修？

第5章 电气系统的故障诊断与维修

学习目标

了解电气故障产生的原因及类型，掌握电气系统维修保养的一般规程，能利用仪表进行电气线路测量、完成故障诊断，掌握常见电气线路的故障分析方法，理解低压电器的常见故障及维修方法，了解传感器的常见故障及维修方法，掌握电动机及其控制系统的常见故障及维修方法。

电气设备在运行过程中会产生各种各样的故障，使设备停止运行而影响生产，严重的还会造成人身伤亡或设备事故。引起电气设备故障的原因，除了部分是由于电气元件的自然老化引起的以外，还有相当一部分故障是因为忽视了对电气设备的日常维护和保养，以致小毛病发展成大事故，还有些故障则是由于电气维修人员在处理电气故障时的操作方法不当，或因缺少配件凑合行事，或因误判断、误测量而扩大了事故范围所造成的。所以，为了保证电气设备正常运行，以减少因电气维修的停机时间，提高设备的利用率和劳动生产率，必须十分重视对电气设备的维护和保养。另外，需要根据各厂设备和生产的具体情况，储备部分必要的电气元件和易损耗配件等。

5.1　电气故障产生的原因及类型

电气设备发生故障具有必然性，尽管对电气设备进行了日常维护保养及定期校验检修等有效措施，但仍不能保证电气设备长期正常运行而永远不出现电气故障。

1. 电气故障产生的原因

电气故障产生的原因主要有以下两方面。

（1）自然故障。电气设备在运行过程中，常常要承受许多不利因素的影响。例如，电气设备动作过程中的机械振动；过电流的热效应加速电气元件的绝缘老化变质；电弧的烧损；长期动作的自然磨损；周围环境温度、湿度的影响；有害介质的侵蚀；元件自身的质量问题；自然寿命等原因。以上种种原因都会使电气设备出现一些这样或那样的故障而影响其正常运行。因此，加强日常维护保养和检修可使电气设备在较长时间内不出或少出故障，但切不可误认为电气设备的故障是客观存在、在所难免的，就忽视日常维护保养和定期检修工作。

（2）人为故障。电气设备在运行过程中，由于受到不应有的机械外力的破坏或因操作不当、安装不合理，也会使设备发生事故，甚至危及人身安全。

2. 电气故障的类型

由于电气设备的结构不同，电气元件的种类繁多，导致电气故障的因素又是多种多样的，因此电气设备所出现的故障必然是各式各样的。

1）按故障现象分

按故障现象大致可分为以下两大类。

（1）有明显的外表特征并容易被发现的故障。例如，电动机或电气设备的显著发热、冒烟、散发出焦臭味或产生火花等。这类故障是由于电动机或电气设备的绕组过载、绝缘击穿、短路或接地引起的。在排除这些故障时，除了更换或修复之外，还必须找出和排除造成上述故障的原因。

（2）没有外表特征的故障。这一类故障是控制线路的主要故障，是由于电气元件调整不当，机械动作失灵，触头及压接线头接触不良或脱落，以及某个小零件的损坏，导线断裂等原因所造成的故障。线路越复杂，出现这类故障的机会也越多。这类故障虽小但经常碰到，由于没有外表特征，要寻找故障发生点常需要花费很多时间，有时还需借

助各类测量仪表和工具才能找出故障点，而一旦找出故障点，往往只需简单调整或维修就能立即恢复设备的正常运行，所以能否迅速地查出故障点是检修这类故障时能否缩短时间的关键。

2）按故障位置分

按照故障发生的位置分，主要有电源故障、线路故障、元件故障。

（1）电源故障。电源主要是指为电气设备及控制电路提供能量的功率源，是电气设备和控制电路工作的基础。电源参数的变化会引起电气控制系统的故障，并且在控制电路中电源故障一般占到 20%左右。当发生电源故障时，控制系统会出现以下现象：电气开关断开后，电气设备两接线端子仍有电或设备外壳带电；系统的部分功能时好时坏，屡烧熔断器；故障控制系统没有反映，各种指示全无；部分电路工作正常，部分工作不正常等。由于电源种类较多，且不同电源有不同的特点，不同的电气设备在相同的电源参数下有不同的故障表现，因此电源故障的分析查找难度很大。

（2）线路故障。导线故障和导线连接部分故障均属于线路故障。导线故障一般是由于导线绝缘层老化破损造成导线折断引起的；而导线连接部分故障一般是由于连接处松脱、氧化、发霉等引起的。当发生线路故障时，控制线路会产生接触不良、时通时断或严重发热等现象。

（3）元件故障。在一个电气控制电路中，所使用的元件种类有数十种甚至更多，不同的元件发生故障的模式也不同。

5.2 电气设备的维护保养

（1）电气柜的门、盖、锁及门框周边的耐油密封垫均应良好。门、盖应关闭严密，不得有水滴、油污和金属屑等进入电气柜内，以免损坏电气设备造成事故。

（2）电气设备元件之间的连接导线、电缆或保护导线的软管不得被冷却液、油污等腐蚀，管接头处不得产生脱落或散头等现象。在巡视时，如发现类似情况应及时修复，以免绝缘损坏造成短路故障。

（3）电气设备的按钮站、操纵台上的按钮、主令开关的手柄、信号灯及仪表护罩等都应保持清洁完好。

（4）电气设备的维护保养周期。对于设置在电气柜内的电气元件，一般不经常进行开门监护，主要靠定期维护保养。其维护保养周期应根据电气设备的结构、使用情况及环境条件等来确定。一般可采用配合机械设备的一级、二级保养同时进行其电气设备的维护保养工作。

例如，金属切削机床的一级保养一般一季度进行一次，作业时间随机床的复杂程度在 6～12 h 不等。这时可对机床电气柜内的电气元件进行如下维护保养：①清扫电气柜内的积灰异物；②修复或更换即将损坏的电气元件；③整理内部接线，使之整齐美观，特别是在平时应急维修采取的临时措施，应尽量复原成正规状态；④紧固熔断器的可动部分，使之接触良好；⑤紧固接线端子和电气元件上的压线螺钉，使所有压接线头牢固可靠，以减小接触电阻；⑥通电试车，使电气元件的动作程序正确可靠。

对电气元件进行维护保养时，着重检查动作频繁且电流较大的接触器、继电器触头。为了承受频繁切合电路所受的机械冲击和电流的烧损，多数接触器和继电器的触头均采用银或银合金制成，其表面会自然形成一层氧化银或硫化银，但它并不影响导电性能，这是因为在电弧的作用下它还能还原成银，因此不要随意涂掉。即使这类触头表面出现烧毛或凹凸不平的现象，仍不会影响触头的良好接触，不必修整锉平。但铜质触头表面烧毛后则应及时修平。检修有明显噪声的接触器和继电器，找出原因并修复后方可继续使用，否则应更换新件。

校验热继电器，查看其是否能正常动作。校验结果应符合热继电器的动作特性。

校验时间继电器，查看其延时时间是否符合要求。如误差超过允许值，则应预调整或维修，使之重新达到要求。

5.3 电气设备的检修与故障诊断

1. 电气设备的检修方法

对于设备的电气故障来讲，维修并不困难，但是故障查找却十分困难，因此为了能够迅速查出故障原因和部位，准确无误地获得第一手资料就显得十分重要。现场调查和外观检查就是获得第一手资料的主要手段和途径，其工作方法可形象地概括为“望、问、听、切”四个步骤。

1）望

故障发生后往往会留下一些故障痕迹，查看时可以从下面几个方面入手。

（1）检查外观变化，如熔断指示装置动作、绕组表面绝缘脱落、变压器油箱漏油、接线端子松动脱落、各种信号装置发生故障显示等。

（2）观察颜色变化。一些电气设备温度升高会带来颜色的变化，如变压器绕组发生短路故障后，变压器油受热由原来的亮黄色变黑、变暗；发电机定子槽楔的颜色也会因为过热而发黑变色。

2）问

向操作者了解故障发生前后的情况，一般询问的内容有：故障发生在开车前、开车后，还是发生在运行中；是运行中自行停车，还是发现异常情况后由操作者停下来的；发生故障时，设备在运行什么工作程序，按动了哪个按钮，扳动了哪个开关；故障发生前后，设备有无异常现象（如响声、气味、冒烟或冒火等）；以前是否发生过类似的故障，是怎样处理的等。通过询问往往能得到一些很有用的信息，有利于根据电气设备的工作原理来分析发生故障的原因。

3）听

电气设备在正常运行和发生故障时所发出的声音有所区别，通过听声音可以判断故障的性质。例如，当电动机正常运行时，声音均匀、无杂声或特殊响声；若有较大的“嗡嗡”声，则表示负载电流过大；若“嗡嗡”声特别大，则表示电动机处于缺相运行；如果有“咕噜咕噜”声，则说明轴承间隙不正常或滚珠损坏；若有严重的碰擦声，则说明有转

子扫膛及鼠笼条断裂脱槽现象；若有“嗞嗞”声，则说明轴承缺油。

4）切

所谓“切”就是通过下面的方法对电气系统进行检查。

（1）用手触摸被检查的部位感知故障电动机、变压器和一些电气元件线圈的温度，一般发生故障时温度会明显升高，通过用手触摸可以判断有无故障发生。

（2）对电路进行断电检查。检查前断开总电源，然后根据可能产生故障的部位逐步找出故障点。

① 除尘和清除污垢，消除漏电隐患。

② 检查各元件导线的连接情况及端子的锈蚀情况。

③ 检查磨损、自然磨损和疲劳磨损的弹性件及电接触部件的情况。

④ 检查活动部件有无生锈、污物、油泥干涸和机械操作损伤。

对以前检修过的电气系统，还应检查换装上的元件的型号和参数是否符合原电路的要求，连接导线型号是否正确，接法有无错误，其他导线和元件有无移位、改接和损伤等。

在完成以上各项检查后，应将检查出的故障立即排除，这样就会消除漏电、接触不良和短路等故障或隐患，使系统恢复原有功能。

（3）对电路进行通电检查。若断电检查没有找出故障，可对设备进行通电检查。

① 检查电源。用万用表检查电源电压是否正常，有无缺相或严重不平衡的情况。

② 检查电路。电路检查的顺序是先检查控制电路，后检查主电路；先检查辅助系统，后检查主传动系统；先检查交流系统，后检查直流系统；先检查开关电路，后检查调整系统。也可按照电路动作的流程，断开所有开关，取下所有的熔断器，然后从后向前，逐一插入要检查部分的熔断器，合上开关，观察各电气元件是否按要求动作，这样逐步进行下去，直至查出故障部位。

③ 通电检查时，也可根据控制电路的控制旋钮和可调部分判断故障范围。由于电路都是分块的，各部分相互联系，但又相互独立，根据这一特点，按照可调部分是否有效、调整范围是否改变、控制部分是否正常及相互之间连锁关系能否保持等，大致确定故障范围。然后再根据关键点的检测，逐步缩小故障范围，最后找出故障元件。

2. 利用仪表进行电气线路故障诊断

利用仪器仪表确定故障的方法称为检测法，比较常用的仪表是万用表。使用万用表，通过对电压、电阻、电流等参数的测量，根据测得的参数变化情况，即可判断电路的通断情况，从而找出故障部位。

1）电阻测量法

某电气电阻分阶测量法原理图如图 5.1 所示。电路故障现象为按下启动按钮 SB2，接触器 KM1 线圈未吸合。

（1）分阶测量法。

首先断开电源，然后把万用表的选择开关转至电阻“Ω”挡。按下 SB2 不松开，测量 1-6 两点间的电阻，若电阻值为无穷大，则说明电路断路。再分别测量 1-2、1-3、1-4、1-5 各点间的电阻值，若测量到某标号间的电阻值突然增大，则说明该点的触头或连接导线接

触不良或断路。不同电气元件及导线的电阻值不同，因此判定电路及元件是否有故障的电阻值也不相同。例如，测量一个熔断器管座两端，若其阻值小于 0.5 Ω，则认为是正常的；若阻值大于 10 kΩ，则认为是断线不通；若阻值为几欧姆或更大，则可认为是接触不良。但这个标准对于其他元件或导线不一定适用。表 5.1 列出了常用元件及导线电阻值范围以供参考。

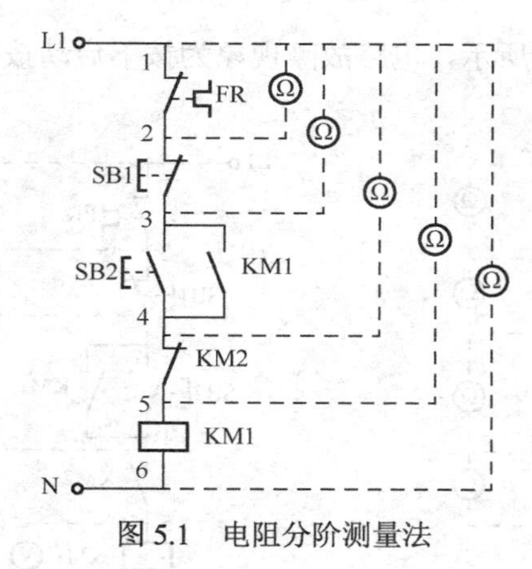

图 5.1 电阻分阶测量法

表 5.1 常用元件及导线电阻值范围表

名 称	规 格	电 阻
铜连接导线	10 m×1.5 mm^2	<0.012 Ω
铝连接导线	10 m×1.5 mm^2	<0.018 Ω
熔断器	小型玻璃管式，0.1 A	<3 Ω
接触器触头		<3 Ω
接触器线圈		20 Ω～10 kΩ
小型变压器绕组	高压侧绕组	10 Ω～9 kΩ
	低压侧绕组	几欧姆
电动机绕组	≤10 kW	1～10 Ω
	≤100 kW	0.05～1 Ω
	≥100 kW	0.001～0.1 Ω
电热器具	900 W	50 Ω
	2000 W	20～30 Ω

（2）分段测量法。

上例故障的电阻分段测量法如图 5.2 所示。测量时首先切断电源，按下启动按钮 SB2，然后逐段测量相邻两标号点 1-2、2-3、3-4、4-5 间的电阻值。如测得某两点间的电阻值很大，则说明该段的触头接触不良或导线断路。例如，当测得 2-3 两点间的阻值很大时，说明停止按钮 SB1 接触不良或连接导线断路。

电阻测量法具有安全性好的优点，使用该方法时应注意以下几点。

① 测量时一定要断开电源。

② 当被测电路与其他电路并联时，必须将该电路与其他电路断开，否则会影响所测电阻值的准确性。

③ 测量高电阻值电气元件时，把万用表的选择开关旋至适合的“Ω”挡。

2）电压测量法

（1）分阶测量法。

电压分阶测量法如图 5.3 所示，电路故障现象为按下启动按钮 SB2，接触器 KM1 线圈未吸合。

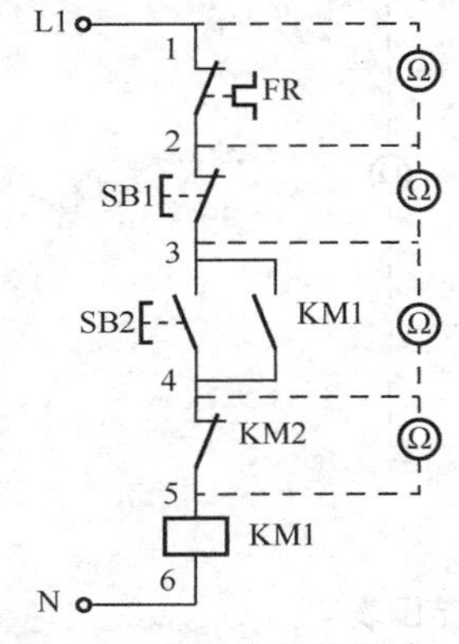

图 5.2　电阻分段测量法

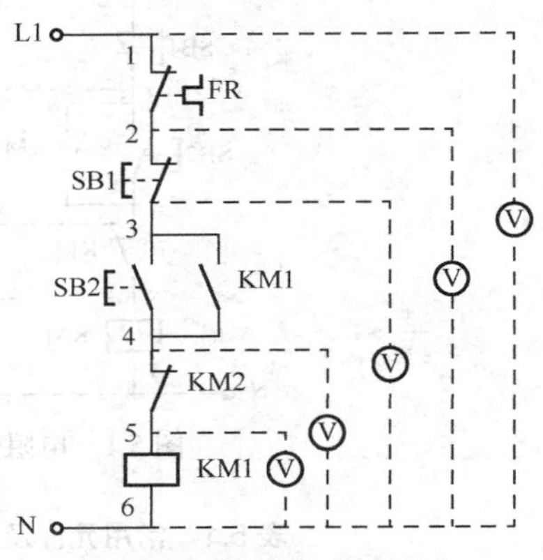

图 5.3　电压分阶测量法

测量时，把万用表转至交流电压 500 V 挡位上。电路正常应为正常电压（本例设为 220 V）。首先用万用表测量 1-6 两点间的电压，然后按下启动按钮不放，同时将黑表棒接到点 6 上，红表棒按 5、4、3、2 标号依次向前移动，分别测量 6-5、6-4、6-3、6-2 之间的电压。在正常情况下，电路各阶的电压值均为 220 V。如测得 6-5 之间无电压，则说明是断路故障，此时可将红表棒向前移，当移至某点（如点 2）时电压正常，则说明点 2 以前的触头或接线是完好的，而点 2 以后的触头或连线有断路。一般此点（点 2）后第一个触头（刚跨过的停止按钮 SB1 的触头）连接线断路。如表 5.2 所示为分阶测量法所测电压及故障原因。

表 5.2　分阶测量法所测电压及故障原因

故障现象	测试状态	6-5	6-4	6-3	6-2	6-1	故障原因
按下 SB2 时 KM1 未吸合	按下 SB2 不松开	0 V	220 V	220 V	220 V	220 V	KM2 常闭触头接触不良
		0 V	0 V	220 V	220 V	220 V	SB2 接触不良
		0 V	0 V	0 V	220 V	220 V	SB1 接触不良
		0 V	0 V	0 V	0 V	220 V	FR 常闭触头接触不良

这种测量方法像上台阶一样，所以称为分阶测量法。分阶测量法既可向上测量（由点 6 向点 1 测量），又可向下测量（依次测量 1-2、1-3、1-4、1-5）。向下测量时，若测得的各阶电压等于电源电压，则说明刚测过的触头或连接导线有断路故障。

（2）分段测量法。

上例故障的电压分段测量法如图 5.4 所示。

首先用万用表测试 1-6 两点，若电压值为 220 V，则说明电源电压正常。然后将万用

表红、黑两表棒逐段测量相邻两标号 1-2、2-3、3-4、4-5、5-6 间的电压。若电路正常，则除 5-6 间的电压等于 220 V 之外，其他任何相邻两点间的电压值均为零。当测量某相邻两点间的电压为 220 V 时，则说明这两点间所包含的触头、连接导线接触不良或有断路。若 4-5 两点间的电压为 220 V，则说明接触器 KM2 的常闭触头接触不良或连接导线断路。

3）短接法

短接法是用一根绝缘良好的导线，把所怀疑的部位短接。用短接法检查上例故障的方法如图 5.5 所示。如电路突然接通，就说明该处断路。检查前先用万用表测量 1-6 间的电压值，若电压正常，可按下启动按钮 SB2 不放松，然后用一根绝缘好的导线，分别短接到某两点时，如短接 1-2、2-3、3-4、4-5。当短接到某两点时，接触器 KM1 吸合，说明断路故障就在这两点之间。

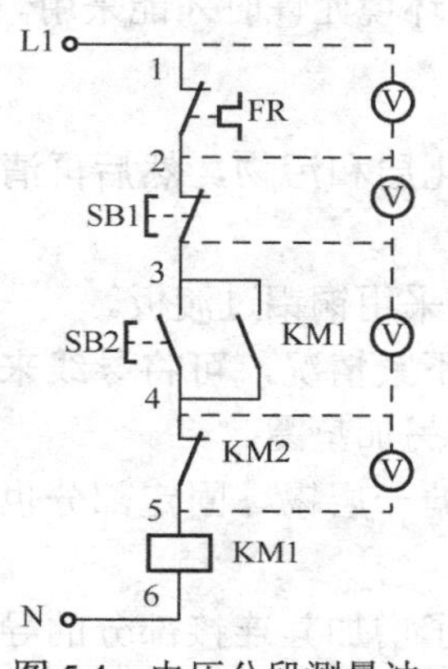

图 5.4　电压分段测量法

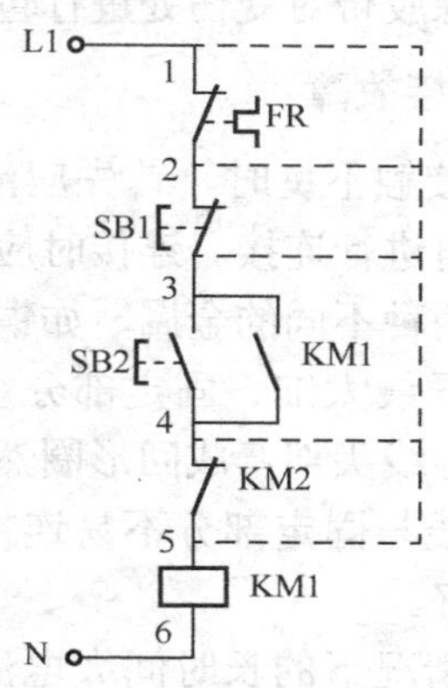

图 5.5　局部短接法

使用短接法检查故障时应注意以下几点。

（1）短接法是用手拿绝缘导线带电操作的，所以一定要注意安全，避免触电事故发生。

（2）短接法只适用于检查压降极小的导线和触头之类的断路故障。对于压降较大的，如电阻、线圈、绕组等断路故障，不能采用短接法，否则会出现短路故障。

（3）在确保电气设备或机械部位不会出现事故的情况下才能使用短接法。

5.4 电气故障的排除与维修

1. 绝缘不良

（1）由污物渗入到导线接头内部引发的绝缘不良故障。

其处理方法是在断电的情况下，用无水酒精或其他易挥发无腐蚀的有机溶剂进行擦洗，将污渍清除干净即可。清洗时应注意三个问题，一是溶剂的含水量一定要低，否则会因水分过多，造成设备生锈、干燥缓慢、绝缘材料吸水后性能变差等；二是要注意防火，操作现场不允许有暗火和明火；三是要选择合适的溶剂，不能损坏原有的绝缘层、标志牌、塑料外壳的亮光剂等。

（2）由老化引起的绝缘不良。

该故障是绝缘层在高温及有腐蚀的情况下长期工作造成的。绝缘老化发生后，常伴有

发脆、龟裂、掉渣、发白等现象。遇到这种现象，应立即更换新的导线或新的元件，以免造成更大的损失。同时，还应查出绝缘老化的原因，排除诱发绝缘老化的因素。例如，若是因为导线过热引发的绝缘老化，除应及时排除故障外，还应注意检查导线接头处包裹的绝缘胶带是否符合要求。通常绝缘胶带的厚度以 3～5 层为宜，不能过厚，否则接头处热量不易散发，很容易引起氧化和接触不良的现象。包裹时还应注意不能过疏、过松，要密实，以便防水防潮。裸露的芯线要维修好，线芯要压好，不允许有翘起的线头、毛刺、棱角，以防刺破绝缘胶带造成漏电。

（3）外力造成的绝缘损坏。

此时应更换整根导线。如果外力不易避免，则应对导线采取相应的保护措施，如穿上绝缘套管、采用编织导线或将导线盘成螺旋状等。如果不能立即更换导线，作为应急措施，也可用绝缘胶带对受伤处进行包扎，但必须在工作环境允许时才能采用。

2. 导线连接故障

遇到导线接触不良时，首先应清除导线头部的氧化层和污物，然后再清除固定部分的氧化层，重新再进行连接。连接时应注意以下几点。

（1）避免两种不同的金属，如铜和铝直接连接，可采用铜铝过渡板。

（2）对于导线太细、固定部分空间过大造成的压不紧情况，可将导线来回折几下，形成多股，或将导线头部弯成回形圈然后压紧，必要时可另加垫圈。

（3）当导线与固定部分不易连接时，可在导线上搪一层锡，固定部分也搪一层锡，一般就能接触良好。

（4）特殊情况下的长时间大电流工作的连线，为了增加其连接部分的导电性能，可用锡焊将导线直接焊在一起。此外，采用较大的固定件（以利散热）、加一定的凡士林（以利隔绝空气）、增加导线的紧固力等，都能改善连接部分的导电性能。

（5）导线连接时，所有接头都应在接线柱上进行，不得在导线中间剥皮连接，每个接线柱接线一般不得超过两根。将导线弯成弧形时，应按顺时针方向套在接线柱上，避免因螺帽拧紧时导线松脱。

（6）弱电连接比强电连接对可靠性的要求高。因为弱电电压低，不易将导线之间的微弱空气间隙和微小杂质击穿，所以一般应采用镀银插件、导线焊接的方式。

（7）对于细导线连接故障，如万用表表头线圈，一般应予更换线圈。应采用高压拉弧法使断头熔焊在一起，若采用手工连接，往往因机械强度不足和绝缘强度不够而造成寿命有限。

5.5 低压电器常见故障与维修

机电设备的电气控制系统一般以低压电器作为系统的电气元件，以电动机作为系统的动力源，因此机电设备的电气故障主要发生在这两类设备上。此外，在数控机床等自动化程度较高的机电设备中，可编程控制器故障也是引起设备故障停机的重要原因。本节将对以上故障的维修诊断方法进行介绍。

低压电器是指在低压（1200 V 及以下）供电网络中，能够依据操作信号和外界现场信

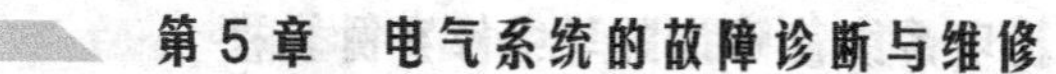

号的要求，自动或手动改变电路的状况、参数，用以实现对电路或被控对象的控制、保护、测量、指示、调节和转换等的电气元件，它是构成低压控制电路的最基本元件设备。常用的低压电器有保护类低压控制电器，如熔断器、漏电保护器等；控制电器类，如接触器、继电器、电磁阀和电磁抱闸等；主令电器类，如万能转换开关、按钮、行程开关等。

5.5.1　接触器

接触器是一种用来自动接通或断开大电流电路的电器。它可以频繁地接通或切断交直流电路，并可实现远距离控制，按照所控制电路的种类，接触器可分为交流接触器和直流接触器两大类。

1. 交流接触器

交流接触器是利用电磁吸力及弹簧反作用力配合动作使触头闭合与断开的一种电器，在机电设备控制电路中一般用它来接通或断开电动机的电源和控制电路的电源。接触器主要由电磁系统和触头系统组成。触头系统包括主触头和辅助触头。电磁系统包括电磁线圈、动铁芯、静铁芯和反作用弹簧等。电磁吸合的基本过程是：电磁线圈不通电时，弹簧的反作用力或动铁芯的自身重量使主触头保持断开。当电磁线圈接入额定电压时，电磁吸力克服弹簧的反作用力吸引动铁芯向静铁芯移动，带动主触头闭合，辅助触头也随之动作。

依照先易后难的原则，先查线圈，后查电源和机械部分，避免盲目拆卸。判断接触器是否正常应按如下工作步骤进行。

（1）电气检查。接触器线圈的两接线柱之间应保持导通状态。用电阻挡测量时，应有十几欧姆至数十欧姆的电阻。如果阻值超过 2 Ω，则应检查线圈回路是否有接触不良或断线的现象。当阻值过低，如小型接触器仅有几欧姆或零点几欧姆时，则应检查是否有短路现象。

（2）机械部分检查。用手或其他工具推动衔铁时，动作应灵活自如，无卡滞现象。触头接触后再用力，还应有一定的行程，手松开后，触头能迅速复位，并且要求触头的动作应该同步。

（3）通电检查。线圈加上额定电压时，接触器应能可靠动作；吸合后无明显的响声，断电时复位迅速。

交流接触器的常见故障及维修方法如下所述。

（1）线圈故障。线圈故障可分为过热烧毁和断线。线圈烧毁的原因很多，如电源电压过高（超过额定电压的 110%），或电源电压过低（低于额定值的 85%），都有可能烧毁接触器线圈。这是由于接触器衔铁吸合不上、线圈回路电抗值较小、电流过大造成的。此外，电源频率与额定值不符、机械部分卡阻致使衔铁不能吸合及铁芯极面不平造成吸合磁隙过大；在环境方面，如通风不良、过分潮湿、环境温度过高等原因，也会引起这种故障。线圈断线故障一般由线圈过热烧毁引起，也可能由外力损伤引起。

针对不同的故障原因，应采取不同的对策。如果是线圈不良故障，更换同型号线圈即可；如果铁芯有污物或极面不平，可视情况清理极面或更换铁芯。

（2）接触器触头熔焊。

① 频繁启动设备，主触头频繁承受启动电流冲击，或者触头长时间通过大于额定电流的电流，均能造成触头过热或熔焊。对于前者，应合理操作、避免频繁启动，或者选择符

合操作频率及通电持续率的接触器。对于后者，则应减少拖动设备的负载，使设备在额定状态下运行，或者根据设备的工作电流重新选择合适的接触器。

如果被控对象是三相电动机，则应检查三相触头是否同步。如果不同步，则三相电动机启动时短时间内属于缺相运行，导致启动电流过大，应进行调整。

② 负载侧有短路点。吸合时短路电流通过主触头，造成触头熔焊，此时应检查短路点位置，排除短路故障。

③ 触头接触压力不正常。因接触器吸合不可靠或振动会造成触头压力太小，使触头接触电阻增大，引起触头严重发热。调整触头压力时可用纸条法检查压力的大小，方法是取一条比触头稍宽一点的纸条放在触头之间，交流接触器闭合时，若纸条很容易抽出，则说明触头压力不足；若纸条被拉断，则说明压力过大。

④ 触头表面严重氧化及灼伤，使接触电阻增大，引起触头熔焊。触头上有氧化层时，如果是银的氧化物则不必除去；如果是铜的氧化物，则应用小刀轻轻刮去。如有污垢，可用抹布沾汽油或四氯化碳将其清洗干净；触头烧灼或有毛刺时，应使用小刀或整形锉整修触头表面；整修时不必将触头整修得十分光滑，因为过分光滑反而会使触头接触表面的面积减小。另外，不要用砂纸去修整触头表面，以免金刚砂嵌入触头，影响触头的接触。

如触头有熔焊，则必须查清原因，维修时更换触头。

（3）接触器通电后不能吸合或吸合后断开。当发生交流接触器通电后不能吸合故障时，应首先测试电磁线圈两端是否有额定电压。若无电压，则说明故障发生在控制回路，应根据具体电路检查处理；若有电压但低于电磁线圈额定电压，电磁线圈通电后产生的电磁力不足以克服弹簧的反作用力，则应更换电磁线圈或改接电路；若有额定电压，则更大的可能是电磁线圈本身开路，可用万用表欧姆挡测量，若接线螺钉松脱，则应紧固；若电磁线圈断线，则应更换。

另外，接触器运动部位的机械机构及动触头发生卡阻或转轴生锈、歪斜等，都有可能造成接触器线圈通电后不能吸合或吸合不正常。对于前者，可对机械连接机构进行整修，整修灭弧罩，调整触头与灭弧罩的位置，消除两者的摩擦。对于后者，应进行拆检，清洗转轴及支承杆，必要时调换配件。

接触器吸合一下又断开，通常是由于接触器自锁回路中的辅助触头接触不良，使电路自锁环节失去作用引起的。

（4）接触器吸合不正常。接触器吸合不正常是指接触器吸合过于缓慢，触头不能完全闭合、铁芯吸合不紧、铁芯发出异常噪声等不正常现象。接触器吸合不正常时，可从以下几方面检查原因，并根据检查结果进行相应的处理。

① 控制电路电源电压低于85%额定值，电磁线圈通电后产生的电磁吸力较弱，不能将动铁芯迅速吸向静铁芯，造成接触器吸合过于缓慢或吸合不紧。此时应检查控制电路的电源电压，并设法调整至额定工作电压。

② 弹簧压力不适当，会造成接触器吸合不正常。弹簧的反作用力过强会造成吸合过于缓慢；触头的弹簧压力与释放压力过大时，也会造成触头不能完全闭合。此时应对弹簧的压力进行相应的调整，必要时进行更换，即可消除以上故障。

③ 铁芯极面经过长期频繁碰撞，沿叠片厚度方向向外扩张且不平整，或者短路环断裂，使铁芯发出异常响声。

（5）接触器线圈断电后铁芯不能释放。这种故障危害极大，会使设备运行失控，甚至造成设备毁坏，必须严加防范。其可能原因如下所述。

① 接触器铁芯极面受撞击变形，“山”字形铁芯中间磁极的接触面上的间隙逐渐消失，致使线圈断电后铁芯产生较大的剩磁，从而将动铁芯黏附在静铁芯上，使交流接触器断电后不能释放。处理时可锉平、整修铁芯接触面，保证铁芯中间磁极的接触面有不大于 0.15～0.2 mm 的间隙，然后将“山”字形铁芯接触面放在平面磨床上精磨光滑，并使铁芯中间磁极的接触面低于两边磁极的接触面 0.15～0.2 mm，可有效避免这种故障。

② 铁芯极面上油污和尘屑过多，或者动触头弹簧压力过小，也会造成交流接触器线圈断电后铁芯不能释放。对于前者，清除油污即可；对于后者，可调整弹簧压力，必要时更换新弹簧。

③ 接触器触头熔焊也会造成交流接触器线圈断电后铁芯不能释放，可参阅前述方法进行排除。

④ 安装不符合要求或新接触器铁芯表面防锈油未清除也会出现这种故障。若是安装不符合要求，可重新安装；若是铁芯表面有防锈油粘连，则擦干净即可。

2. 直流接触器

直流接触器按其使用场合可分为一般工业用直流接触器、牵引用直流接触器和高电感直流接触器。一般工业用直流接触器常用在机床等机电设备中控制各类直流电动机。直流接触器的常见故障与交流接触器基本相同，可对照上述交流接触器故障状况进行分析。

5.5.2 继电器

继电器的主要作用是对电气电路或电气装置进行控制、保护、调节及信号传递，它的触头容量较小，常在 5 A 或 5 A 以下，因而继电器不能用来切断负载，这也是继电器与接触器的主要区别。根据输入信号的不同，继电器可分为根据温度信号动作的温度继电器，根据电流信号动作的电流继电器，根据压力信号动作的压力继电器，根据速度信号动作的速度继电器等多种类型。下面介绍几种常用继电器的故障诊断与维修方法。

1. 热继电器

电动机在实际运行中常遇到过载情况，若过载电流不大，过载时间也较短，电动机绕组温升不超过允许值，那么这种过载是允许的。若过载电流过大或时间过长，则会使绕组温升超过容许值，造成绕组绝缘的损坏，缩短电动机的使用年限，严重时甚至会使电动机的绕组烧毁。为了充分发挥电动机的过载能力，保证电动机的正常启动及运转，防止电动机绕组因过热而烧毁，通常采用热继电器作为电动机的过载保护。

常用的热继电器是双金属片式，主要由双金属片、电阻丝（发热元件）和触头组成。使用时，发热元件串接到电动机主电路中，常闭触头在控制电路中与接触器线圈相串联。电动机过载时，会使热继电器常闭触头断开，切断电动机的控制电路，主电路断开。若要使电动机再次启动，则需经过一定的时间，待双金属片冷却后，按下手动复位按钮，使触头复位。

热继电器常见故障及维修方法如下所述。

（1）热继电器接入主电路或控制电路不通。

① 热元件烧断或热元件进出线头脱焊会造成热继电器接入主电路后不通，该故障排除

可用万用表进行通路测量，也可打开热继电器的盖子进行外观检查，但不得随意卸下热元件。对于烧断的热元件需要更换同规格的元件，对脱焊的线头则应重新焊牢。

② 整定电流调节凸轮（或调节螺钉）转到不合适的位置上，使常闭触头断开；或者由于常闭触头烧坏，造成热继电器接入后控制电路不通。对于前者，可打开热继电器的盖子，观察调节凸轮动作机构，并将其调整到合适的位置上；对于后者，则需要更换触头及相关的弹簧。

③ 热继电器的主电路或控制电路中接线螺钉未拧紧，长时间运行后松脱，造成主电路或控制电路不通，检查接线螺钉，拧紧即可。

（2）热继电器误动作。

热继电器误动作是指电动机未过载而继电器却动作的现象。

① 由于热继电器所保护的电动机启动频繁，热元件频繁受到启动电流的冲击；或者电动机启动时间太长，热元件较长时间通过启动电流。这两种情况均会造成热继电器误动作。对于前者，应限制电动机的频繁启动，或改用半导体热敏电阻温度继电器；对于后者，则可按电动机启动时间的要求，从控制电路上采取措施，在启动过程中短接热继电器，启动运行后再接入。

② 热继电器电流调节刻度有误差（偏小）会造成误动作，此时应按下面的方法合理调整。将调节电流凸轮调向大电流方向，然后再启动设备，待设备正常运转 1h 后，将调节电流凸轮向小电流方向缓缓调节，直至热继电器动作，然后再把调节凸轮向大电流方向做适当旋转。

③ 电动机负载剧增，致使过大的电流通过热元件，或者热继电器调整部件松动，使热元件整定电流偏小，造成热继电器误动作。对于前者，应排除电动机负载剧增的故障；对于后者，则可拆开热继电器的盖板，检查动作机构及部件并加以紧固，再重新进行调整。

（3）电动机已烧毁，而热继电器尚未动作。

其可能原因有以下几种情况。

① 热继电器调节刻度有误差（偏大），或者调整部件松动而引起整定电流偏大，当电动机过载运行时，负载电流虽能使发热元件温度升高，双金属片弯曲，但不足以推动导板和温度补偿双金属片，电动机因长时间过负载运行而烧毁。处理方法与热继电器调节刻度误差（偏小）故障处理相同。

② 动作机构卡死，导板脱出；或者由于热元件通过短路电流，双金属片产生永久性变形，电动机过载时继电器无法动作，使电动机烧毁。处理时应打开热继电器盖子，检查动作机构，重新放入导板，按动复位按钮数次，看其机构动作是否灵活。若为双金属片永久变形则应更换。

③ 热继电器经检修后，由于疏忽将双金属片安装反了；或双金属片发热元件用错，使电流通过热元件后双金属片不能推动导板，电动机过载运行烧毁而热继电器不动作。

④ 自冷风扇损坏、风道堵塞散热不佳、环境温度较高等也会造成电动机烧毁而热继电器尚未动作。

热继电器在安装时，应注意出线的连接导线粗细要适宜。如果导线过细，轴向导热差，热继电器可能提前动作；反之，连接导线太粗，使轴向导热快，热继电器可能滞后动作。一般规定额定电流为 10 A 的热继电器，宜选用 2.5 mm^2 的单股塑料铜芯线；额定电流为 20 A 的热继电器，宜选用 4 mm^2 的单股塑料铜芯线；额定电流为 60 A 的热继电器，宜选用 16 mm^2 的多股塑料铜芯线。

2. 速度继电器

速度继电器又称反接制动继电器，它的作用是与接触器配合实现对电动机的制动。速度继电器由定子、转子、触点三个主要部分组成。速度继电器的转子是一块永久磁铁，它和被控制的电动机机轴连接在一起；定子固定在支架上，由硅钢片叠成，并装有笼形绕组。当轴转动时，转子随同转轴一起旋转，在转子周围的磁隙中产生旋转磁场，使笼形绕组中感应出电流，转子转速越高，这一电流就越大。感应电流产生的磁场与旋转磁场相互作用，使定子受到一个与转子转向同方向的转矩，转速越高，转矩越大。

转子不转动时，定子在定子柄重力的作用下，停在中心稳定位置；转子转动后，定子受到转矩作用，将产生与转子同向的转动。转子转速越高，定子受到的同向力矩越大，转动的角度也越大。定子转到一定的角度后，常闭触头断开，常开触头闭合。当轴上的转速接近于零（小于 100 r/min）时，触头也随之复位。

常用速度继电器为 JY1 系列和 JF20 系列。JY1 系列能以 3600 r/min 的转速可靠工作；在 JF20 系列中，JF20-1 型适用于转速为 300～1000 r/min 的情况，JF20-2 型适用于转速为 1000～3600 r/min 的情况。一般转速为 120 r/min 即复位。速度继电器的常见故障、产生原因及维修方法如表 5.3 所示。

表 5.3　速度继电器的常见故障、产生原因及维修方法

故障现象	产生原因	维修方法
速度继电器转速较高时，动合触头不闭合	速度继电器胶木柄断裂	更换胶木柄
	动合触头接触不良	修复触头，清洁触头表面，调整弹簧片位置与弹簧压力
	弹性动触片断裂	更换动触头
	正反触头接错	调换正反触头
	转子永久磁铁失磁	更换转子，转子充磁
动作值不正常	速度继电器的反力弹簧调整不当	调整弹簧片位置及形状，调节螺钉位置，螺钉向下旋，反力弹簧压紧，动作值增加；螺钉向上旋，反力弹簧放松，动作值减小
	部件松动	紧固各相关件
	触头接触不良	擦拭维修触头
	安装不良，有滑动现象	重新安装

5.5.3　熔断器

1. 低压熔断器的检查和维护

（1）检查熔断器指示器是否正常，尤其是线路发生过载等故障后，必须检查指示器，以便及时发现单相运行情况。

（2）检查熔断器外观有无破损及闪络放电痕迹，清扫外部积尘。

（3）检查熔断器有无过热现象。如发现瓷底座有沥青流出（如 RC1A 型），则说明过负荷或接头（尤其铜铝接头）及触刀接触不良，应及时处理。

（4）检查熔体与触刀之间、触刀与刀座之间及螺旋式熔断器熔体接触是否良好。如果接触不良，会引起过热，造成误熔断。

（5）管式熔断器的熔体熔断后，要检查钢纸熔管内壁有无烧焦现象，内壁烧焦后不能可靠灭弧，应及时换上新的熔断器。

（6）检查负荷是否与熔体的额定值相匹配。

（7）检查熔断器的使用环境温度，过高的环境温度会引起误熔断。

（8）当线路或负荷发生短路及严重过载时，熔断器不能切断电源，应检查是否盲目用铜丝代替熔体了。严禁用铜丝代替熔体。

（9）当发现熔体熔断时，不可更换完新熔体便马上投入运行，应先分析造成熔断的原因，查出故障并修复后再投入运行。否则容易发生损坏电气设备及弧光闪络伤人事故。

（10）正确安装熔体，避免机械损伤和拉得过紧而使熔体截面积变小，引起误熔断。

2. 熔断器的常见故障与维修方法

1）熔断器的常见故障、产生原因及维修方法（见表 5.4）

表 5.4　熔断器常见故障、产生原因及维修方法

故障现象	产生原因	维修方法
熔断器过热	熔断器规格过小，负荷过重	更换大号熔断器
	环境温度过高	改善环境条件，或将熔断器安装在环境好的位置
	接线头松动，导线接触不良，或接线螺钉锈死	清洁螺钉、垫圈，拧紧螺钉，或更换螺钉、垫圈
	导线过细，负荷过重	更换成相应较粗的导线
	铜铝接线，接触不良	将铝导线更换成铜导线，或将铝导线做搪锡处理
	触刀与刀座接触不紧密或锈蚀	除去氧化层，使两者接触紧密，若失去弹性，则予以更换
	熔体与触刀接触不良	使两者接触良好
熔体熔断	外线路短路或接地	查明原因，并消除故障点后，再更换合适的熔体投入使用
	熔体规格选择得太小	按要求选择熔体
	负荷过大	调整负荷，使其不过载
	熔体安装不当，压伤或拉得过紧	正确安装熔体
	螺钉未压紧或锈死	压紧螺钉或更换螺钉、垫圈
熔体未熔断，但电路不通	熔体两端或接线接触不良	紧固接线端
	螺旋式熔断器螺帽盖未拧紧	拧紧螺帽盖

2）根据熔体熔断状态判别故障性质

熔体的熔断状况有 3 种，如图 5.6 所示。

如图 5.6（a）所示，断点在压接螺钉附近，断口较小，往往可以看到螺钉变色，生成黑色氧化层。这是由于压接过松或螺钉松动，或螺钉锈死所致。对此，应清洁螺钉、垫圈，更换螺钉、垫圈，重新安装好新熔体。

如图 5.6（b）所示，熔体外露部分几乎全部熔爆，仅有螺钉压接部位残存。这是由于短路大电流在很短的时间内产生大量热量而使熔体熔爆所致。对此，应检查线路、负荷用电设备等，找出并消除短路点。在故障未消除前，切不可盲目地加大熔体，以防事故扩大。

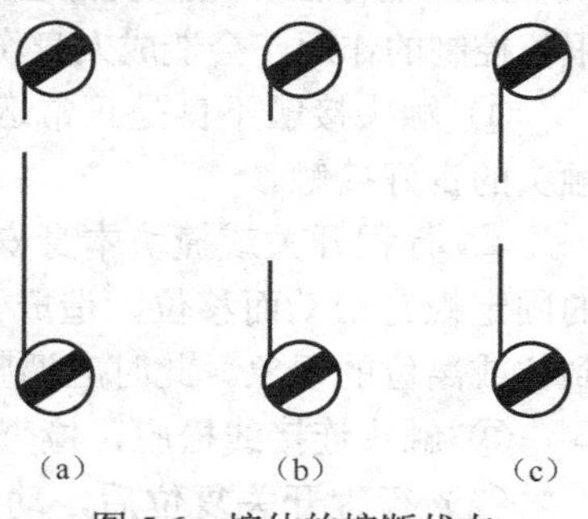

图 5.6　熔体的熔断状态

如图 5.6（c）所示，熔体中部产生较小的断口。这是由于流过熔体的电流长时间超过其额定电流所致。由于熔体两端的热量能经压接螺钉散发掉，而中间部位的热量积聚较快，以致被熔断，因此可以断定是由线路过载或熔体选得过细引起的。对此，应查明过载原因，并选择合适的熔体，重新装上。

5.5.4　主令电器

主令电器包括按钮、行程开关、主令控制器等，它依靠电路的通断来控制其他电器的动作，以“发布”电气控制的命令。利用主令电器可以实现对控制电路的操作和顺序控制。各主令电器的常见故障及维修方法如下。

1. 按钮

按钮常见故障及维修方法如下。

（1）按启动按钮时有麻电感觉。

① 按钮防护金属外壳与带电的连接导线有接触，通过检查按钮内部导线连接情况，清除碰壳即可。

② 在金属切削机床上，由于铁屑或金属粉末钻进按钮帽的缝隙间，使其与导电部分形成通路，产生麻电感觉。排除故障的方法是经常清扫，或在按钮上护罩一层塑料薄膜，避免金属屑钻入。

（2）按停止按钮时不能断开电路。

通常是由于停止按钮动断触头已形成了非正常的短路，无论按或不按停止按钮，触头间都成为通路，自然不能断开电路。非正常的短路由以下两方面原因形成：①金属屑或油污短接了动断触头，清扫去除即可。②按钮盒胶木烧焦碳化，动断触头短路。

（3）按停止按钮后再按启动按钮，被控电器不动作。

通常是由于停止按钮的复位弹簧损坏，从而在按停止按钮后其动断触头无法复位，永久性地处于常开状态，使控制回路失电。该故障调换复位弹簧即可消除。另外，启动按钮动合触头氧化，接触不良，也可能造成故障。

2. 行程开关

行程开关又称位置开关或限位开关，其触头的操作不是用手直接操作，而是利用机械设备某些运动部件的碰撞来完成操作的。因此，行程开关是一种将行程信号转换为电信号的开关器件，广泛应用于顺序控制器及运动方向、行程、定位、限位及安全等自控系统中。行程开关常见的故障如下所述。

（1）撞行程开关，设备运行不受控。这种故障的危害极大，它使行程开关起不到行程和限位控制的作用，会造成人身伤亡和设备损坏等事故。该故障可从以下几方面着手检查。

① 触头接触不良是正常运行中常见的故障原因。应定期检查和清洁行程开关，维护其触头的良好接触。

② 行程开关或撞块本身安装位置不当；或者由于运行碰撞次数过多，行程开关、撞块的固定螺钉松动而移位，造成了即使碰撞行程开关滚轮（或触柱），也不能有效地推动触头到位或离位的现象。此时应调整行程开关或撞块位置，并紧固好固定螺钉。

③ 触头连接线松脱，检查并紧固松脱的连接线。

（2）行程开关复位后，动断触头不闭合。发生此故障后，应及时拆卸行程开关，从以下几方面着手检查。

① 动断触头复位弹簧弹力减退或被杂物卡住，可更换弹簧或去除杂物。

② 动断触头偏斜或脱落。触头偏斜或脱落通常是由于行程开关与撞块安装位置太近，从而使碰撞时推力太大造成的。因此，排除这类故障时，要注意适当调整行程开关的安装位置。

（3）杠杆已偏转，但触头不动作。故障的发生通常是由于行程开关安装位置太低导致的，可采取在行程开关底面加垫板或提高安装位置的方法消除故障。此外，行程开关内机械卡阻，也会造成故障的发生。需检查清扫，重新装配调整，并对活动支点部位滴微量机油，使其动作灵活，消除机械卡阻。

5.6 传感器故障诊断

现代机械制造系统具有控制规模大、自动化程度高和柔性化强的特点。由于制造系统的结构越来越复杂，成本控制和生产连续性要求越来越高，因此由于各种故障而导致的停机都是人们无法承受的负担。因此，故障诊断系统得到了迅速的发展，其技术包括：用先进的传感器接收过程中出现的各种物理量，进而进行信号传输和信号处理，通过分析处理的结果来对生产设备的工作情况及产品的质量进行检测，并且对其发展趋势进行预测及对故障进行诊断和报警。

现阶段，在机械生产系统方面的故障分析方法可以应用在自动化生产线、数控机床、柔性制造单元及更大的系统中（如计算机集成制造系统）。自动化生产线比单个设备复杂，要想在短时间内找出原因和位置是很困难的。为了提高利用率，除了提高设备的可靠性之外，在一定的条件下，完全有必要引入自动化生产线中的故障诊断系统。

1. 传感器产生的误差

传感器产生的误差可分为 5 个基本的类别：插入误差、应用误差、特性误差、动态误差和环境误差。

（1）插入误差。它是当系统中插入一个传感器时，由于改变了测量参数而产生的误差。一般在进行电子测量时会出现这样的问题，但是在其他方式的测量中也会出现类似问题。

（2）应用误差。这是由操作人员产生的，产生的原因很多。例如，温度测量时产生的误差，包括探针放置错误或探针与测量地点之间不正确的绝缘，另外一些应用误差包括空气或其他气体的净化过程中产生的错误。应用误差也涉及变送器的错误放置，因而正或负的压力将对正确的读数造成影响。

（3）特性误差。这是设备本身固有的，它是设备理想的、公认的转移功能特性和真实特性之间的误差。这种误差包括DC漂移值（如错误的压力水头）。

（4）动态误差。许多传感器具有较强阻尼，因此它们不会对输入参数的改变进行快速响应。例如，热敏电阻需要数秒才能响应温度的阶跃改变，所以热敏电阻不会立即跳跃至新的阻抗，或产生突变。相反，它会慢慢改变为新的值。如果具有延迟特性的传感器对温度的快速改变进行响应，那么输出的波形将失真，因为其间包含了动态误差。产生动态误差的因素有响应时间、振幅失真和相位失真。

（5）环境误差。来源于传感器使用的环境，产生因素包括温度、摆动、振动、海拔、化学物质挥发或其他因素。这些因素经常影响传感器的特性，所以在实际应用中，这些因素总是被分类集中在一起。

2. 传感器使用过程中的干扰及其解决措施

1）供电系统的抗干扰设计

对传感器正常工作危害最严重的是电网尖峰脉冲干扰，产生尖峰干扰的用电设备有电焊机、大型电动机、可控机、继电接触器，甚至电烙铁等。尖峰干扰可用硬件、软件结合的办法来抑制。

（1）用硬件线路抑制尖峰干扰。常用的办法主要有以下 3 种：①在仪器交流电源输入端串入干扰控制器；②在仪器交流电源输入端加超级隔离变压器，利用铁磁共振原理抑制尖峰脉冲；③在仪器交流电源输入端并联压敏电阻，利用尖峰脉冲到来时电阻值减小从而降低仪器从电源分得的电压，以此来削弱干扰的影响。

（2）用软件方法抑制尖峰干扰。对于周期性干扰，可以采用编程进行时间滤波，从而有效地消除干扰。

（3）采用硬件、软件结合的看门狗（watchdog）技术抑制尖峰脉冲的影响。

（4）实行电源分组供电。例如，将执行电动机的驱动电源与控制电源分开，以防止设备间的干扰。

（5）采用噪声滤波器也可以有效地抑制交流伺服驱动器对其他设备的干扰。

（6）采用隔离变压器，以提高抵抗共模干扰能力。

（7）采用高抗干扰性能的电源，如利用频谱均衡法设计的高抗干扰电源。

2）信号传输通道的抗干扰设计

（1）光电耦合隔离措施。在长距离传输过程中，采用光电耦合器可以切断控制系统与输入、输出通道及伺服驱动器的输入、输出通道电路之间的联系。光电耦合的主要优点是能有效地抑制尖峰脉冲及各种噪声干扰，使信号传输过程的信噪比大大提高。干扰噪声虽

然有较大的电压幅度，但是能量却很小，只能形成微弱电流，而光电耦合器输入部分的发光二极管是在电流状态下工作的，一般导通电流为 10～15 mA，所以即使有很大幅度的干扰，这种干扰也会由于不能提供足够的电流而被抑制掉。

（2）双绞屏蔽线传输。信号在传输过程中会受到电场、磁场和地阻抗等干扰因素的影响，采用接地屏蔽线可以减小电场的干扰。双绞屏蔽线与同轴电缆相比，虽然频带较差，但波阻抗高，抗共模噪声能力强，能使各个小环节的电磁感应干扰相互抵消。另外，在长距离传输过程中，一般采用差分信号传输，可提高抗干扰性能。

3）局部产生误差的消除

在低电平测量中，必须严格注意在信号路径中所用的（或构成的）材料，在简单的电路中遇到的焊锡、导线及接线柱等都可能产生实际的热电动势。由于热电动势经常是成对出现的，因此尽量使成对的热电偶保持在相同的温度下是很有效的措施，为此一般用热屏蔽、散热器沿等温线排列或者将大功率电路和小功率电路分开等办法，其目的是使热梯度减到最小。虽然采用插座开关、接插件、继电器等形式能使更换电气元件或组件方便一些，但缺点是可能产生接触电阻、热电动势或两者皆有，其代价是增加低电平分辨力的不稳定性，也就是说它比直接连接系统的分辨力要差、精度要低、噪声增加、可靠性降低。因此，在低电平放大电路中应尽可能不使用开关、接插件，这是减少故障、提高精度的重要措施之一。

3. 变送器常见故障及原因

变送器的常见故障及原因如表 5.5 所示。

表 5.5　变送器的常见故障及原因

故障现象	故障原因
变送器输出信号不稳	压力源本身是一个不稳定的压力
	仪表或压力传感器抗干扰能力不强
	传感器接线不牢
	传感器本身振动很厉害
	传感器故障
变送器接点无输出	接错线（仪表和传感器都要检查）
	导线本身断路或短路
	电源无输出或电源不匹配
	传感器损坏

4. 电感式接近开关定位不准确的处理方法

接近开关主要用于定位，有时也用于行走计数。其尾部带有信号指示灯，当有金属物体靠近其端部时（15 mm 以内），信号指示灯亮，同时 PLC 上相应的输入端口指示 LED 点亮；移开时信号指示灯灭，PLC 上相应的输入端口指示 LED 熄灭。

检查时应先擦去传感器上的水渍和灰尘，用金属物（如改锥、扳手等）反复靠近传感器的端部，观察信号指示灯是否闪烁。然后移动采样机，使传感器位于正对着感应块的位

置，检查其间隙是否过大（应不大于 15 mm），间隙过大时传感器不能可靠地感应和给出信号。如果传感器输出信号不正常则应检查信号线路是否正常，首先检查传感器的供电电源是否正常，然后检查进入 PLC 的信号线是否正常。

5. 热电偶使用不当时的误差

1）安装不当引入的误差

热电偶安装的位置及插入深度不能反映炉膛的真实温度，换句话说，热电偶不应装在太靠近门和加热的地方，插入的深度至少应为保护套管直径的 8～10 倍。若热电偶的保护套管与炉壁孔之间未填绝热物质，将使炉内热溢出或冷空气侵入，因此热电偶保护套管和炉壁孔之间应用耐火泥或石棉绳等绝热物质堵塞以免冷热空气对流而影响测温的准确性。热电偶的安装应尽可能避开强磁场和强电场，所以不应把热电偶和动力电缆线装在同一根导管内，以免引入干扰造成误差。热电偶不能安装在被测介质很少流动的区域内。当用热电偶测量管内气体温度时，必须使热电偶逆着流速方向安装，而且要充分与气体接触。

2）绝缘变差引入的误差

热电偶在使用一段时间后，保护套管和拉线板污垢或盐渣过多致使热电偶极间与炉壁间绝缘不良，在高温下更为严重，这不仅会引起热电动势的损耗而且还会引入干扰，由此引起的温度误差有时可达上百摄氏度。

3）热惰性引入的误差

由于热电偶的热惰性使仪表的指示值落后于被测温度的变化，在进行快速测量时这种影响尤为突出，所以应尽可能采用热电极较细、保护套管直径较小的热电偶。测温环境许可时，甚至可将保护套管取去。为了准确测量温度，应当选择时间常数小的热电偶。时间常数与传热系数成反比，与热电偶热端的直径、材料的密度及比热成正比。如要减小时间常数，除增加传热系数以外，最有效的办法是尽量减小热端的尺寸。使用中，通常采用材料导热性能好、管壁薄、内径小的保护套管。

4）热阻误差

高温时，如保护套管上有一层煤灰，尘埃附在上面，则热阻增加，阻碍热的传导，这时温度示值比被测温度的真值低。因此，应保持热电偶保护套管外部的清洁。

5.7　电磁流量计的常见故障

电磁流量计的常见故障，有的是由于仪表本身元件损坏引起的，有的是由于选用不当、安装不妥、环境条件、流体特性等因素造成的，如显示波动、精度下降甚至仪表损坏等。它一般可以分为两种类型：安装调试时出现的故障（调试期故障）和正常运行时出现的故障（运行期故障）。

1. 调试期故障

调试期故障一般出现在仪表安装调试阶段，一经排除，在以后相同条件下一般不会再出现。常见的调试期故障一般是由安装不妥、环境干扰及流体特性影响等原因引起的。

（1）安装方面。通常是电磁流量传感器安装位置不正确引起的故障，常见的如将传感器安装在易积聚气体的管系最高点；或安装在自上而下的垂直管上，可能出现排空；或传感器后无背压，流体直接排入大气而形成测量管内非满管。

（2）环境方面。通常主要是管道杂散电流干扰、空间强电磁波干扰、大型电动机磁场干扰等。管道杂散电流干扰通常用良好的单独接地保护就可获得满意结果。空间电磁波干扰一般经信号电缆引入，通常采用单层或多层屏蔽予以保护。

（3）流体方面。被测液体中含有均匀分布的微小气泡通常不影响电磁流量计的正常工作，但随着气泡的增大，仪表输出信号会出现波动，若气泡大到足以遮盖整个电极表面时，随着气泡流过电极会使电极回路瞬间断路而使输出信号出现更大的波动。

2. 运行期故障

运行期故障是电磁流量计经调试并正常运行一段时期后出现的故障，常见的运行期故障一般由流量传感器内壁附着层、雷电打击及环境条件变化等因素引起。

（1）流量传感器内壁附着层。由于电磁流量计常用来测量脏污流体，运行一段时间后，常会在流量传感器内壁积聚附着层而产生故障。这些故障往往是由于附着层的电导率太大或太小造成的。若附着层为绝缘层，则电极回路将出现断路，仪表不能正常工作；若附着层电导率明显高于流体电导率，则电极回路将出现短路，仪表也不能正常工作。所以，应及时清除电磁流量计流量传感器内壁附着层。

（2）雷电打击。雷击容易在仪表线路中感应出高电压和浪涌电流，使仪表损坏。它主要通过电源线或励磁线圈或传感器与转换器之间的流量信号线等途径引入，从控制室电源线引入占绝大部分。

（3）环境条件变化。在调试期间由于环境条件尚好，电磁流量计工作正常，此时往往容易疏忽安装条件（如接地并不怎么良好）。在这种情况下，一旦环境条件变化，运行期间出现新的干扰源（如在电磁流量计附近管道上进行电焊，附近安装上大型变压器等），就会干扰仪表的正常工作，电磁流量计的输出信号就会出现波动。

5.8 电动机及其控制系统故障诊断

1. 电动机的正确使用

1）运行条件

合理选用和正确使用电动机是保证其正常运行的两个重要环节，正确使用应保证以下三个运行条件。

（1）电源条件。电源电压、频率和相数应与电动机铭牌数据相同。电源为对称系统，电压额定值的偏差不超过±5%（频率为额定值时）；频率的偏差不得超过±1%（电压为额定值时）。

（2）环境条件。电动机运行地点的环境温度不得超过 40 ℃，适用于室内通风干燥等处。

（3）负载条件。电动机的性能应与启动、制动、不同定额的负载及变速或调速等负载条件相适应，使用时应保持负载不得超过电动机额定功率。

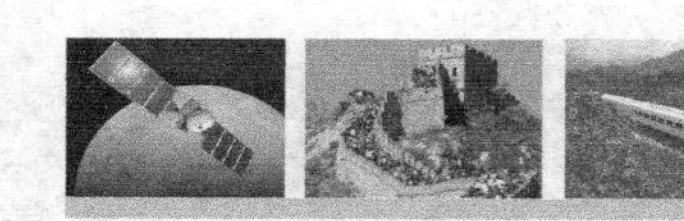

2）注意事项

正常运行中的维护应注意以下几点。

（1）电动机在正常运行时的温度不应超过允许的限度。运行时，值班人员应经常注意监视各部位的温升情况。

（2）监视电动机负载电流。电动机过载或发生故障时，都会引起定子电流剧增，使电动机过热。电气设备都应有电流表监视电动机负载电流，正常运行的电动机负载电流不应超过铭牌上所规定的额定电流值。

（3）监视电源电压、频率的变化和电压的不平衡度。电源电压和频率的过高或过低，三相电压的不平衡都会造成电流不平衡，都可能引起电动机过热或其他不正常现象。电流不平衡度不应超过 10%。

（4）注意电动机的气味、振动和噪声。绕组温度过高就会发出焦味。有些故障，特别是机械故障，很快会反映为振动和噪声，因此在闻到焦味或发现不正常的振动或摩擦声、特大的嗡嗡声或其他杂音时，应立即停电检查。

（5）经常检查轴承发热、漏油情况，定期更换润滑油，滚动轴承润滑脂不宜超过轴承室容积的 70%。

（6）对于绕线型转子电动机，应检查电刷与集电环间的接触、电刷磨损及火花情况，如火花严重必须及时清理集电环表面，并校正电刷弹簧压力。

（7）注意保持电动机内部清洁，不允许有水滴、油污及杂物等落入电动机内部。电动机的进风口必须保持畅通无阻。

2. 导致电动机温升过高的原因及处理方法

（1）电动机长期过载。电动机过载时流过各绕组的电流超过了额定电流，会导致电动机过热。若不及时调整负载，会使绕组绝缘性能变差，最终造成绕组短路或接地，使电动机不能正常工作。

（2）未按规定运行。电动机必须按规定运行，例如，“短时”和“断续”的电动机不能长期运行，因其绕组线径及额定电流均比长期运行的电动机小。

（3）电枢绕组短路。可用短路侦察器检查，若短路点在绕组外部，可进行包扎绝缘；若短路点在绕组内部，原则上要拆除重绕。

（4）主极绕组断路。可用检验灯检查绕组，若断路点在绕组外部，可重新接好并包扎绝缘；若断路点在绕组内部，则应拆除重绕。

（5）电网电压太低或线路压降太大（超过 10%）。例如，电动机主回路某处有接触不良或电网电压太低等造成电动机电磁转矩大大下降，使电动机过载，应检查主回路，消除接触不良现象或调整电网电压。

（6）通风量不够。例如，鼓风机的风量、风速不足，电动机因内部的热量无法排出而过热，应更换适当的通风设备。

（7）斜叶风扇的旋转方向不当，与电动机不配合。此时应调整斜叶风扇使其与电动机相配合。从理论上讲，电动机均可正反转，但有些电动机的风扇有方向性，若反了，温升就会超出许多。

（8）电枢铁芯绝缘损坏。此时应重新更换绝缘。

（9）风道阻塞。此时应用毛刷将风道清理干净。

总之，必须针对各种具体情况，排除故障。

3. 三相异步电动机运行中的故障及主要原因

运行中，应经常检查电动机，以便能及时发现各种故障并清除，否则这些故障可能引起事故。下面介绍最常遇到的故障及其原因。

1）机械故障

（1）轴承过热。可能是由于润滑脂不足或过多，转轴弯斜，转轴摩擦过大，润滑脂内有杂质和外来物品及钢珠损坏等原因引起的。

（2）电动机振动。可能是由机组的轴线没有对准，电动机在底板上的位置不正，转轴弯曲或轴颈振动，联轴器配合不良，转子皮带盘及联轴器平衡不良，鼠笼转子导条或短路环断路，转子铁芯振动，底板不均匀下沉，底板刚度不够，底板的振动周期与电动机（机组）的振动周期相同或接近，皮带轮粗糙或皮带轮装置不正确，转动机构工作不良或有碰撞现象等原因引起的。

（3）转子偏心。可能是由轴衬松掉，轴承位移，转子及定子铁芯变形，转轴弯曲及转子平衡不良等原因引起的。

2）电气故障

（1）启动时的故障。通常是接线错误，线路断路，工作电压不对，负载力矩过高或静力矩过大，启动设备有故障等原因引起的。

（2）过热。通常是由线路电压高于或低于额定值，过负荷，冷却空气量不足，冷却空气温度过高，匝间短路及电动机不清洁等原因引起的。

（3）绝缘损坏。可能是由工作电压过高，酸性、碱性、氯气等腐蚀性气体的损坏，太脏，过热，机械碰伤，湿度过高，在温度低于 0 ℃下保存和水分侵入等原因引起的。

（4）绝缘电阻低。通常是由不清洁、湿度太大，因温度变化过大以致表面凝结水滴，绝缘磨损和老化等原因引起的。

4. 运行中的电动机常见的异常现象和处理方法

（1）异声。处于正常状态的电动机，在距离稍远地方听起来是一种均匀而单调的声音，并带一点排风声，靠近电动机后，特别是用螺钉旋具顶住电动机各部位时，就可以清楚听到风扇排风声、轴承滚动声、微微振动声，其声音同样使人感到单调而均匀，如果在这种单调而均匀的声音中夹杂着一种不正常声响，即为异声。

（2）气味。电动机运行时，如闻到电动机发出焦灼气味，则说明电动机已有故障，应立即采取措施。

（3）电流、温度异常。电动机工作电流不应该超过其铭牌规定值，三相电流不平衡不应超过 10%；各部位温升在允许范围内（轴承 A 级 60 ℃，E 级 55 ℃），否则应视情况采取必要措施。

（4）电压异常。电动机正常运行时，三相电压同时升降，变动在 353～406 V 之间。若三相电压升高不相等，则说明出现故障，应检查处理。

5．电动机外壳带电的原因及排除方法

（1）电动机绕组的引出线或电源线绝缘损坏，它们在接线盒处碰壳，使外壳带电。应对引出线或电源线的绝缘进行处理。

（2）电动机绕组绝缘严重老化或受潮，使铁芯或外壳带电。绝缘老化的电动机应更换绕组；受潮的电动机应进行干燥处理。

（3）错将电源相线当作接地线接至外壳，使外壳直接带有相电压。应找出错接的相线，按正确接线改正即可。

（4）线路中出现接线错误，如在中性点接地的三相四线制低压系统中，有个别设备接地而不接零。当这个接地而不接零的设备发生碰壳时，不但碰壳设备的外壳有对地电压，而且所有与零线相连接的其他设备外壳都会带电，并带有危险的相电压。应找出接地而不接零的设备，重新接零，并处理设备的碰壳故障。

（5）接地电阻不合格或接地线断路。应测量接地电阻，接地线必须良好，接地可靠。

（6）接线板有污垢。应清理接线板。

（7）接地不良或接地电阻太大。找出接地不良的原因，采取相应措施予以解决。

6．电动机不能启动并且没有任何声响的原因及处理方法

（1）电源没有电。应接通电源。

（2）两相或三相的熔体熔断。应更换熔体。

（3）电源线有两相或三相断线或接触不良。应将故障处重新刮净并接好。

（4）开关或启动设备有两相或三相接触不良。应找出接触不良处并予以修复。

（5）电动机绕组 Y 接法有两相或三相断线，△接法三相断线。应找出故障点并予以修复。

7．电动机不能启动，但有嗡嗡声的原因及处理方法

（1）定子、转子绕组断路或电源一相断线。应查明绕组断点或电源一相的断点并修复。

（2）绕组引线首尾端接错或绕组内部接反。应检查绕组极性，判断绕组首尾端是否正确；查出绕组内部接错点并改正。

（3）电源回路接点松动，接触电阻大。应紧固螺栓，用万能表检查各接头是否假接，然后予以修复。

（4）负载过大，或转子被卡住。应减载或查出并消除机械故障。

（5）电源电压过低或压降大。应检查是否将△接法接成 Y 接法，电源线是否过细，使压降过大，然后予以改正。

（6）电动机装配太紧或轴承内油脂过硬。应重新装配使之灵活，更换合格的油脂。

（7）轴承卡住。应修复轴承。

8．电动机不能启动，或带负载时转速低于额定转速的原因及处理方法

（1）熔断器熔断，有一相不通或电源电压过低。应检查电源电压及开关、熔断器的工作情况。

（2）定子绕组中或外电路有一相断开。应从电源逐点检查，发现断点并接通。

（3）绕线式电动机转子绕组电路不通或接触不良。应消除断点。

（4）鼠笼式电动机转子笼条断裂。应修复断条。

（5）△形连接的电动机引线接成Y形。应改正接线。

（6）负载过大或传动机械卡住。应减小负载或更换电动机，检查传动机械，消除故障。

（7）定子绕组有短路或接地。应消除短路、接地处。

9. 电动机过热或冒烟的原因及处理方法

（1）电源电压过高或过低。应调节电源电压，将导线换成粗的。

（2）检修时烧伤铁芯。应检修铁芯，排除故障。

（3）定子与转子相摩擦。应调节气隙或车转子。

（4）电动机过载或启动频繁。应减载，按规定次数启动。

（5）断相运行。应检查熔断器、开关和电动机绕组，排除故障。

（6）鼠笼式电动机转子开焊或断条。应检查转子开焊处，进行补焊或更换铜条，铸铝转子要更换转子或改用铜条。

（7）绕组相间、匝间短路或绕组内部接错，或绕组接地。应查出绕组故障或接地处，然后予以修复。

（8）通风不畅或环境温度过高。应维修或更换风扇，清除风道或通风口，隔离热源或改善运行环境。

10. 电动机三相电流不平衡及空载电流偏大的原因及处理方法

1）电动机三相电流不平衡的原因及处理方法

（1）三相电源电压不平衡。应检查三相电源电压。

（2）定子绕组匝间短路。应检查定子绕组，消除短路。

（3）重换定子绕组后，部分线圈匝数有错误。严重时，测出有错的线圈并更换。

（4）重换定子绕组后，部分线圈接线错误。应校正接线。

2）电动机空载电流偏大的原因及处理方法

（1）电源电压过高使铁芯饱和，剩磁增大，空载电流增大。应检查电源电压并进行处理。

（2）电动机本身气隙较大或轴承磨损，使气隙不匀。应拆开电动机，用内外卡尺测量定子内径、转子外径，调整间隙或更换相应规格的轴承。

（3）电动机定子绕组匝数少于应有的匝数。应重绕定子绕组，增加匝数。

（4）电动机定子绕组应该是 Y 接法，但误接成△接法。应检查定子接线，并与铭牌对照，改正接线。

（5）维修时车削转子使气隙增大，空载电流明显增大。应更换车削转子。

（6）维修时使定、转子铁芯槽口扩大，空载电流增大。应更换定、转子。

（7）维修时改用其他槽楔，可能使空载电流增大。可改用原规格的槽楔。

（8）机械部分调整不当，机械阻力增大，使空载电流增大。可调整机械部分。

11. 直流电动机启动后转速过高或过低，并有剧烈火花的原因和处理方法

直流电动机启动后转速过高或过低，并有剧烈火花，一般是由以下原因引起的，可对症予以处理。

（1）电刷偏移，不在正常位置上。可按原来的标记配置电刷，或用感应法调整电刷位置。

（2）励磁绕组回路电阻过大。检查励磁绕组回路的所有接头有无氧化层而造成接触不良，若有，则用细砂纸研磨。同时，拆开电动机，测量励磁绕组电压是否正常，若不正常，则查找和处理配电线路上的故障。

（3）电枢和励磁绕组有短路、断路点。拆开电动机，分开接线的连接头，分别查找励磁绕组每组线圈的短路、断路点，局部修复或更换线圈。

（4）串励电动机的负载过轻。经检查，如果串励电动机轻载时转速不正常，而线路又无故障，则适当增加电动机负载。

（5）串励磁场绕组接反。可检查串励磁场绕组接线情况，并按正确方法重新接线。

12. 直流电动机的励磁保护和过载保护

直流电动机的控制线路与交流电动机的控制线路一样，也需要设置许多保护环节，如短路保护、过电压和失电压保护、限速保护、励磁保护和过载保护等。其中有些保护环节与交流控制线路的保护环节一样。下面主要介绍直流控制系统中常用的励磁保护和过载保护。

（1）励磁保护。在直流电动机的运行过程中，如果励磁回路的电压下降或突然断电，将导致电动机的转速急剧上升，这种现象一般称为“飞车”。为避免发生“飞车”事故，可在励磁回路中串入欠电流继电器线圈，欠电流继电器的动断触点串联在控制电路中。当励磁回路的电流正常时，欠电流继电器的动断触点闭合，保持控制电路导通；当励磁回路断电或电流过低时，欠电流继电器的动断触点立即断开，使电动机脱离电源，起到励磁保护作用。

（2）过载保护。在直流电动机的运行过程中，其电枢绕组回路中的电流变化一般较大，特别是在启动、反转和制动控制的过程中，会出现很大的过载电流，如果不加以限制和保护，电动机将被烧毁。为保证直流电动机拖动系统正常工作，避免受过载电流的危害，一般可在电枢绕组回路中串入过电流继电器线圈，将过电流继电器的动断触点串联在控制电路中。当电枢绕组回路中的电流过大时，过电流继电器的动断触点立即动作，切断控制电路，使电动机脱离电源，起到过载保护作用。

13. 直流电动机的低速运行和降低转速及改变旋转方向的方法

一般情况下，如果直流电动机低速运行，将使温升增高，产生许多不良影响。但是，若采取改善通风条件这一措施，提高电动机的散热能力，则在不超过额定温升的前提下，直流电动机可以长期低速运行。

以并励直流电动机为例，可采取以下 3 种办法来降低转速。

（1）降低端电压。由于电源电压一般是固定的，难以改变，而且降低端电压将导致励磁电流减小，因此又会使电动机的转速升高，所以这种方法很少采用。

（2）增加励磁电流，即增大磁场强度。由于受磁路饱和的限制，且电源电压难以升高，励磁绕组的固有电阻不能改变，所以这种方法应用范围不广。

（3）在电枢回路中串联电阻，降低电枢端电压。这种方法最简单，容易实行，所以是降低直流电动机转速的一种最常用的方法。

许多机械要求电动机既能正转又能反转。改变直流电动机的旋转方向，实质上就是改

变其电磁转矩的方向。而电磁转矩的方向主要取决于主磁通的方向和电枢电流的方向，二者之中任意改变一个，就可改变电磁转矩的方向。方法如下：

（1）对调励磁绕组接入电源的两个线端，改变励磁绕组电流方向，即改变磁场方向。在实际应用中，由于电动机的励磁绕组匝数较多，电感大，当励磁绕组从电源上断开时，将产生较大的自感电动势，使开关上产生很大的火花，并且还可能击穿励磁绕组的绝缘层。因此，要求频繁反向的直流电动机，通常多采用改变电枢电流方向这一方法来实现反转。

（2）改变电枢绕组中的电流方向。这种方法是保持励磁绕组中的电流方向不变，而改变电枢电流的方向，使电动机反转。如图 5.7 所示为改变电枢绕组电流方向的正反转控制线路。图中 KM1 为电动机正转接触器，KM2 为电动机反转接触器。如果需要电动机正转，按下正转启动按钮 SB2，则 KM1 的线圈通电，其动合主触点闭合，电动机电枢与直流电源接通，在电枢回路中有电流自上而下通过电枢绕组，电动机启动正转。如果需要电动机反转，先按下停止按钮 SB1，则 KM1 的线圈断电释放，其触点断开，电枢脱离直流电源，电动机停止运转；然后按下反转启动按钮 SB3，使反转接触器 KM2 的线圈通电，其动合主触点闭合，电动机电枢与直流电源接通，此时电枢回路中有电流自下而上通过电枢绕组，改变了正转时的电枢电流方向，电动机朝着与原来正转方向相反的方向运转。

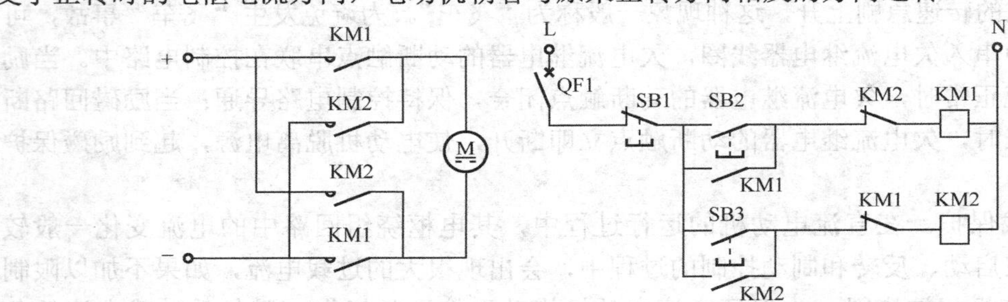

图 5.7　改变电枢绕组电流方向的正反转控制线路

为避免同时按下 SB1 和 SB2 按钮，使 KM1 和 KM2 的线圈同时通电，它们的动合触点同时闭合而造成主回路短路，在控制回路中设有 KM1 和 KM2 的动断触点，二者起联锁（或称互锁）作用。

改变有换向极的并励电动机的旋转方向时，要注意换向极的极性。如果改变电枢电流的方向，换向极绕组电流的方向必须同时改变；如果改变励磁绕组电流的方向，则电枢绕组和换向极绕组的电流方向都不必改变。

14. 直流电动机运行中转速偏高、偏低或不稳定的处理方法

在直流电动机的运行中，如果发现其转速偏高、偏低或速度不稳，可进行以下检查和处理。

（1）转速偏高。直流电动机的转速与电源电压和主磁通有关。当电源电压正常时，如果电动机的转速偏高，可能是励磁绕组匝间短路或检修时个别主磁极的极性接反，使主磁通减少而引起转速上升。此外，如果励磁绕组或励磁回路发生断路故障，则主磁极只有剩磁，此时他励（并励）电动机的转速将急剧上升，若负载较轻，可能造成“飞车”事故；若负载较重，虽不致引起“飞车”，但电枢电流将增大到危险值，如果不立即切断电源，电动机将很快被烧毁。在上述情况下，应重点检查励磁绕组电流是否正常，各绕组的极性是否接反。

（2）转速偏低。当电源电压正常时，如果电动机的转速偏低，可能是串励绕组接反，电枢回路各连接点和电刷接触不良，造成电枢电路的电阻压降过大而使转速偏低。此外，还要注意电动机的负载情况，若负载过大而造成电流增大，使电路的电阻压降过大，也会导致电动机的转速降低。

（3）转速不稳。电动机运行中转速不稳，一般有以下两种原因。

① 电源电压波动或控制系统参数调整不当，使电动机的转速时快时慢，严重时甚至会造成电动机发生振荡。处理的办法是观察电枢回路、励磁回路的电源电压有无变化，若电源电压波动较大，则首先应排除电源故障。电源电压波动常与调速系统参数调整不当有关，应根据具体情况将有关参数调整好。

② 电动机内部存在故障，如电刷偏离中心线位置，串励绕组、换向极绕组的极性接反，都可能使电动机在负载变化时转速波动较大。当电源电压正常时，如果电动机的转速不稳，则主要是由电动机内部故障造成的，此时要注意检查各绕组的连接线极性是否正确，并校正电刷的中性线位置，同时也要注意电刷下有无火花、电枢电流有无明显变化，以分析判断故障原因。

5.9 可编程控制器（PLC）故障诊断

1. PLC 正常运行条件

PLC 虽然是专为在工业环境下应用而设计的工控设备，但对工作环境还是有一定要求的，所以在安装及日常维护检修时可以从以下几个方面进行考虑。

（1）温度。一般 PLC 要求工作环境温度在 0～55 ℃，保存温度在-40～85 ℃，所以安装时不能放在发热量大的元件上面，并且在 PLC 四周要留有空间，以利于通风散热。有条件时可以在控制柜中安装风扇，通过过滤网把自然风引进控制柜中以降低工作环境温度。在低温工作环境下，可以在控制柜中安装加热器，并选择合适的温度传感器，以便在低温时自动接通电源，在高温时能自动切断电源。

（2）湿度。为了保证 PLC 的绝缘性能，工作环境的相对湿度一般为 10%～90%。在温度变化快、易发生凝结水的地方是不能安装 PLC 的。

（3）振动。一般类型的 PLC 能承受的振动频率为 10～55 Hz，振幅为 0.5 mm，加速度为 2 g，能承受的冲击为 10 g。超过时，会引起 PLC 内部机械结构松动，连接器接触不良，电气部件疲劳损坏。所以，应使 PLC 远离强烈的振动源，当工作环境中有强烈的振动源时，就必须采取减振措施，如采用减振胶等。

（4）空气。PLC 的工作环境中不能有腐蚀或易燃的气体、粉尘、导电尘埃、水分、有机溶剂和盐分等，否则会造成 PLC 误动作、接触不良、绝缘性能变差及内部短路等故障。必须在这种环境下工作时，可将 PLC 安装在封闭性较好的控制室或控制柜中。

（5）电源。电源是干扰进入 PLC 的主要途径之一。在干扰较强或可靠性要求很高的场合，可以加接带屏蔽层的隔离变压器，还可以串接 LC 滤波电路。

动力部分、控制部分、PLC、I/O 电源应分别配线。隔离变压器与 PLC 之间及与 I/O 电源之间应采用双绞线连接。系统的动力线应足够粗，以防止大容量异步电动机启动时线路电压的降低。

2. PLC 日常的检修与维护

PLC 是由半导体器件组成的，长期使用后的老化现象是不可避免的，所以应对 PLC 进行定期检修与维护。一般一年检修 1～2 次比较合适，如果工作在恶劣的环境中应根据实际情况加大检修与维护的频率。平时，用户应经常用干抹布等为 PLC 的表面及导线间除尘除污，以保持工作环境的整洁和卫生。检修的主要项目有以下几个。

（1）检修电源。可在电源端子处检测电压的变化范围是否在允许的±10%之间。

（2）工作环境。重点检查温度、湿度、振动、粉尘、干扰等是否符合标准工作环境。

（3）输入、输出电源。可在相应端子处测量电压变化范围是否符合要求。

（4）检查安装状态。检查各模块与模块相连的各导线及模块间的电缆是否松动，外部配件的螺钉是否松动，元件是否老化等。

（5）检查后备电池电压是否符合标准、金属部件是否锈蚀等。在检修与维护的过程中，若发现有不符合要求的情况，应及时调整、更换、修复及记录备查。

3. PLC 系统常见故障的分类

PLC 系统常见的故障大致分以下几类，根据该分类，可以帮助人们分析故障发生的部位和产生的原因。

（1）外部设备故障。此类故障来自外部设备，如各种传感器、开关、执行机构及负载等。这部分设备发生故障将直接影响系统的控制功能。这类故障一般由设备本身的质量和寿命决定。

（2）系统故障。这是影响系统运行的全局性故障。系统故障可分为固定性故障和偶然性故障。如果故障发生后，重新启动可使系统恢复正常，则认为是偶然性故障。相反，若重新启动不能恢复而需要更换硬件或软件，系统才能恢复正常，则可认为是固定性故障。这种故障一般是由系统设计不当或系统运行年限较长所致。

（3）硬件故障。这类故障主要指系统中的模块，如 CPU、存储器、电源、I/O 模块等（特别是 I/O 模块）损坏而造成的故障。这类故障一般比较明显，且影响也是局部的，它们主要是由使用不当或使用时间较长、模块内元件老化所致。

（4）软件故障。这类故障是软件本身所包含的错误引起的，主要是软件设计考虑不周，在执行中一旦条件满足就会引发。在实际工程应用中，由于软件工作复杂、工作量大，因此软件错误几乎难以避免，这就提出了软件的可靠性问题。

了解 PLC 上状态指示灯表明的状态，对日常故障判断及程序分析有很大帮助。根据 PLC 上的状态指示灯来判断故障的方法如下。

（1）PLC 电源接通后，若 POWER 指示灯亮，则说明电源正常；若 POWER 指示灯不亮，则表明电源部分出现故障，应及时检查电源线是否断开，接线端子是否接触不良等。

（2）当系统在运行或监控状态时，主机上的 RUN 灯不亮，表明基本单元有故障。

（3）当某一路输入触点接通时，相应的输入通道 LED 灯不亮，表明输入模块有故障。当输出 LED 灯亮，而对应的输出触点不动作时，说明输出模块有故障。

（4）当 BATTERY 灯亮时，说明锂电池电压不够，应及时更换锂电池。

（5）当 ERROR 灯闪烁时，说明可能有程序语法错误、PLC 内部有故障、外部有干扰、锂电池电压不够等。

（6）当 ERROR 灯常亮时，说明 PLC 有误动作，监控定时器使 CPU 恢复正常工作。这种情况可能是由干扰或内部故障造成的。

不同厂商的 PLC 上状态指示灯数量和功能不尽相同，使用时可以参照产品说明书了解其功能。

4. PLC 系统中的干扰及抗干扰措施

1）干扰来源

影响 PLC 系统的干扰大都产生在电流或电压剧烈变化的部位。原因主要是电流改变产生磁场，对设备产生电磁辐射。通常，电磁干扰按干扰模式不同可分为共模干扰和差模干扰。PLC 系统中干扰的主要来源有以下几种。

（1）强电干扰。PLC 系统的正常供电电源均为电网供电。电网覆盖范围广，会受到所有空间电磁干扰在线路上产生的感应电压的影响。尤其是电网内部的变化、大型电力设备启停、交直流传动装置引起的谐波、电网短路暂态冲击等，都会通过输电线传到电源。

（2）柜内干扰。控制柜内的高压电器、大的感性负载、杂乱的布线都容易对 PLC 造成一定程度的干扰。

（3）来自信号线引入的干扰有两种：一是通过变送器供电电源或共用信号仪表的供电电源串入的电网干扰；二是信号线上的外部感应干扰。

（4）来自接地系统混乱时的干扰。正确的接地，既能抑制电磁干扰的影响，又能抑制设备向外发出干扰；而错误的接地，反而会引入大的干扰信号，将使 PLC 系统无法正常工作。

（5）来自 PLC 系统内部的干扰。主要由 PLC 系统内部元件及电路间的相互电磁辐射产生，如逻辑电路相互辐射及其对模拟电路的影响等。

（6）变频器干扰。变频器启动及运行过程中产生的谐波会对电网产生传导干扰，引起电压畸变，影响电网的供电质量。另外，变频器的输出也会产生较强的电磁辐射干扰，影响周边设备的正常工作。

2）主要抗干扰措施

（1）采用性能优良的电源，抑制电网引入的干扰。在 PLC 系统中，电源占有极重要的地位。PLC 系统中串入的电网干扰主要是通过 PLC 系统的供电电源（如 CPU 电源、I/O 电源等）、变送器供电电源和与 PLC 系统具有直接电气连接的仪表供电电源等耦合进入的。PLC 系统的供电电源一般都采用隔离性能较好的电源，以减少 PLC 系统的干扰。

（2）正确选择电缆和实施分槽走线。不同类型的信号分别由不同电缆传输，信号电缆应按传输信号种类不同分层敷设，严禁用同一电缆的不同导线同时传送动力电源和信号，如动力线、控制线及 PLC 的电源线和 I/O 线应分别配线。将 PLC 的 I/O 线和大功率线分开走线，如必须在同一线槽内，可加隔离板，将干扰降到最低。

（3）硬件滤波及软件抗干扰措施。在信号接入计算机前，在信号线与地间并接电容，以减少共模干扰，在信号两极间加装滤波器可减少差模干扰。

由于电磁干扰的复杂性，要根本消除干扰影响是不可能的，因此在 PLC 控制系统的软件设计和组态时，还应在软件方面进行抗干扰处理，进一步提高系统的可靠性。常用的一些提高软件结构可靠性的措施包括：数字滤波和工频整形采样，可有效消除周期性干扰；定时校正参考点电位，并采用动态零点，可防止电位漂移；采用信息冗余技术，设计相应的软件标志位；采用间接跳转，设置软件保护等。

（4）正确选择接地点，完善接地系统。接地的目的：一是为了安全，二是可以抑制干扰。完善的接地系统是 PLC 系统抗电磁干扰的重要措施之一。

（5）对变频器干扰的抑制。变频器的干扰处理一般有下面几种方式：加隔离变压器，主要是针对来自电源的传导干扰，可以将绝大部分的传导干扰阻隔在隔离变压器之前；使用滤波器，滤波器具有较强的抗干扰能力，还具有防止将设备本身的干扰传导给电源的功能，有些还兼有尖峰电压吸收功能；使用输出电抗器，在变频器到电动机之间增加交流电抗器主要是减少在能量传输过程中变频器输出在线路中产生电磁辐射，影响其他设备正常工作。

5. PLC 系统中的接线问题

1）现场接线的要求

以西门子 PLC 为例，S7-200PLC 采用 0.5～1.5 mm^2 的导线。在接线时导线要尽量成对使用，用一根中性线或公共导线与一根控制线或信号线配合使用。将交流线和电流大且变化快的直流线与弱电信号线分隔开，在干扰较严重时应安装合适的浪涌抑制设备。

2）PLC 接地问题

良好的接地是 PLC 抗干扰的措施之一。PLC 在进行接地时最好使用专用的接地线。在必须要与其他设备共用接地系统时，要用自身的接地线直接与共用接地极相连。绝对不允许与大容量电动机及大功率晶闸管装置等设备共用接地系统，避免出现预想不到的电流，导致逻辑错误或损坏设备。

3）PLC 电源处理

（1）供电电源。PLC 一般采用市电作为供电电源。电网的冲击及波动会直接影响 PLC 实时控制的可靠性。为提高系统的可靠性，可在供电系统中采用隔离变压器，以隔离供电系统中的各种干扰信号。

用过电流保护设备（如空气开关）保护 CPU 的电源和 I/O 电路，也可以为输出点分组或分点设置熔断器。所有的地线端子集中到一起后，在最近的接地点用 1.5 mm^2 的导线一点接地。将传感器电源的 M 端子接地，可获得最佳的噪声抑制效果。当 PLC 采用 24 V DC 电源供电时，一般也可用隔离变压器进行隔离。

（2）内部电源。S7-200PLC 的 CPU 模块提供一个 24 V DC 传感器电源和一个 5 V DC 电源。24 V DC 传感器电源为 CPU 模块、扩展模块和 24 V DC 用户供电，如果要求的负载电流大于该电源的额定值，则应增加一个 24 V DC 电源为扩展模块供电。5 V DC 电源是 CPU 模块为扩展模块提供的，如果扩展模块对 5 V DC 电源的需求超过其额定值，则必须减少扩展模块。

S7-200PLC 的 24 V DC 传感器电源不能与外部的 24 V DC 电源并联使用，如果并联，则可能造成其中一个电源失效或两个电源都失效，并导致 PLC 产生不正确的操作。上述两

个电源之间只能有一个连接点。

4）对感性负载的处理

感性负载有储能作用，触点断开时，电路中的感性负载会产生高于电源电压数倍甚至数十倍的反电动势；触点闭合时，会因触点的抖动而产生电弧，它们都会对系统产生干扰。对此可采取以下措施。

（1）若负载为直流的，可在负载上并联一个二极管（阴极必须与电源正极相连）。该二极管可选用 1 A、耐压值应大于负载电源电压 3 倍的二极管。

（2）若负载为交流的，则在负载上并联一个阻容吸收电路。该阻容吸收电路电阻值可取 100～120 Ω，其功率应大于负载电源的峰值电压和工作电流之积。电容量 C 可取 0.1 μF 左右，耐压值应大于负载电源的峰值电压。

6. 如何利用自诊断功能判断故障

一个 PLC 系统如果在运行时发生故障，只要中央处理器 CPU 能够运行，就可以借助其本身的自诊断功能来判断故障。PLC 自诊断有许多故障诊断、调试的功能。但由于 PLC 生产厂家不同，型号也不同，自诊断功能不太一致。具体某型号的 PLC 产品到底有哪些自诊断功能，需要查阅对应的说明书。一个 PLC 系统大致可以提供以下几个方面的自诊断功能。

（1）利用系统状态字和控制字判断故障。用户一般可以使用编程软件直接在屏幕上读取系统的状态字或控制字的内容。根据状态字可以看出硬件和软件安排是否合理，I/O 地址、扩展机架等是否在使用或是否发生故障，还可以根据读出的内容分析某个地址号、机架、槽位，甚至某个 I/O 点是否出现故障。随着 CPU 性能的提高，PLC 能提供的状态字越来越多，自诊断能力也越来越强。

（2）利用 PLC 的中断或堆栈判断故障。中断和堆栈是 PLC 运行中某一特定的数据存储区，它们在系统自诊断软件作用下自动形成并可以调用显示。用户也可以通过调用其内容来判断故障。

（3）利用 PLC 的编程器诊断故障。PLC 的编程器提供了一部分调试与诊断功能，有内存比较、系统参数修改、程序比较、程序自身校验、运行状态测试、输入状态测试和显示、输出状态的强制与仿真等功能。使用这些功能，用户可以在程序调试或试运行时发现错误及故障。

7. PLC 系统故障检测

PLC 系统中需要检测和控制的设备很多，并且各种设备（元件）在生产过程中均有可能发生故障或误动作，给生产造成损失，因此故障的自动检测及跟踪功能对及时发现和处理故障是十分必要的。在 PLC 构成的系统中，故障的检测有直接检测法、判断检测法、跟踪检测法 3 种基本方法。在具体设计中，可根据系统的具体情况，将不同的方法结合使用，以达到更好的效果。

（1）直接检测法。故障的直接检测法就是根据有关设备或检测元件的信号之间的自相矛盾的逻辑关系，来检测判断其是否已处于故障状态。如开关元件的动合触头与动断触头、运行指令和发出与反馈信号、设备允许动作的时序信号等，这是几对相互联系或相互矛盾的信息，根据双方的逻辑就可以判断出相应设备是否处于故障状态。

如某系统中的一个开关，有动合与动断两种输出触点，分别接到 PLC 输入端 I0.0 和 I0.1 上，两者不可能同时输出高电平或低电平，否则肯定为故障信号。故障的直接检测法多用于单个设备的故障检测，方法简单，易于实现。

（2）判断检查法。该方法是根据设备的状态与控制过程之间的逻辑关系来判断该设备运行状况是否正常的一种方法。例如，某设备在控制过程中的某一时刻应该到达某位置，而实际上它没有到达，即说明有故障出现。

例如，设某气缸的输出端口为 Q0.0，当命令发出后 10 s 内应伸出到位，即位置传感器对应输入端口 I0.0 接收高电平信号。用户在判断气缸的故障状态时，可设计一个由 Q0.0 触发的 11 s 定时器，如果定时器计时结束时气缸仍没有到位，就可以认为其处于故障状态。判断检查法主要用于较复杂的条件控制系统中的一些重要设备的故障检测，需要对整个系统的控制过程有较全面的了解。

（3）跟踪检测法。故障的跟踪检测法，是把整个系统的控制过程分成若干个控制步骤，根据步骤之间的联锁条件是否满足来发现系统中是否存在故障的一种方法，即：在控制过程中如果某一步骤有故障出现，程序就停止在该步，系统转入故障检测程序，自动对此步骤的所有联锁条件进行判断，然后指出故障所在，提示维护人员检修。该方法主要用于某些运行步骤清晰、控制过程可以暂停的顺序控制过程系统，但程序设计比较复杂。

复习思考题 5

一、选择题

1．短接法只适用于（　　）之类的断路故障。

A．电阻　　B．线圈　　C．绕组　　D．导线及触头

2．变压器在额定运行时的效率是相当高的，一般可达到（　　）以上。

A．80%　　B．85%　　C．90%　　D．95%

3．我国低压小型电动机容量在 3 kW 及以下的 380 V 电压为（　　）连接。

A．Y　　B．△　　C．Y/△　　D．Y/Y

4．当触头接触部分磨损至原有厚度的（　　）（指铜触头）时，应更换新触头。

A．1/4　　B．3/4　　C．1/3　　D．2/3

5．一个 24 V 直流线圈的接触器控制三相交流电动机（220 V/380 V），如图 5.8 所示。下列描述中（　）是正确的。

A．接触器线圈得电，端子 13 和 14 间的电压是 220 V

B．接触器线圈得电，端子 13 和 24 间的电压是 0 V

C．接触器线圈不得电，线圈 A1 和 A2 间的电压是 24 V

D．接触器线圈不得电，端子 23 和 33 间的电压是 380 V

E．接触器线圈不得电，端子 33 和 PE 间的电压是 380 V

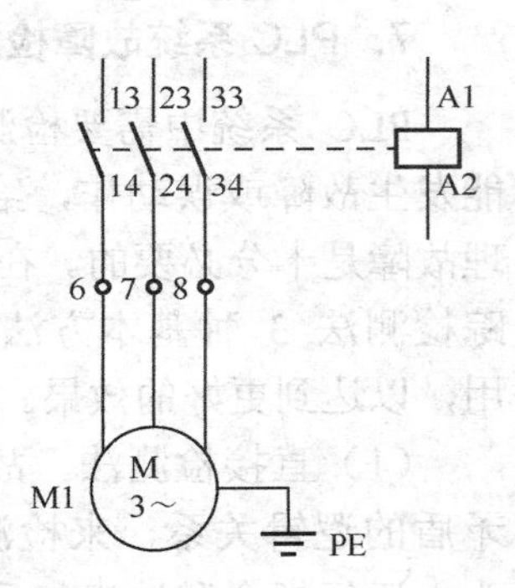

图 5.8　控制电路图

6．控制系统接线图和工作流程图如图 5.9 所示，控制电路故障描述如下：夹爪闭合，但是电动机 M1 没有启动。下面关于故障诊断的陈述中正确的是（　）。

A．如果传感器 B1 没有发送一个高电平信号给 PLC 输入端口 I1.6，则应先检查接触器 K1

B．如果传感器 B1 发送一个高电平信号给 PLC 输入端口 I1.6，并且 Q5.0=1，则 PLC 输出模块 5 应该被检查

C．如果传感器 B1 发送一个高电平信号给 PLC 输入端口 I1.6，并且 Q5.0=1，则接触器线圈线路及电动机主电路应该被检查

D．如果输入端口 I1.6 是低电平，则传感器 B1 及其接线应该被检查

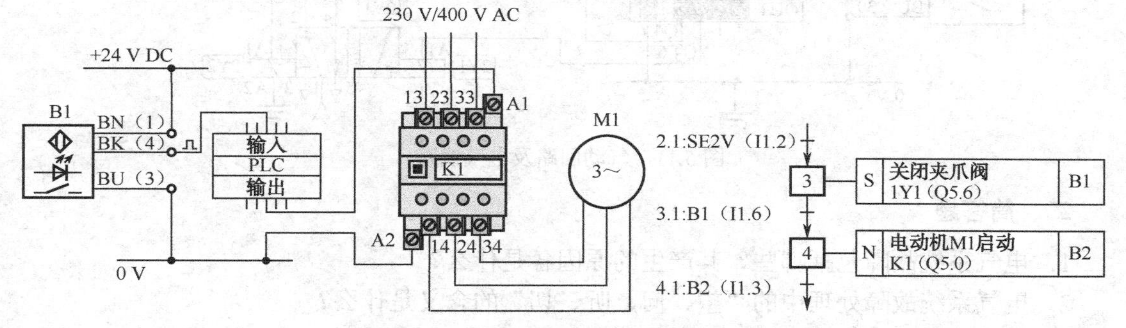

图 5.9　控制系统接线图和工作流程图

7．某系统的部分工作流程图如图 5.10 所示。导轨 2 到达最前端位置后，系统停止。但是控制面板上导轨 2 到达最前端位置指示灯不亮。下列故障诊断分析策略中正确的是（　　）。

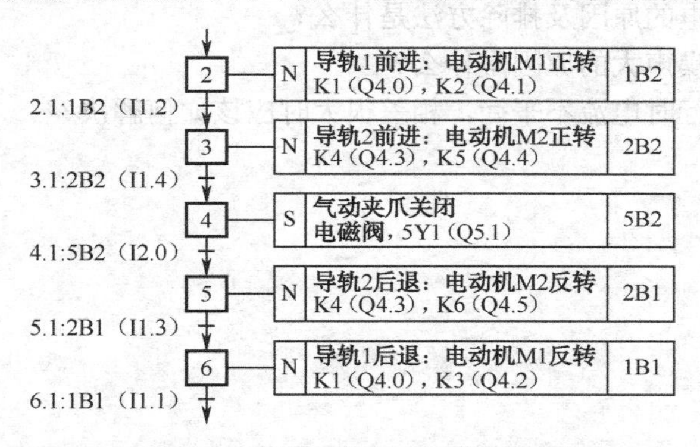

图 5.10　某系统的部分工作流程图

A．检查传感器 5B2 及 5B2 与输入端口 I2.0 之间的接线

B．确认 Q4.3 和 Q4.4 的信号状态及它们与被控对象的接线

C．检查拖动导轨 2 运行的电动机 M2 的电压

D．检查传感器 2B2 及 2B2 与 PLC 输入端口 I1.4 之间的接线

8．某气缸由 PLC 控制，气动回路及电气线路如图 5.11 所示。发现控制气缸 2A 缩回的 PLC 输出信号已被置位，但是气缸 2A 并未执行缩回动作。下列故障诊断分析策略中正确的是（　　）。

A．检查传感器 2B1 及 2B1 与 PLC 输入端口之间的接线

B．检查 PLC 输出端 Q4.7 与电磁阀线圈 2Y2 之间的接线

C．检查单向节流阀 2V2 是否被完全关闭

D．检查传感器 2B2 及 2B2 与 PLC 输入端口之间的接线

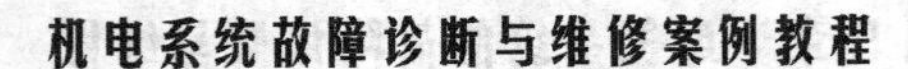

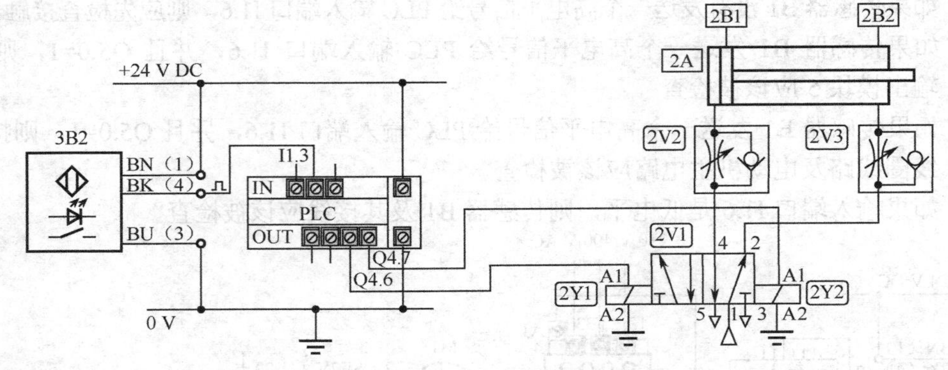

图 5.11　气动回路及电气线路

二、简答题

1. 电气系统故障包括哪些？其产生的原因各是什么？
2. 电气系统故障处理中的“望、问、听、切”的含义是什么？
3. 对电路进行通、断电检查时有哪些注意事项？
4. 电动机不能启动的原因及解决方法是什么？
5. 电动机通电后不启动并嗡嗡作响的故障原因是什么？
6. 电动机外壳带电的原因及排除方法是什么？
7. 电动机运行时噪声大的原因是什么？
8. 电动机空载运行时电流不平衡，相差很大时应该如何解决？

第6章 机电系统故障诊断仿真软件及案例分析

学习目标

以典型零件冲压系统为载体开展机电系统故障诊断案例分析。理解机电一体化系统（设备）的基本组成及各部分的作用，能从系统的角度去分析、判断、排除故障，解决机电系统中的电气、液压、气动等方面的故障，使系统恢复正常运行。

6.1 典型的机电一体化系统

零件压制系统如图 6.1 所示，压制金属圆柱体零件，经过后续加工制成活塞。系统的通用组件和功能序列概述如下。导轨 2 安装在导轨 1 上，导轨 1 和导轨 2 均由电动机拖动。系统开始运行后，导轨 1 电动机启动，拖动导轨 2 沿着导轨 1 向零件库的方向移动；导轨 2 电动机启动，拖动导轨 2 伸出，气动手指安装在导轨 2 上。气动手指从左侧零件库抓取零件后将零件运送到第一个液压缸进行预压，然后再送到第二个液压缸进行终压，最后送到最右侧零件库，系统复位。冲压过程分为两步：预压和终压。第一个液压缸用于预压，第二个用于终压，预压和终压工序由液压系统实现。系统由可编程控制器（PLC）进行控制，故障诊断时假定控制程序（软件）是正确的。

（a）初始位置　　（b）从左侧零件库抓取零件

（c）预压

（d）终压

（e）送到右侧零件库

图 6.1　零件压制系统

该系统属于典型的顺序控制系统，从初始状态起，工作步骤如下。

第 1 步：导轨 2 沿着导轨 1，从它的初始位置向左移动到左侧毛坯库停下。

第 2 步：气爪在导轨 2 上，气爪伸出，朝着零件的方向移动。

第 3 步：气动手指闭合抓取零件。

第 4 步：导轨 2 带动气爪缩回，返回到末端位置。

第 5 步：导轨 2 向右移动到和第一个液压缸（预压缸）对齐，然后停下来。

第 6 步：气爪伸出。

第 7 步：气动手指打开释放零件。

第 8 步：气爪返回到末端位置（导轨 2 缩回）。

第 9 步：预压缸伸出。
第 10 步：预压缸缩回到初始位置，结束预压过程。
第 11 步：气爪伸出。
第 12 步：气动手指闭合抓取零件。
第 13 步：气爪返回到末端位置（导轨 2 缩回）。
第 14 步：导轨 2 继续右移到和第二个液压缸（终压缸）对齐，然后停下来。
第 15 步：气爪伸出。
第 16 步：气动手指打开释放零件。
第 17 步：气爪返回到末端位置（导轨 2 缩回）。
第 18 步：终压缸伸出。
第 19 步：终压缸缩回到初始位置，结束终压过程。
第 20 步：气爪伸出。
第 21 步：气动手指闭合抓取零件。
第 22 步：气爪返回到末端位置（导轨 2 缩回）。
第 23 步：导轨 2 后退到和右侧零件库对齐，然后停下来。
第 24 步：气爪伸出。
第 25 步：气动手指打开释放零件。
第 26 步：气爪返回到末端位置（导轨 2 缩回）。

系统的每步工作对应的控制器输出、执行元件、检测当前步是否完成的传感器及传感器对应的控制器输入端口如表 6.1 所示，该表是进行故障分析的重要技术文档。

表 6.1　系统工作步骤描述

Step（步骤）	Output（输出）	Actuator（执行元件）	Action（动作）	Sensor（传感器）	Input（输入）
1	Q 4.1 Q 4.4	KC2 KC5	导轨 1 拖动导轨 2 从初始位置向左移动到左侧零件库	SE1V	I1.1
2	Q 4.5 Q 5.0	KC6 KC9	导轨 2 拖动气爪朝着零件的方向伸出	SE2V	I1.2
3	Q 5.6	YP5V	气动手指闭合抓取零件（extend cylinder 5）	SE5V	I1.6
4	Q 4.6 Q 5.0	KC7 KC9	气爪返回到末端位置（导轨 2 缩回）	SE2R	I1.3
5	Q 4.2 Q 4.4	KC3 KC5	导轨 1 拖动导轨 2 向右移动到和第一个液压缸对齐	SE1V2	I1.0
6	Q 4.5 Q 5.0	KC6 KC9	气爪伸出	SE2V1	I3.4
7	Q 5.7	YP5R	气动手指打开释放零件（retract cylinder 5）	SE5R	I1.7
8	Q 4.6 Q 5.0	KC7 KC9	气爪返回到末端位置	SE2R	I1.3
9	Q 5.1	YH3V	预压缸伸出（Cylinder 3）	SE3V	I2.2
10	Q 5.2	YH3R	预压缸缩回（Cylinder 3）	SE3R	I2.3

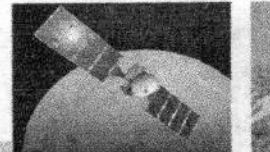

续表

Step（步骤）	Output（输出）	Actuator（执行元件）	Action（动作）	Sensor（传感器）	Input（输入）
11	Q 4.5 Q 5.0	KC6 KC9	导轨 2 拖动气爪伸出	SE2V1	I3.4
12	Q 5.6	YP5V	气动手指闭合抓取零件（extend cylinder 5）	SE5V	I1.6
13	Q 4.6 Q 5.0	KC7 KC9	导轨 2 拖动气爪缩回到末端位置	SE2R	I1.3
14	Q 4.2 Q 4.4	KC3 KC5	导轨 1 拖动导轨 2 继续右移到和第二个液压缸对齐	SE1V1	I0.7
15	Q 4.5 Q 5.0	KC6 KC9	导轨 2 拖动气爪伸出	SE2V1	I3.4
16	Q 5.7	YP5R	气动手指打开释放零件（retract cylinder 5）	SE5R	I1.7
17	Q 4.6 Q 5.0	KC7 KC9	导轨 2 拖动气爪缩回到末端位置	SE2R	I1.3
18	Q 5.4	YH4V	终压缸伸出（Cylinder 4）	SE4V	I2.6
19	Q 5.3	YH4R	终压缸缩回（Cylinder 4）	SE4R	I2.7
20	Q 4.5 Q 5.0	KC6 KC9	导轨 2 拖动气爪伸出	SE2V1	I3.4
21	Q 5.6	YP5V	气动手指闭合抓取零件（extend cylinder 5）	SE5V	I1.6
22	Q 4.6 Q 5.0	KC7 KC9	导轨 2 拖动气爪缩回到末端位置	SE2R	I1.3
23	Q 4.2 Q 4.4	KC3 KC5	导轨 1 拖动导轨 2 后退到和右侧零件库对齐	SE1R	I0.6
24	Q 4.5 Q 5.0	KC6 KC9	导轨 2 拖动气爪伸出	SE2V	I1.2
25	Q 5.7	YP5R	气动手指打开释放零件（retract cylinder 5）	SE5R	I1.7
26	Q 4.6 Q 5.0	KC7 KC9	气爪返回到末端位置	SE2R	I1.3

6.2 故障诊断仿真软件

用故障诊断仿真软件模拟上述系统工作过程，系统界面如图 6.2 所示，软件包含若干个训练项目，每个故障诊断训练项目包含 1 个故障。使用者可以基于该仿真软件完成故障分析、各元件的参数测量，确定故障并排除。

结合实际系统，导轨 1 运动机构在初始位置（右侧零件库位置）、左侧零件库位置、预压缸位置、终压缸位置对应的位置检测传感器分别为 SE1R、SE1V、SE1V2、SE1V1，如图 6.3 所示。其他运动机构的位置检测同理。

用鼠标单击图 6.2 中的操作面板，可以看到操作面板的布局，如图 6.4 所示。该软件模拟了实际系统的工作环境和步骤，配备了相关的电气控制柜和操作面板。操作时，首先给系统供应能量，即合上电源总闸，开启气源，打开液压系统的阀门。设备的操作人员可以通过选择不同的按钮用不同的方式来控制系统。系统自动运行模式的操作过程为：按下上电按钮（Control Voltage ON），选择自动模式（Auto），然后按开始按钮（Start ON）。

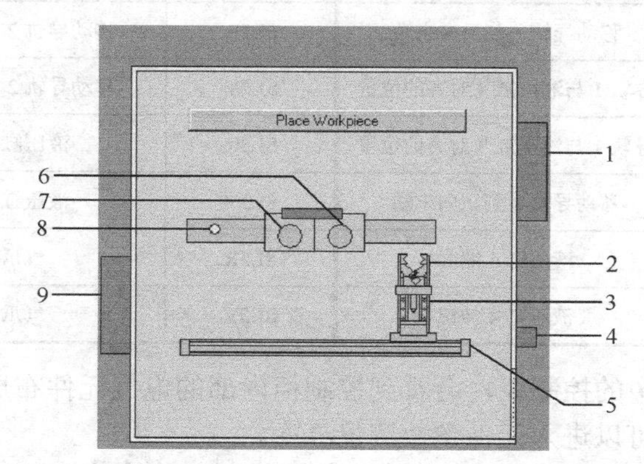

1—控制柜；2—气爪；3—导轨 2；4—操作面板；5—导轨 1；6—终压缸；7— 预压缸；8—零件；9—液压控制系统

图 6.2　故障诊断软件零件压制系统仿真界面

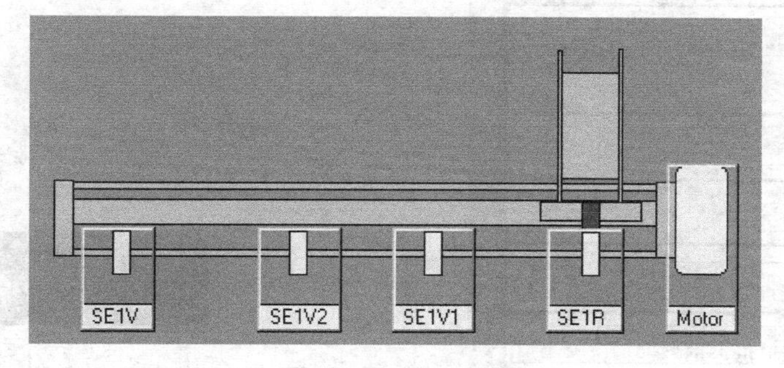

图 6.3　传感器安装位置图

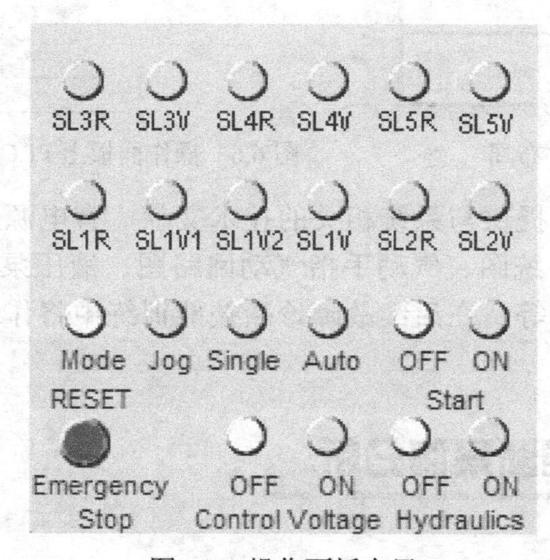

图 6.4　操作面板布局

操作面板的上半区有两个功能。一是指示不同位置检测传感器的状态；二是在点动模式下，作为执行各种动作的点动按钮。具体功能如表 6.2 所示。

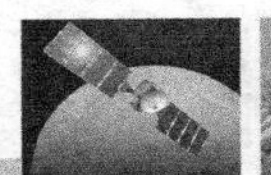

表 6.2 点动模式下的按钮及作用

元件符号	作 用	元件符号	作 用
SL1R	移动导轨 1 到反向末端	SL2R	移动导轨 2 到反向末端
SL1V1	导轨 1 与液压缸 4 对齐的位置	SL2V	移动导轨 2 到正向末端
SL1V2	导轨 1 与液压缸 3 对齐的位置	SL3R	液压缸 3 缩回
SL1V	移动导轨 1 到正向末端	SL3V	液压缸 3 伸出
SL4R	液压缸 4 缩回	SL5R	气爪缩回
SL4V	液压缸 4 伸出	SL5V	气爪伸出

用鼠标单击图 6.2 中的控制柜，会看到控制柜内部的电气元件布局，如图 6.5 所示。进一步单击各电气元件，可以进入元件参数测量界面。

同时面板设有 PLC 输入/输出端口状态检测窗口，可以通过该窗口检测 PLC 输入/输出端口的状态，以便进行故障分析，如图 6.6 所示。

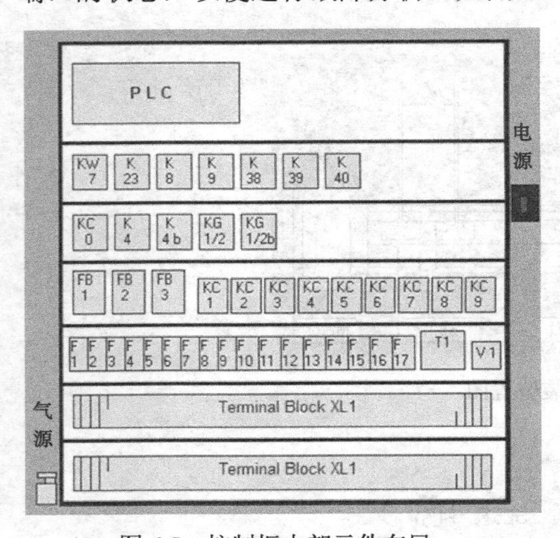

图 6.5 控制柜内部元件布局

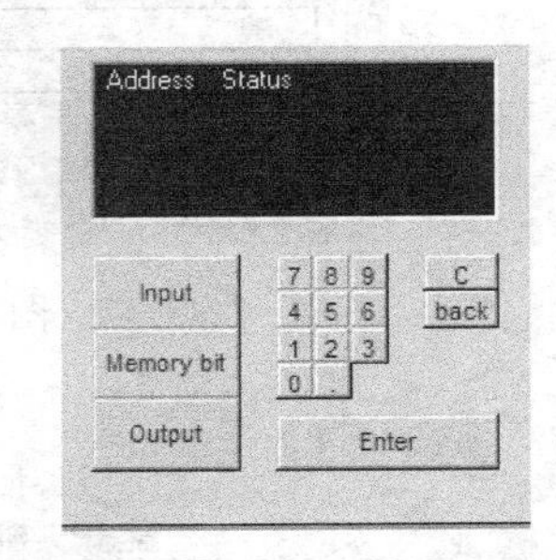

图 6.6 操作面板上 PLC 输入/输出端口状态检测窗口

该故障诊断仿真软件还提供与系统相关的技术文献，有电源系统图、导轨 1、导轨 2 电动机控制原理图、液压系统图、气动手指气动回路图、液压泵电动机控制原理图、PLC 端口接线图、端子排接线图等，在后续故障诊断技能训练中将作为重要的技术文档帮助学习者分析处理故障。

6.3 电源系统故障诊断案例分析

1. 故障描述

基于以上机电一体化设备，控制柜中总电源开关合闸以后，按下操作面板上的上电按钮（Control Voltage ON），系统不工作（没电，电源指示灯 HL2 不亮）。

2. 分析检测过程

基于上述故障描述，可以确定是电源系统出现故障，电源系统原理图如图 6.7 所示。根据电源系统原理图，分析故障所在。从原理图中看出，系统取三相电源系统的线电压作为变压器 T1 的输入，T1 输出经整流滤波得到 24 V DC 电压给上电指示灯 HL2 及后续回路供电。接触器 K0 线圈电压为 230 V AC。诊断分析过程如下。

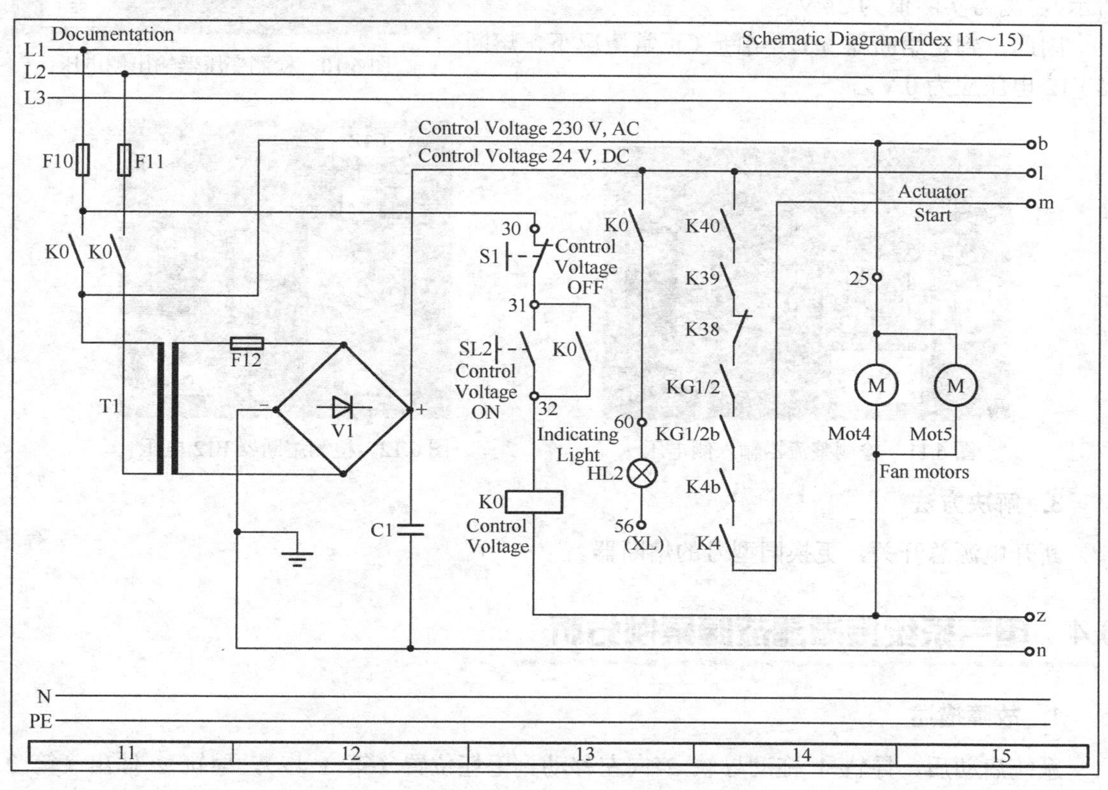

图 6.7　电源系统原理图

步骤 1：用万用表检测接触器 K0 的线圈电压，测得实际值为 230 V（如图 6.8 所示），证明线圈支路正常。

步骤 2：用万用表检测变压器 T1 输入侧电压（如图 6.9 所示），测得实际值为 400 V，说明 K0 触点已经闭合，熔断器 F10、F11 正常，变压器输入回路正常。

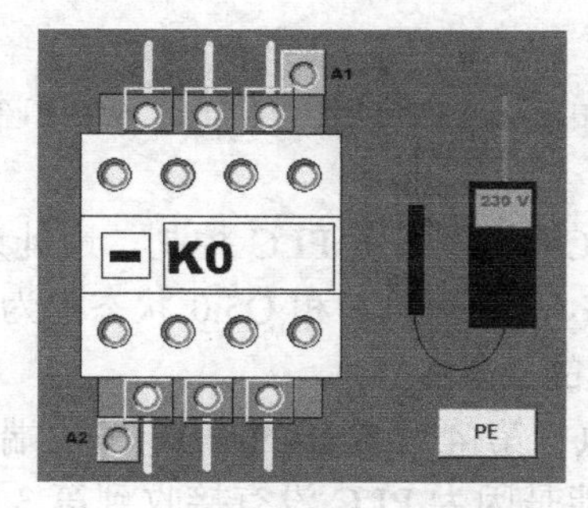

图 6.8　接触器线圈电压测量

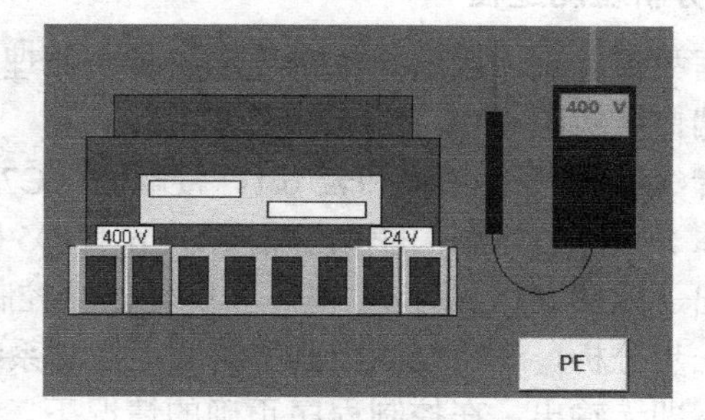

图 6.9　检测变压器输入侧电压

步骤 3：用万用表检测变压器 T1 输出侧电压，测得实际值为 24 V，变压器正常（如图 6.10 所示）。

步骤 4：用万用表检测整流器 V1 输入侧电压（如图 6.11 所示），测得实际值为 0 V。

步骤 5：用万用表检测熔断器 F12 电压（如图 6.12 所示），测得实际值为 24 V。

因此，判定熔断器 F12 熔断（正常情况下，熔断器 F12 电压应为 0 V）。

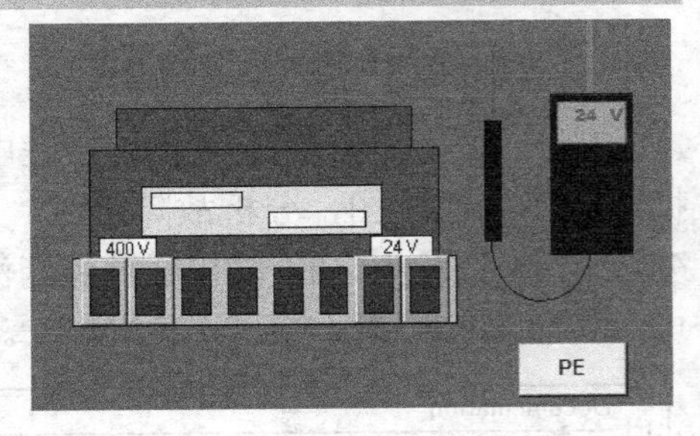

图 6.10 检测变压器输出侧电压

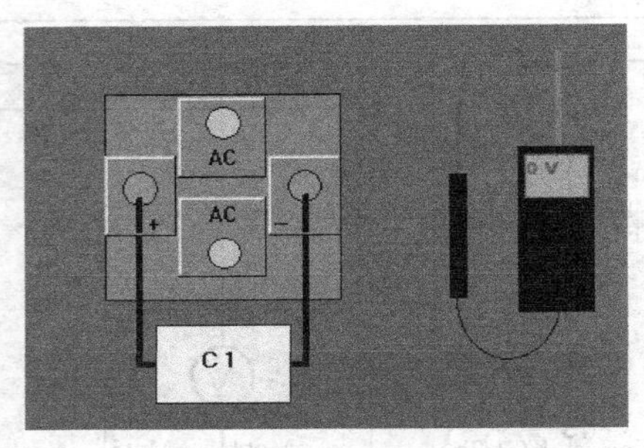

图 6.11 检测整流器输入侧电压

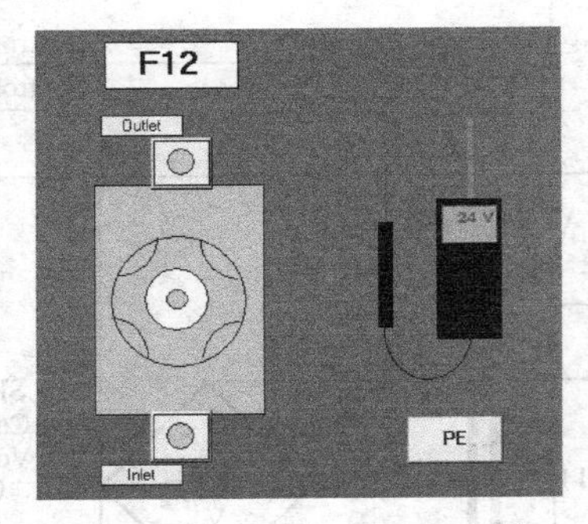

图 6.12 检测熔断器 F12 电压

3. 解决方法

断开电源总开关，更换同型号的熔断器。

6.4 电气系统传感器故障案例分析

1. 故障描述

系统启动后，导轨 1 拖动导轨 2 向左移动到毛坯位置（第 1 步），导轨 2 伸出（第 2 步），气动手指抓取毛坯零件（第 3 步）完成，导轨 2 没有缩回，即第 4 步没有执行。

故障分析与排除：PLC 作为系统的控制核心，依据系统工作流程图（包括工作步骤、各步工作 PLC 的输出及执行元件，以及各步工作是否完成的检测传感器及对应的 PLC 输入地址），可以通过观测 PLC 输入/输出状态来判断故障是出现在控制系统输入部分还是出现在输出部分（前提是控制程序正确）。

2. 分析检测过程

根据故障现象，找出导轨 2 电动机控制原理图，如图 6.13 所示。结合表 6.1 和 PLC 系统输出端口接线图 6.14，进行检测分析。

步骤 1：根据图 6.14 和表 6.1，接触器 KC7 和 KC9 的线圈由 PLC 控制，地址为 Q4.6 和 Q5.0。观测 PLC 对应的输出端口 Q4.6 和 Q5.0 状态，测得 Q4.6 和 Q5.0 状态都为“0”，没有输出（如图 6.15 所示），基本排除输出端控制负载的故障。

进一步分析，该系统属于典型的顺序控制系统，执行第 4 步动作的 PLC 输出端口状态为“0”，即无输出，在控制程序正确的情况下，有可能是因为 PLC 没有接收到第 3 步工作

已经执行完毕的状态信号。由表 6.1 知，检测第 3 步动作（气动手指闭合抓取零件）是否完成的传感器是 SE5V，对应 PLC 输入端口地址为 I1.6。

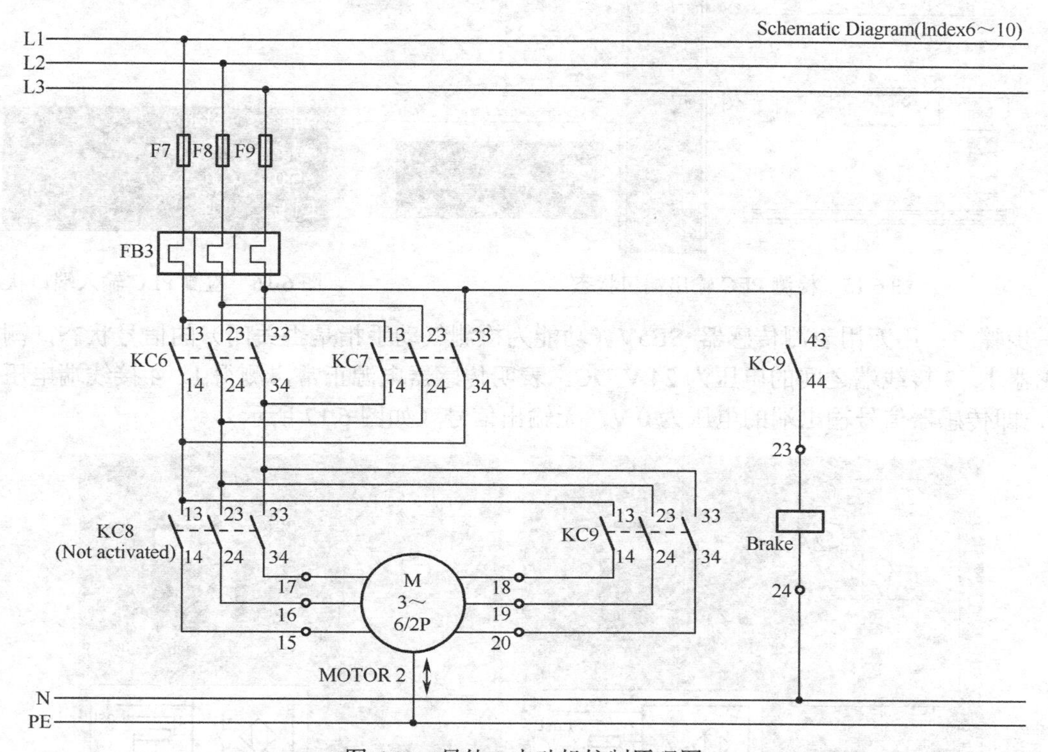

图 6.13　导轨 2 电动机控制原理图

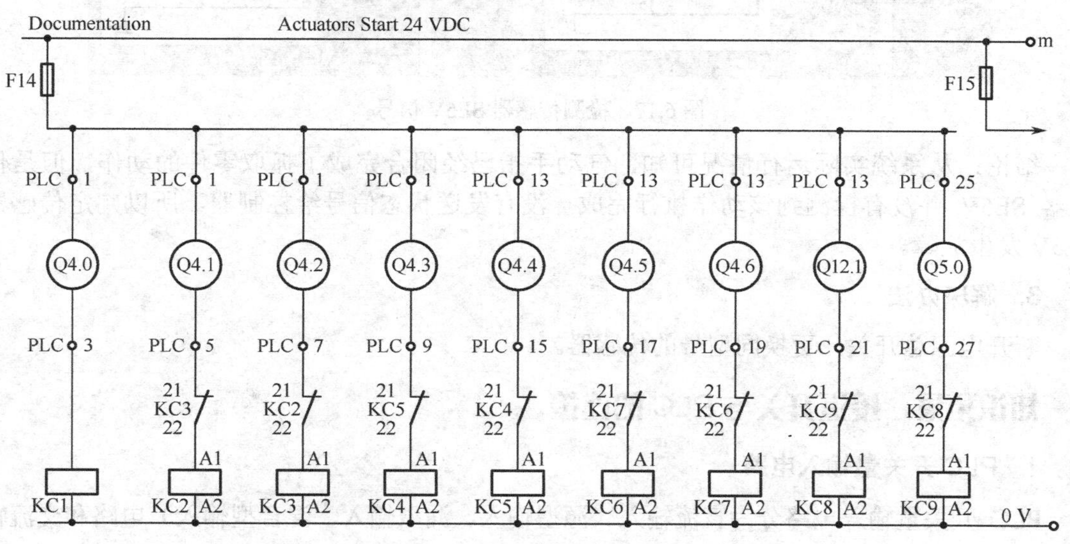

图 6.14　PLC 输出端口接线图

步骤 2：观测 PLC 输入端口 I1.6 的状态，测得 I1.6 状态为“0”（如图 6.16 所示）。这表明，检测上一步工作是否完成的传感器并没有发信号给 PLC，控制器认为上一步工作还没有完成，所以未执行当前工作（导轨 2 缩回）。

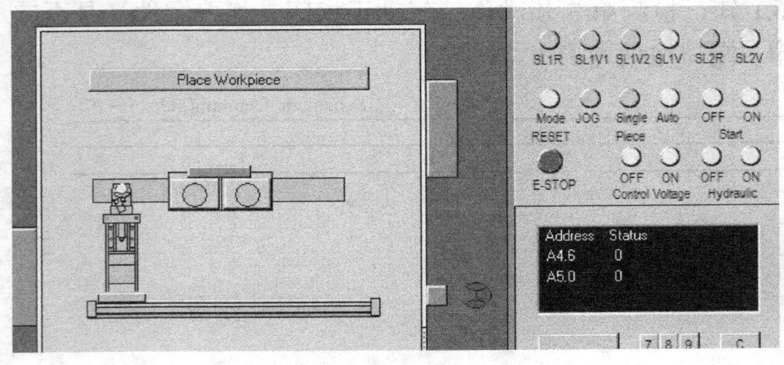

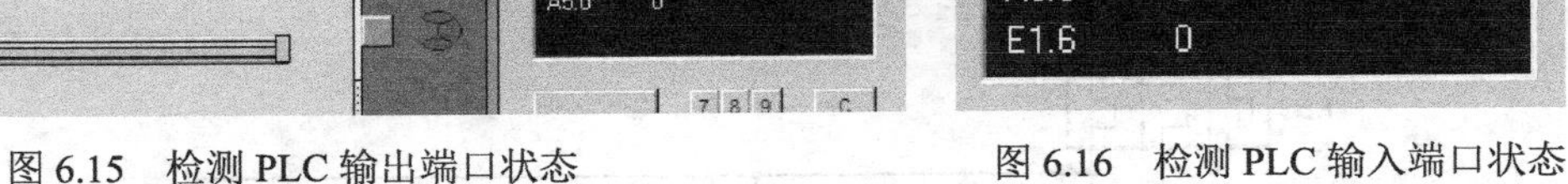

图 6.15 检测 PLC 输出端口状态

图 6.16 检测 PLC 输入端口状态

步骤 3：用万用表测传感器 SE5V（功能为检测气动手指是否关闭）的信号状态，测得传感器 1、3 接线端之间的电压为 24 V DC，表明传感器电源正常，测得 1、4 接线端电压为 0 V，即传感器信号输出端的电压为 0 V，无输出信号（如图 6.17 所示）。

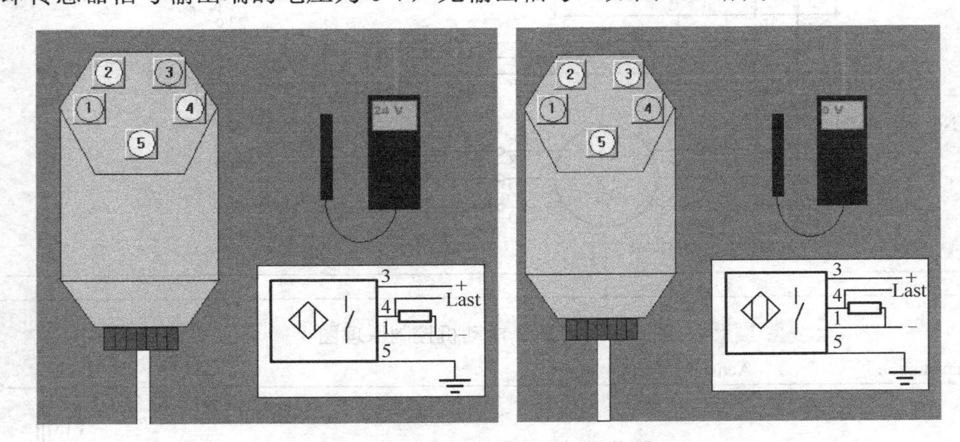

图 6.17 检测传感器 SE5V 信号

结论：从系统实际运行情况可知，气动手指已经闭合完成了抓取零件的动作，但是传感器 SE5V 并没有检测到该动作执行完成，没有发送状态信号给控制器，所以判定传感器 SE5V 发生故障。

3. 解决办法

断开电源总开关，更换同型号的传感器。

知识拓展 接近开关与 PLC 的连接

1. PLC 开关量输入电路

PLC 开关量输入电路分为直流输入（源型输入、漏型输入、混合型输入）电路和交流输入电路。

如图 6.18 所示为直流输入电路，当外部开关闭合时，PLC 内部光耦的发光二极管点亮，光敏三极管饱和导通，该导通信号再传送给处理器，从而 CPU 认为该路有信号输入；当外界开关断开时，光耦中的发光二极管熄灭，光敏三极管截止，CPU 认为该路没有信号。

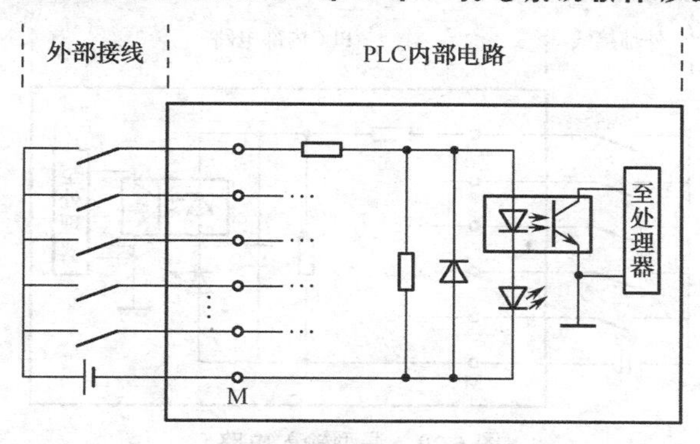

图 6.18 直流输入电路

交流输入电路如图 6.19 所示。可以看出，与直流输入电路的区别主要是增加了一个整流的环节。交流输入的输入电压一般为 220 V AC。交流经过电阻 R 的限流和电容 C 的隔离（去除电源中的直流成分），再经过桥式整流为直流电，其后工作原理和直流输入电路一样。

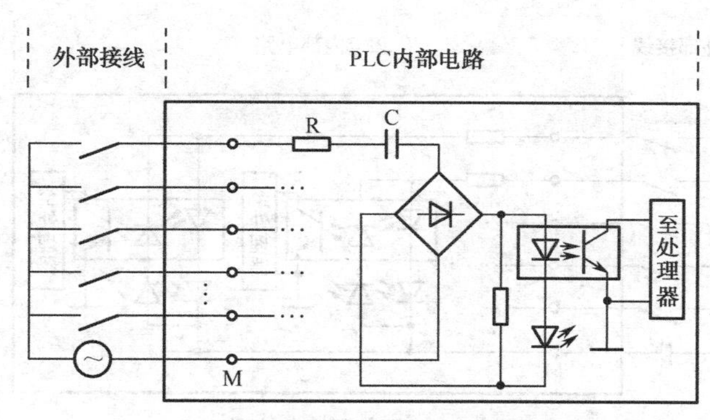

图 6.19 交流输入电路

从以上分析可以看出，由于交流输入电路中增加了限流、隔离和整流三个环节，因此输入信号的延迟时间要比直流输入电路长，这是其不足之处。但由于其输入端是高电压，因此输入信号的可靠性要比直流输入电路高。一般交流输入方式用于有油雾、粉尘等恶劣环境中，对响应要求不高的场合；而直流输入方式用于环境较好、电磁干扰不严重、对响应要求高的场合。以三菱 PLC 厂商对漏型和源型的定义为例进行讲解。

1）漏型输入电路

漏型输入电路如图 6.20 所示，此时电流从 PLC 公共端（COM 端）流进，而从输入端流出，即 PLC 公共端接外接 DC 电源的正极。

2）源型输入电路

如图 6.18 所示的电路也是源型输入电路的形式。此时电流的流向正好和漏型的电路相反。源型输入电路的电流是从 PLC 的输入端流进，而从公共端流出，即公共端接外接电源的负极。

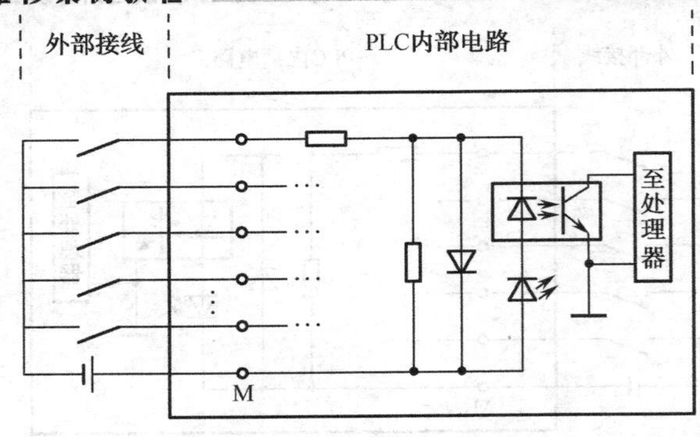

图 6.20 漏型输入电路

3）混合型输入电路

因为此类型的 PLC 输入端、公共端既可以流出电流，也可以流进电流（PLC 公共端既可以接外接电源的正极，也可以接负极），同时具有源型输入电路和漏型输入电路的特点，所以把这种输入电路称为混合型输入电路。其电路形式如图 6.21 所示。

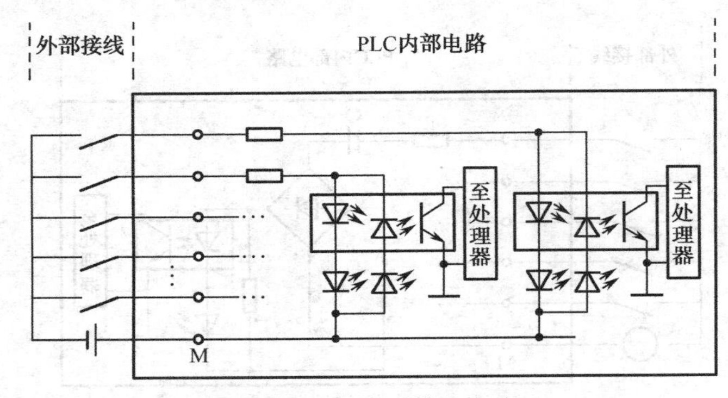

图 6.21 混合型输入电路

作为源型输入时，公共端接电源的负极；作为漏型输入时，公共端接电源的正极。这样，可以根据现场的需要来接线，使接线工作更加灵活。

这里需要说明的是，三菱和西门子关于源型输入电路和漏型输入电路的划分正好相反，以上是按三菱的划分方法来介绍的，这点在使用过程中要注意。

2. 外接开关量信号和 PLC 的连接

PLC 外接的输入信号，除了像按钮一些干节点信号外，现在一些传感器还提供 NPN 和 PNP 集电极开路输出信号。干节点和 PLC 输入模块的连接比较简单，这里不再赘述。而对于不同的 PLC 输入电路，到底是使用 NPN 型传感器还是 PNP 型传感器，有时会感到无所适从。下面介绍一下这两种传感器和 PLC 输入电路的连接。

1）NPN 和 PNP 输出电路的形式

从图 6.22 可以看出，NPN 集电极开路输出电路的输出端 OUT 通过开关管和 0V 连接，当传感器动作时，开关管饱和导通，OUT 端和 0 V 相通，输出 0 V 低电平信号；PNP 集电极开路输出电路的输出端 OUT 通过开关管和+V 连接，当传感器动作时，开关管饱和导通，OUT 端和+V 相通，输出+V 高电平信号。

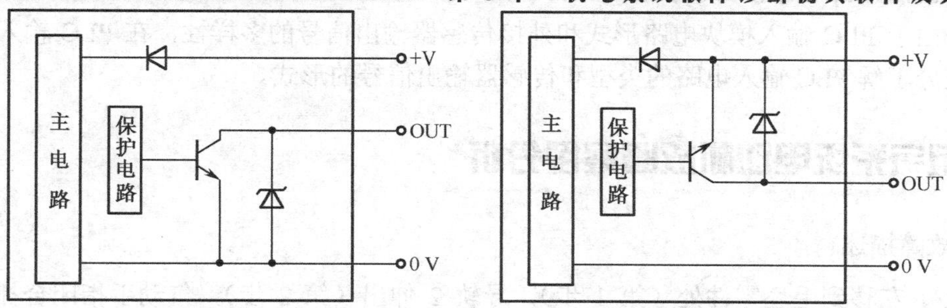

图6.22 NPN集电极开路输出和PNP集电极开路输出

2）NPN和PNP输出电路和PLC输入模块的连接

（1）NPN集电极开路输出。

由以上分析可知，NPN集电极开路输出为0 V，当输出端OUT和PLC输入相连时，电流从PLC的输入端流出，从PLC的公共端流入，此即为PLC的漏型电路形式，即：NPN集电极开路输出只能接漏型（公共端接外部电源正极）或混合型输入电路形式的PLC，如图6.23所示。

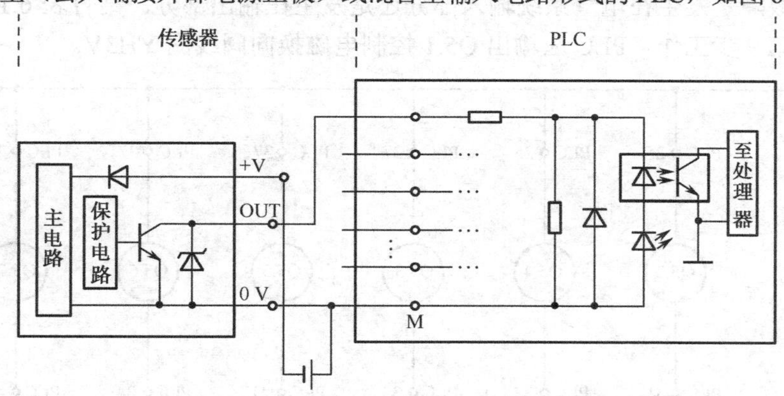

图6.23 NPN集电极开路输出和PLC的连接

（2）PNP集电极开路输出。

PNP集电极开路输出为+V高电平，当输出端OUT和PLC输入相连时，电流从PLC的输入端流入，从PLC的公共端流出，此即为PLC的源型电路形式，即：PNP集电极开路输出只能接源型（公共端接外部电源负极）或混合型输入电路形式的PLC，如图6.24所示。

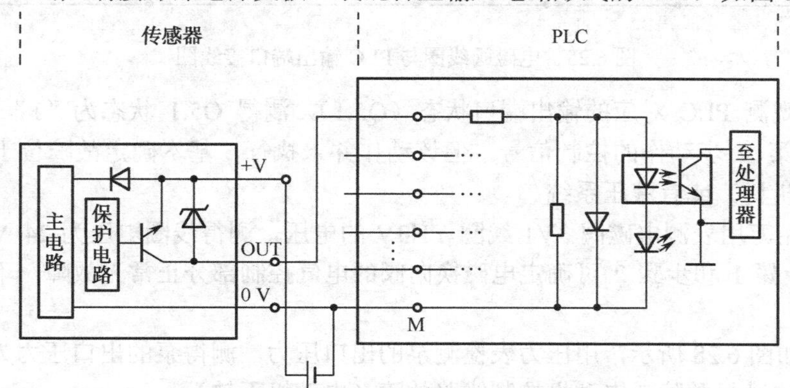

图6.24 PNP集电极开路输出和PLC的连接

正是由于 PLC 输入模块电路形式和外接传感器输出信号的多样性，在 PLC 输入模块接线前要充分了解 PLC 输入电路的类型和传感器输出信号的形式。

6.5 电气系统电动机故障案例分析

1. 故障描述

导轨 1 左移到毛坯零件处（第 1 步），导轨 2 伸出（第 2 步），气动手指闭合抓取零件（第 3 步），导轨 2 缩回（第 4 步），导轨 1 右移到预压缸位置（第 5 步），导轨 2 伸出到预压位置（第 6 步），气动手指打开（第 7 步），导轨 2 缩回到位并停止（第 8 步），预压缸没有伸出冲压零件。即第 8 步完成，第 9 步未执行。

2. 分析检测过程

PLC 作为系统的控制核心，依据系统工作流程表 6.1，可以通过观测 PLC 输入/输出端口状态来判断故障是发生在电气系统输入部分还是发生在输出部分。结合表 6.1 和图 6.25、图 6.26，执行第 9 步工作，PLC 应输出 Q5.1 控制电磁换向阀线圈 YH3V。

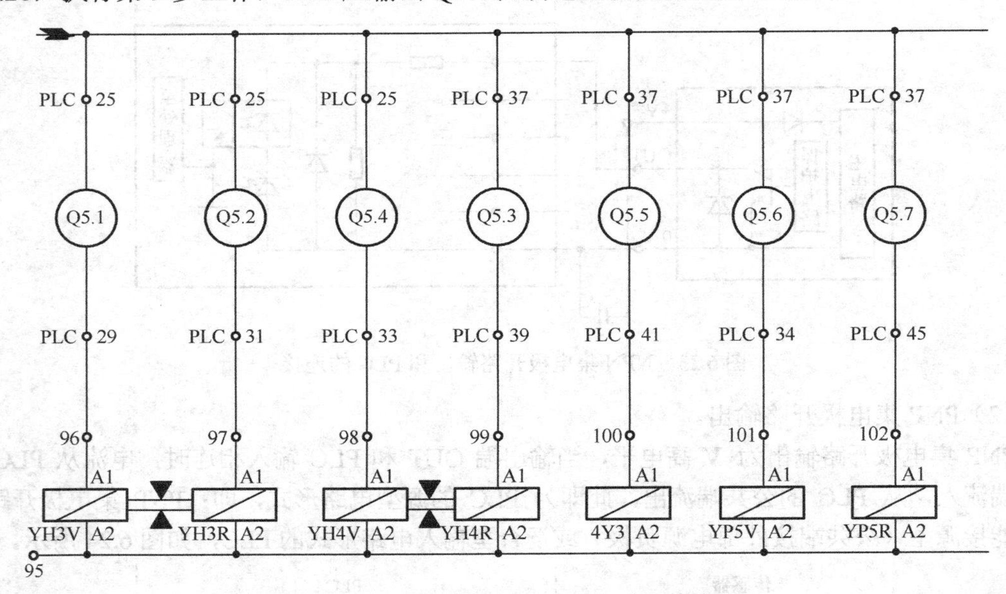

图 6.25　电磁阀线圈与 PLC 输出端口接线图

步骤 1：观测 PLC 对应的输出端口状态（Q5.1），测得 Q5.1 状态为“1”，说明控制器已经发出执行第 9 步动作的控制信号，但该动作并未执行，基本确定故障位于控制系统输出部分（执行机构）或者液压系统。

步骤 2：用万用表测电磁阀 3V1 线圈 YH3V 的电压，测得线圈电压为 24 V（如图 6.27 所示）。基于步骤 1 和步骤 2 可确定电磁换向阀的电气控制部分正常无故障，下面转向分析液压系统。

步骤 3：如图 6.28 所示，用压力表检测泵的出口压力，测得泵的出口压力为 0 MPa，基本确定液压泵电动机故障或电动机控制线路故障（电动机不转）。

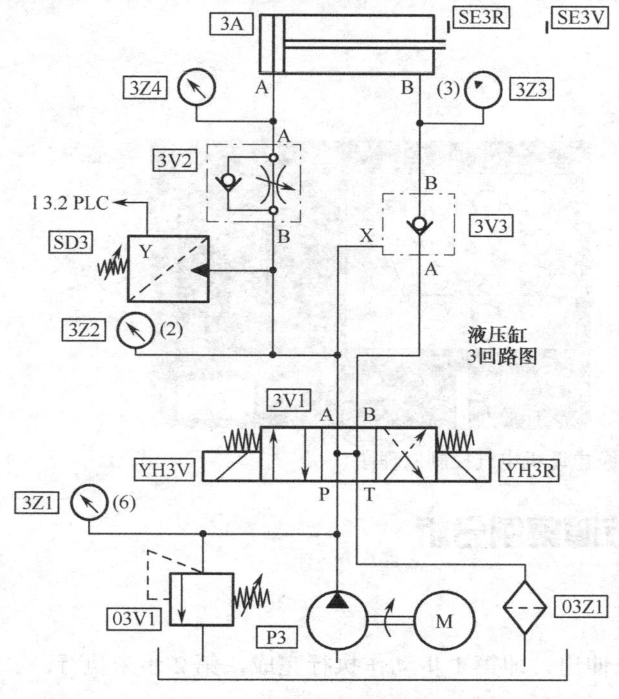

图 6.26　液压系统回路图

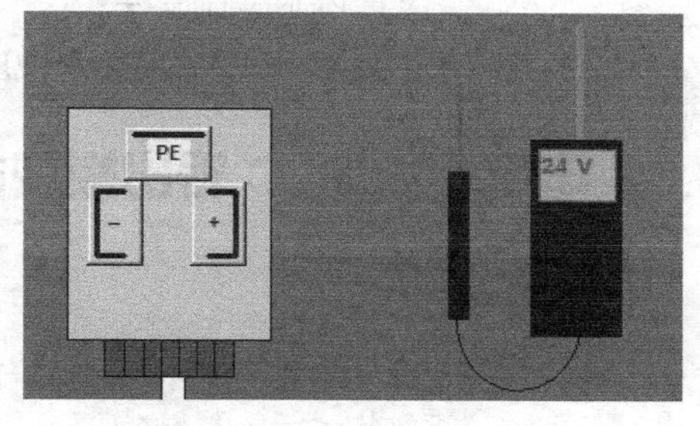

图 6.27　检测电磁阀线圈电压

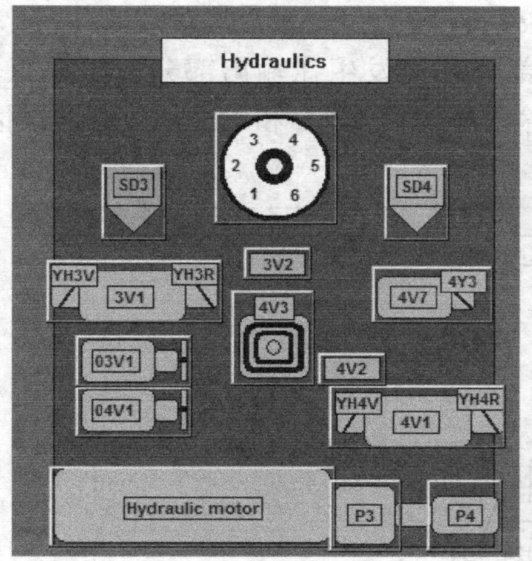

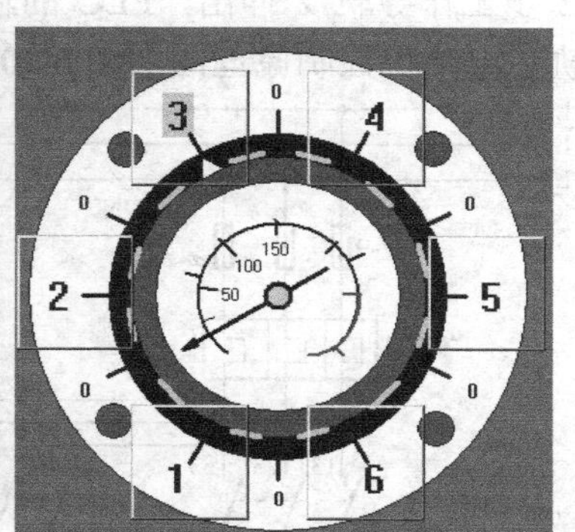

图 6.28　检测泵的出口压力

步骤 4：液压泵电动机电气控制原理图如图 6.29 所示。测量电动机三相绕组之间的线电压，测得绕组 1 和 2 之间是 400 V AC（正常），绕组 1 和 3 之间是 400 V AC（正常），绕组 2 和 3 之间是 400 V AC（正常）。

结论：通过测量三相电动机各相绕组的电压，得出各相绕组电压均正常，可以断定液压泵电动机内部绕组烧毁断路或者电动机发生其他故障。

3. 解决办法

断开电源总开关，维修电动机或更换同规格电动机。

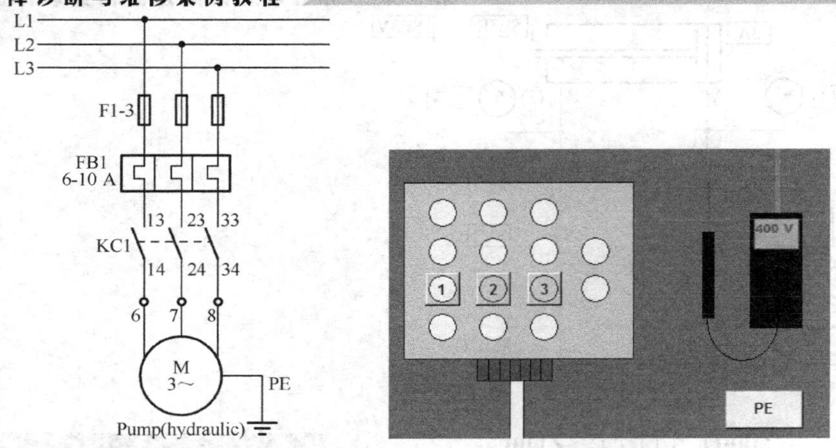

图 6.29 液压泵电动机电气控制原理图

6.6 电气系统 PLC 输出模块故障案例分析

1. 故障描述

导轨 1 左移到左侧零件库，导轨 2 未伸出，即第 1 步动作执行完成，第 2 步未执行。

2. 分析检测过程

PLC 作为系统的控制核心，依据系统工作流程表 6.1，可以通过观测 PLC 输入/输出端口状态来判断故障是发生在电气系统输入部分还是发生在输出部分。根据工作流程图可知，执行第 2 步工作导轨 2 伸出，PLC 的输出端口为 Q4.5 和 Q5.0，分别控制接触器 KC6 和 KC9，导轨 2 电动机控制原理图如图 6.30 所示。

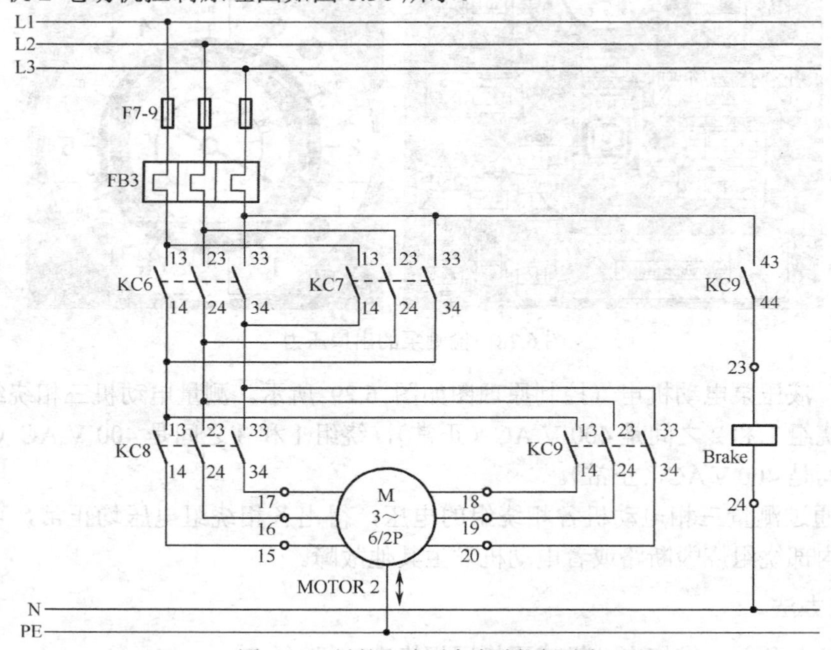

图 6.30 导轨 2 电动机控制原理图

步骤 1：观测 PLC 对应的输出端口状态（Q4.5 和 Q5.0），测得 Q4.5 状态为“1”、Q5.0 状态为“0”（如图 6.31 所示，正常应为 1）；进一步测得 KC9 的线圈无电压。

```
Q 4.5    KC6    MCTCR 2 FCRWARD
Q 4.6    KC7    MCTCR 2 BACKWARD
Q 5.0    KC9    MCTCR 2 SLCW
```

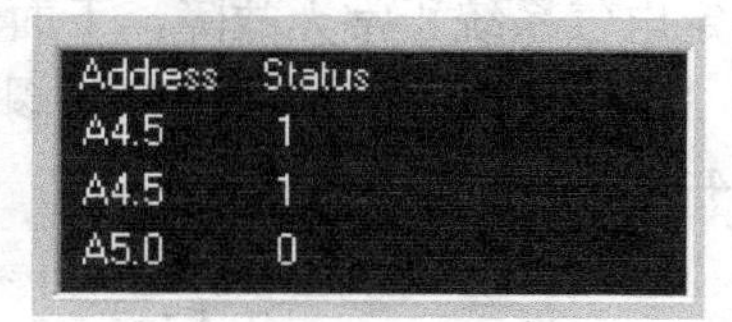

图 6.31　检测 PLC 输出端口的信号

步骤 2：测量检测第 1 步工作是否完成的传感器 SE1V 对应的 PLC 输入端口 I1.1 状态，测得 I1.1 状态为“1”；既然 I1.1 状态为“1”，在控制程序正确的情况下，PLC 输出 Q4.5 和 Q5.0 应该都为“1”。

步骤 3：进一步观测 PLC 输出模块 5（如图 6.32 所示），测得字节地址为 5 的所有输出端口状态都为“0”。

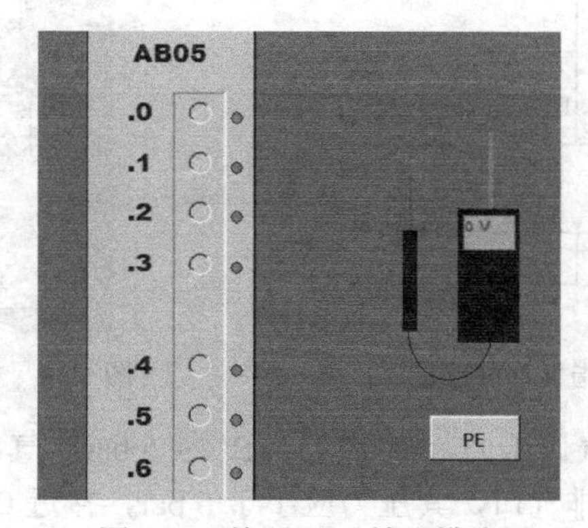

图 6.32　检测 PLC 输出模块

结论：PLC 输出模块 5 发生故障。

3. 解决办法

断开电源，更换 PLC 的输出模块。

6.7　气动系统故障案例分析

1. 故障描述

导轨 1 左移到毛坯零件处（第 1 步），导轨 2 伸出（第 2 步），气动手指未闭合（第 3 步），即第 2 步工作执行完成，第 3 步工作未执行。

2. 分析检测过程

由系统工作流程表 6.1 知，执行第 3 步工作，PLC 应输出 Q5.6 控制电磁阀线圈 YP5V，使阀芯换向驱动气动手指闭合。气动手指（夹爪）气动回路图如图 6.33 所示。

正常情况下，PLC 输出 Q5.6 控制 YP5V 得电，电磁阀左位工作，压缩空气从阀口 2 流经节流阀 5V3，进入气缸 5A 的有杆腔，气缸活塞杆缩回，气动手指闭合。

步骤 1：观测 PLC 对应的输出端口状态（Q5.6），测得 Q5.6 状态为“1”。

步骤 2：用万用表测电磁阀线圈 YP5V 的电压，测得线圈电压为 24V。基于步骤 1 和步骤 2 可确定电气系统正常无故障，下面转向分析气动系统。

步骤 3：根据图 6.34，测量电磁阀 5V1 气口 B 的压力，测得气口 P、气口 B 为 6 bar（如图 6.34 所示），说明电磁阀正常。

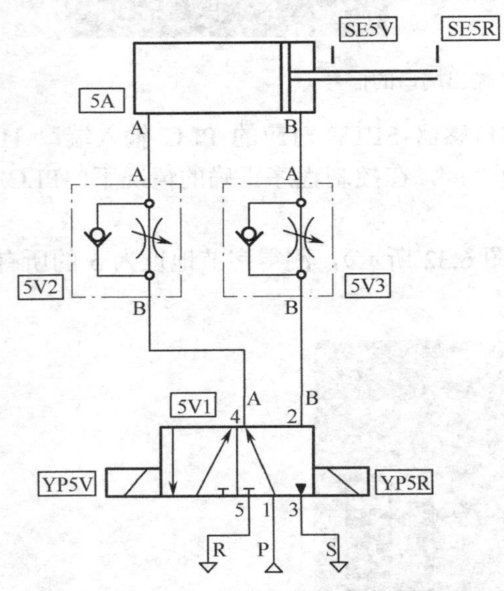

图 6.33　气动手指气动回路图

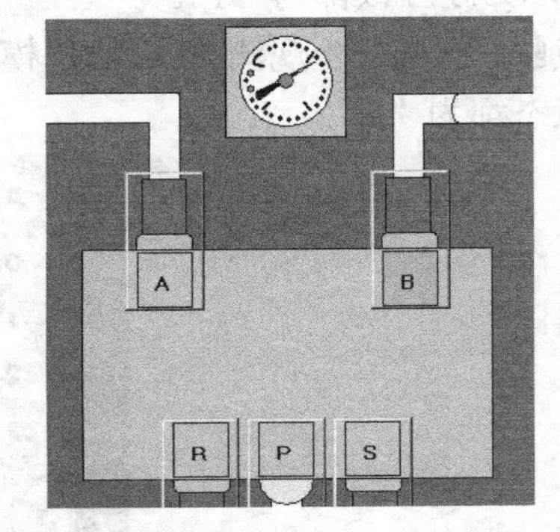

图 6.34　检测电磁阀 5V1 的压力

步骤 4：测量气缸 5A 气口压力，测得气口 B 为 6 bar，气口 A 也为 6 bar。正常情况下，气缸缩回时气口 A 作为排气口，其压力应小于 6 bar，接近 0 bar。

步骤 5：进一步测量单向节流阀 5V2 气口压力，测得进气口 A 为 6 bar，排气口 B 为 0 bar，如图 6.35 所示。

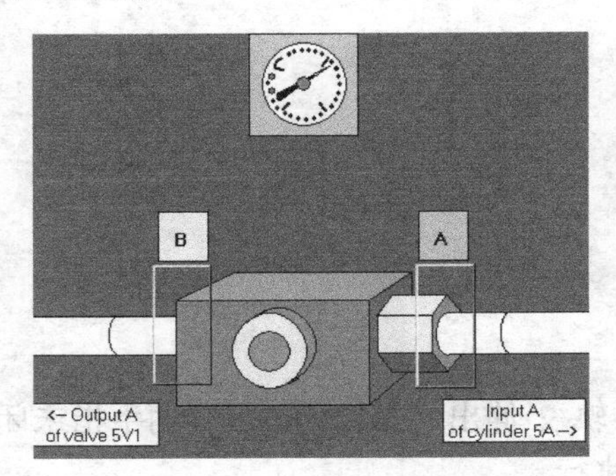

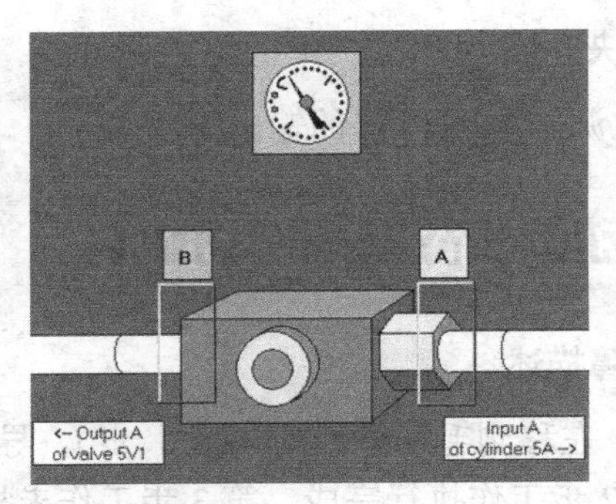

图 6.35　检测节流阀 5V2 的压力

结论：在气缸缩回时，单向节流阀 5V2 的功能是调节气缸缩回的速度，属于排气截流，测得进气口 A 为 6 bar，排气口 B 为 0 bar，说明节流阀 5V2 截止不通。

3. 解决方法

调节节流阀 5V2 到适当开度，使气动手指以合适的速度抓取零件。

参考文献

[1] 周宗明，吴东平. 机电设备故障诊断与维修[M]. 北京：科学出版社，2009.
[2] 解金柱，王万友. 机电设备故障诊断与维修[M]. 北京：化学工业出版社，2010.
[3] 陆全龙. 机电设备故障诊断与维修[M]. 北京：科学出版社，2008.
[4] 时献江，等. 机械故障诊断及典型案例解析[M]. 北京：化学工业出版社，2013.
[5] 张碧波. 设备状态监测与故障诊断[M]. 北京：化学工业出版社，2004.
[6] 姚福来. 自动化设备和工程的设计安装调试故障诊断[M]. 北京：机械工业出版社，2012.
[7] 傅贵兴. 设备故障诊断与维护技术[M]. 成都：西南交通大学出版社，2011.
[8] 许忠美. 机电设备管理与维护技术基础[M]. 北京：北京理工大学出版社，2012.
[9] 李虹. 数控机床电气控制与维修[M]. 北京：电子工业出版社，2011.
[10] 陈则钧. 机电设备故障诊断与维修[M]. 北京：高等教育出版社，2004.
[11] 郁君平. 设备管理[M]. 北京：机械工业出版社，2001.
[12] 董林福，等. 图解液压系统故障诊断与维修[M]. 北京：化学工业出版社，2012.
[13] 王德洪，等. 液压与气动系统拆装及维修[M]. 北京：人民邮电出版社，2011.
[14] 赵静一，等. 液压气动系统常见故障分析与处理[M]. 北京：化学工业出版社，2009.
[15] 湛从昌，等. 液压可靠性与故障诊断[M]. 北京：冶金工业出版社，2009.
[16] 刘延俊. 液压系统使用与维修[M]. 北京：化学工业出版社，2006.
[17] 陆望龙，等. 液压维修实用技巧集锦[M]. 北京：化学工业出版社，2010.
[18] 李湘伟，等. 气液传动回路与元件安装[M]. 北京：北京理工大学出版社，2011.
[19] 雷天觉. 液压工程手册[M]. 北京：机械工业出版社，1990.
[20] 张应龙. 液压维修技术问答[M]. 北京：化学工业出版社，2008.
[21] 韩雪涛. 电气维修实用手册[M]. 北京：电子工业出版社，2013.
[22] 芮静康，等. 常见电气故障的诊断与维修（第 2 版）[M]. 北京：机械工业出版社，2013.
[23] 汪永华. 常见电气与电控设备故障诊断 400 例[M]. 北京：中国电力出版社，2011.
[24] 安顺合. 工厂常用电气设备故障诊断与排除[M]. 北京：中国电力出版社，2002.
[25] 黄海平. 电气故障快速排查手册（电工便携本）[M]. 北京：科学出版社，2006.
[26] 赵家礼. 电动机维修手册[M]. 北京：机械工业出版社，2003.
[27] 高玉奎. 维修电工问答[M]. 北京：机械工业出版社，2006.